高职高专"十二五"规划教材

化工环境保护及安全技术

严 进 主编

戴世明 张爱娟 陈玲霞 副主编

何晓春 主审

化学工业出版社

·北京·

内 容 提 要

本教材是学习和掌握环境保护知识和化工安全技术的实用教材。教材系统介绍了化工废水、化工废气及化工废渣的处理技术，详细阐述了化工安全技术和安全生产管理与事故应急管理。教材内容力求理论与技术相结合，理论与实际相结合，突出重点与难点，注重技能培养。

本教材可作为高职高专化工类、非环保类、安全类等专业学生使用，也可作为化工企业工人培训使用教材，还可供从事化工环境保护及生产安全工作的技术人员及管理人员阅读参考。从事化工科研、设计、生产的科技人员也可参考。

图书在版编目（CIP）数据

化工环境保护及安全技术/严进主编．—北京：化学工业出版社，2011.5（2024.7重印）
高职高专"十二五"规划教材
ISBN 978-7-122-11102-9

Ⅰ．化… Ⅱ．严… Ⅲ．①化学工业-环境保护-高等职业教育-教材②化学工业-安全技术-高等职业教育-教材
Ⅳ．①X78②TQ086

中国版本图书馆CIP数据核字（2011）第071128号

责任编辑：李仙华　卓　丽　王文峡　　　　文字编辑：汲永臻
责任校对：顾淑云　　　　　　　　　　　　装帧设计：张　辉

出版发行：化学工业出版社（北京市东城区青年湖南街13号　邮政编码100011）
印　　装：北京科印技术咨询服务有限公司数码印刷分部
787mm×1092mm　1/16　印张14　字数366千字　2024年7月北京第1版第6次印刷

购书咨询：010-64518888　　　　　　　　　　售后服务：010-64518899
网　　址：http://www.cip.com.cn
凡购买本书，如有缺损质量问题，本社销售中心负责调换。

定　价：28.00元　　　　　　　　　　　　　　　　　　　版权所有　违者必究

前　言

环境保护和安全生产是促进经济发展，构建和谐社会的重要保障，是关系到广大员工生命财产和国家财产不受损失，保证国民经济可持续发展的重大问题。化工生产具有易燃、易爆、有毒、有害、腐蚀性强等不安全因素，安全生产难度大。同时化工生产具有工艺过程复杂、工艺条件要求苛刻，伴随产成品的生产会产生出各种形态不同的"三废"物质，对生态环境和生命环境具有极大的破坏作用。我国化工生产行业发展速度很快，预防环境污染和安全事故的发生，对正常生产起到了很大的作用，环境保护和安全生产工作日益受到政府、企业的普遍重视。

为满足社会对污染治理和安全生产与培养在生产、服务、技术和管理第一线工作的高素质人才的需要，根据编者多年从事污染治理和安全生产的基础上编写了本教材。本书依据国家有关环境监督保护和安全生产管理的政策、法规并结合化工企业生产的实际编写的。全书共分六章，按环境保护、安全生产的顺序编写，前四章在介绍化工污染及治理的基本概念的基础上，系统阐述了化工废水、化工废气及化工废渣的处理技术。后两章在介绍化工安全的基本概念的基础上，详细阐述了化工安全技术和安全生产管理与事故应急管理。

本教材根据教育部《高职高专教育专业人才培养目标及规格》要求，主要定位于高职高专化工类专业、非环保类、安全类专业学生，是学习和掌握环境保护知识和化工安全技术的实用教材。教材内容力求理论与技术相结合，理论与实际相结合，突出重点与难点，注重技能培养，在编写中注重实例的应用，使学生能较快地掌握各种化工生产中的污染治理和生产过程安全生产控制技术和方法。

本书由严进主编，戴世明、张爱娟、陈玲霞副主编，何晓春主审，其中第一章和第四章由戴世明编写，第二章由严进、陈海峰编写，第三章由陈玲霞编写，第五章和第六章由张爱娟编写。

在编写过程中参考国内外诸多文献，在此谨向有关作者表示衷心的感谢。

限于编者水平，教材中疏漏和不足之处在所难免，敬请读者批评、指正。

编者
2011 年 1 月

目 录

第一章　环境保护及化工污染 … 1
第一节　环境污染与环境保护 … 1
　一、环境的内涵 … 1
　二、环境问题 … 3
　三、环境污染 … 9
　四、环境污染防治工程 … 10
第二节　化学工业对环境的污染 … 10
　一、化学工业环境污染概况 … 10
　二、化工污染防治的发展趋势 … 12
　三、化工安全与环境保护 … 14
小结 … 15
复习思考题 … 15

第二章　化工废水处理 … 17
第一节　化工废水的特点及处理技术概述 … 17
　一、化工废水的来源 … 17
　二、化工废水的污染特征 … 18
　三、化工废水的处理技术概述 … 19
第二节　废水的物理处理法 … 19
　一、格栅和筛网 … 19
　二、水质和水量调节 … 21
　三、沉淀与沉砂 … 23
第三节　废水的化学处理法 … 27
　一、化学氧化还原 … 27
　二、中和 … 32
　三、化学沉淀 … 35
　四、混凝 … 37
第四节　废水的物化处理法 … 41
　一、气浮 … 41
　二、吸附 … 44
　三、电解 … 46
第五节　废水的生物处理法 … 48
　一、活性污泥法 … 48
　二、生物膜法 … 63
　三、厌氧生物处理法 … 70
　四、氮磷的去除 … 77
小结 … 79
复习思考题 … 79

第三章　化工废气污染控制 … 81
第一节　化工废气概况 … 81
　一、化工废气的来源及特点 … 81
　二、化工废气的主要污染物及影响 … 82
　三、化工废气中污染物的常用治理技术 … 83
　四、大气环境质量控制标准 … 85
第二节　消烟除尘技术 … 86
　一、机械式除尘器 … 87
　二、湿式除尘器 … 89
　三、过滤式除尘器 … 93
　四、静电除尘器 … 95
第三节　硫氧化物的净化技术 … 98
　一、吸收法净化生产工艺含硫尾气 … 98
　二、活性炭吸附法净化 SO_2 废气 … 103
第四节　氮氧化物净化技术 … 105
　一、还原法 … 106
　二、液体吸收法 … 107

三、吸附法 …… 110	三、含汞废气净化技术 …… 113
四、生物法 …… 111	四、酸雾净化技术 …… 114
第五节　其它有机化合物的污染净化技术 …… 112	小结 …… 114
一、挥发性有机废气净化技术 …… 112	复习思考题 …… 115
二、含氟废气净化技术 …… 113	

第四章　化工废渣处理及资源化 …… 116

第一节　化工废渣来源及特点 …… 116	五、固化处理法 …… 125
一、化工废渣定义 …… 116	第三节　废催化剂的处理技术 …… 125
二、化工废渣的分类 …… 116	一、概述 …… 125
三、化工废渣来源 …… 117	二、废催化剂的处置技术 …… 125
四、化工废渣的危害 …… 118	三、废催化剂的回收方案 …… 127
五、化工废渣的管理 …… 118	四、铂族废催化剂的回收利用 …… 128
六、危险废物管理方法 …… 119	第四节　硫铁矿烧渣的处理技术 …… 130
第二节　化工废渣的常见处理技术 …… 119	一、概述 …… 130
一、概述 …… 119	二、硫铁矿烧渣的处理和处置技术 …… 131
二、物理处理法 …… 120	小结 …… 133
三、化学处理法 …… 122	复习思考题 …… 133
四、热处理法 …… 123	

第五章　化工安全技术 …… 134

第一节　绪论 …… 134	第四节　职业危害及预防 …… 164
第二节　危险化学品 …… 135	一、概述 …… 164
一、危险化学品分类 …… 135	二、工业毒物及职业中毒 …… 166
二、危险化学品安全信息 …… 142	三、生产性粉尘及其对人体的危害 …… 169
三、危险化学品的安全贮存 …… 146	四、噪声、振动危害与防护 …… 172
四、化学品危害的预防与控制 …… 148	五、高温、低温作业危害与防护 …… 174
第三节　防火防爆技术 …… 149	第五节　典型化工反应单元操作安全技术 …… 176
一、燃烧的基本知识 …… 149	一、安全设施 …… 176
二、爆炸的基础知识 …… 152	二、典型化学反应的危险性及基本安全技术 …… 177
三、防火防爆措施 …… 154	
四、防火防爆安全装置 …… 159	小结 …… 190
五、建筑防火安全设计 …… 162	复习思考题 …… 190

第六章　安全生产管理与事故应急管理 …… 191

第一节　安全生产管理 …… 191	第二节　特种设备安全管理与安全作业 …… 199
一、基本概念 …… 191	一、特种设备的安全管理 …… 199
二、企业安全管理 …… 192	二、检维修 …… 201

三、作业安全 …………………… 202
　　四、承包商管理 …………………… 205
　　五、风险分析 …………………… 206
第三节　重大危险源与安全生产事故应急
　　　　管理 …………………… 208
　　一、重大危险源管理 …………………… 208
　　二、应急救援预案与演练 …………………… 209
　小结 …………………… 217
　复习思考题 …………………… 217

参考文献 …………………………………………………………………………………… 218

第一章 环境保护及化工污染

【学习指南】

掌握环境的基本概念，包括环境、环境质量及标准、环境容量、环境问题、环境污染。

了解环境问题的产生根源，掌握全球性十大环境问题，了解中国环境状况；掌握环境污染源、环境污染物、优先控制污染物以及环境污染防治工程。

了解化学工业环境污染概况，化工污染物的来源，化工废水污染、废气污染和废渣污染；根据清洁生产和循环经济的要求，研究化工污染防治的途径及发展趋势。

了解化工生产的特点，掌握化工安全生产要求和化工环境保护要求。

第一节 环境污染与环境保护

一、环境的内涵

1. 环境

《中华人民共和国环境保护法》明确指出，环境是指影响人类生存和发展的各种天然和经过人工改造的自然因素的总体，包括大气、水、海洋、土地、矿藏、森林、草原、野生动物、自然遗迹、人文遗迹、自然保护区、风景名胜区、城市和乡村等。这是对环境的经典和权威性的定义。

在理解环境概念时，首先要把握"环境是以人为中心的、以人类为主体的外部世界的总体，为人类提供生产和生活所需的各种物质、能量和信息等"。环境是人类生存和发展的基础，也是人类开发利用的对象。其次要把握"环境也会反作用于人类"。当人类活动强度超过了环境的极限时，环境就会遭到破坏，出现环境问题。环境不再是向人类提供取之不尽、用之不竭的一切资源的源泉，也不再是无条件地接受任何生产和生活废弃物的无尽空间，人类也会遭到环境的大肆报复。历史上这类教训甚多，如 20 世纪 40 年代初美国洛杉矶光化学烟雾事件，90 年代全球气候变暖现象明显等都表明人类未能科学利用环境。

人与环境需要和谐共处。一方面，环境的可持续利用将促进社会经济的可持续发展，持续为人类的生产和生活提供各种物质、能量和信息等。另一方面，环境是一项非常特殊的资源，能够容纳、稀释、降解、净化人类在生产和生活中产生的各种废弃物。图 1-1 表明，以生产系统和生活系统为特征的人类活动与环境系统之间是相互作用、相互依存、相互制约的。人类活动需要从环境系统中获取原材料、能量、空气、水、信息等重要资源，并把产生的废水、废气、废渣、噪声等排放到环境中去。环境系统是人类活动资源的提供者，也是各种废弃物的接纳地。

为了便于讨论和认识环境，对环境进行适当分类，它们绝不是非此即彼的关系，而是彼此间存在着相互关联、相互交叉、相互作用的关系。

环境按照空间大小可分为车间环境、生活区环境、城市环境、区域环境、全球环境和宇宙环境等。

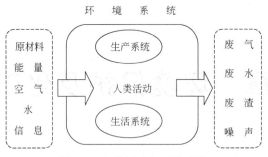

图 1-1 人类活动与环境系统

环境按照人类生产活动的性质来分，可分为农业环境、工业环境、旅游环境和投资环境等。

环境按照要素属性进行分类，可分为自然环境和社会环境两类。在自然环境中，按照环境组成的主要要素可分为大气环境、水环境和土壤环境等；按是否受到人类影响，可分为原生自然环境和次生自然环境。原生自然环境是指基本未受到人类活动影响的环境，如极地、沙漠、原始森林等；次生自然环境，又称人造环境，是指人类社会在长期的发展中，经过人类创造或者加工过的物质设施，或者说人类在自然环境基础上为不断提高物质、精神生活而创建的环境。这是在环境保护中使用最多的一种分类方法。

2. 环境质量和环境质量标准

环境的主体是人。随着社会的发展，人类对生活质量提出了新的要求，包括对环境的适宜居住性，即环境质量提出了更高的期望。所谓环境质量是指某个具体的环境中，环境总体或某些要素对人群健康、生存和繁衍以及社会经济发展适宜程度的量化表达，用来表述环境优劣的程度。

环境质量可为自然环境质量和社会环境质量。自然环境质量又可细分为水环境质量、大气环境质量、声环境质量、土壤环境质量等。环境质量的优劣可用环境质量标准来评价，环境质量标准是对环境优劣的一种定量评价的依据，是衡量环境质量的尺子。

环境是一个极其复杂的系统，组成环境的各个要素之间是相互联系的。环境质量恶化的表现多种多样，例如气候变暖、湖泊富营养化、土壤重金属含量严重超标等。

环境质量标准是指为了达到人们生存和生产所要求的环境质量目标，对环境中的污染物（或有害因素）的含量做出限制性规定，或者根据不同的用途和适宜性，将环境质量分为不同的等级，并规定其污染物含量限值或某些环境参数（如水中溶解氧）的要求值。环境标准是环境保护目标的定量化体现，是开展环境管理工作的法律依据。

环境质量和环境质量标准是密切联系的。正在使用的环境质量标准见表 1-1。

3. 环境容量

环境容量是指对一定地区，根据其自然净化能力，在特定的产业结构和污染源分布的条件下，为达到环境质量目标值，所允许的污染物最大排放量。即环境对污染物最大承受限度，在这一限度内，环境质量不致降低到有害于人类生活、生产和生存的水平，环境具有自我修复外界污染物所致损伤的能力。

根据不同环境要素，环境容量分为水环境容量、大气环境容量和土壤环境容量等。环境容量大小与环境本身的状况有关。例如，影响水环境容量的大小的因素主要有以下几个方面。

(1) 水环境质量标准　水环境质量标准决定于国家的环境政策、地区的环境要求、经济

表 1-1 环境质量标准

序号	环境质量标准名称	英文名称	标准号
1	保护农作物的大气污染物最高允许浓度	Maximum allowable concentration of pollutants in atmosphere for protection crops	GB 9137—88
2	环境空气质量标准①	Ambient air quality standard	GB 3095—1996
3	地表水环境质量标准	Environmental quality standards for surface water	GB 3838—2002
4	地下水质量标准	Quality standard for ground water	GB/T 14848—93
5	生活饮用水卫生标准	Standards for drinking water quality	GB 5749—2006
6	农田灌溉水质标准	Standards for irrigation water quality	GB 5084—2005
7	渔业水质标准	Water quality standard for fisheries	GB 11607—89
8	景观娱乐用水水质标准 城市污水再生利用景观环境用水水质	Water quality standard for scenery and recreation area The reuse of urban recycling water/Water quality standard for scenic environment use	GB 12941—91 GB/T 18921—2002
9	海水水质标准	Sea water quality standard	GB 3097—1997
10	土壤环境质量标准	Environmental quality standard for soils	GB 15618—1995
11	声环境质量标准	Environment quality Standard for noise	GB 3096—2008
12	城市区域环境振动标准	Standard of environmental vibration in urban area	GB 10070—88
13	机场周围飞机噪声环境标准	Standard of aircraft noise for environment around airport	GB 9660—88

① 关于发布《环境空气质量标准》(GB 3095—1996)修改单的通知(环发[2000]1号)

财政能力、环境科学和技术水平。我国已经颁布了《地面水环境质量标准》、《生活饮用水卫生标准》、《渔业水质标准》、《海洋水质标准》等。

(2) 水体自净能力 水体自净(即污染物稀释或转化为非污染物的过程)能力越大,相应的水环境容量也越大。

(3) 水体的自然背景值 即天然情况下水体污染物浓度。自然背景值越高,环境容量越小,反之环境容量越大。

(4) 排污口的位置和分布 当排污口分布均匀时,水环境容量相对大些;若排污口集中,则水体的环境容量相应减小。

(5) 水量 环境容量的大小取决于水量的大小。一般枯水期水环境容量相对小一些,丰水期的环境容量相对大一些。

在进行水体的环境容量计算时,需要具体情况具体分析。例如,中小河流、大河流及湖泊的水环境容量计算方法是有差异的。

研究环境容量对控制环境污染意义重大。选用的排放污染物时间、地点、排放方式要合适,排放总量不得超过环境容量。环境容量是有限的,如果超出它的限度,环境就会被污染和破坏。为解决环境质量目标与经济发展间的矛盾,探讨让渡环境容量的途径,如产业结构调整、污染末端治理、选用清洁生产工艺、发展循环经济、发展绿色技术等,是有重大意义的。

二、环境问题

1. 环境问题的定义

环境问题是指由于自然或人为活动而使环境发生的不利于人类的变化。这些变化影响着人类的生存、生产和生活，甚至带来灾难，是由于人类违背自然规律、过度开发自然资源、过度使用环境容量所受的大自然的报复。也就是说，人类不理性活动使环境质量发生恶化，反之，环境质量恶化又会影响人类的生产、生活和健康。人类对环境问题的认识始于环境污染与资源破坏。

造成环境问题的根本原因在于人类对环境价值的认识不足，"环境无价论"长期存留于人们的意识之中。环境是人类生存发展的物质基础和制约因素，人口增长要求工农业迅速发展，从环境中取得食物、资源、能量的数量也越大，有的被直接消费，有的变成"废物"排入环境。如果人口的增长、生产的发展，不考虑环境条件的制约作用，超出了环境允许的极限，就会导致环境污染与破坏，造成资源的枯竭和对人类健康的损害。因此，环境问题的实质在于人类向环境索取资源的速度超过了资源本身及其替代品的再生速度，向环境排放废弃物的数量超过了环境的自净能力。

2. 环境问题分类

根据引起环境问题的根源不同，可以将环境问题分为以下两类：一是原生环境问题，又称第一环境问题，是由自然力引起的，如地震、海啸、火山活动、崩塌、滑坡、泥石流、洪涝、干旱、台风等自然灾害和因环境中元素自然分布不均引起的地方病等。对于这类问题，目前人类的抵御能力还很脆弱。二是次生环境问题，又称第二环境问题，是由人类活动引起的。它可分为两类：①不合理开发利用自然资源，超出环境承载力，使生态环境质量恶化或自然资源枯竭的现象，如森林破坏、草原退化、沙漠化、盐渍化、水土流失、水热平衡失调、物种灭绝、自然景观破坏等；②由于人口激增、城市化、工业化高速发展引起的环境污染和破坏。以工业"三废"为主，放射性、噪声、振动、热、光、电磁辐射等为辅的污染物大量排放，污染和破坏环境，危害人类健康。

按照环境问题的影响和作用大小来划分，有全球性环境问题、区域性环境问题和局部性环境问题，其中全球性的环境问题具有综合性、广泛性、复杂性和跨国界等特点。

3. 全球性十大环境问题

20世纪以来，随着工业化革命的发展，人类社会正面临着一场严峻的挑战，那就是危及全球的十大环境问题，它直接影响到人类的生存，引起了世界各国的普遍关注。

(1) 大气臭氧层破坏　"臭氧层"是指行星边界层以上的大气臭氧层。臭氧层的破坏和臭氧空洞的出现，是人类自身行为造成的，是人们在生产和生活中大量地生产和使用"消耗臭氧层物质（ODS）"以及向空气中排放大量的废气造成的。ODS主要包括下列物质：CFCs（氯氟烃）、哈龙（Halon，全溴氟烃）、四氯化碳、甲烷等，用作制冷剂、喷雾剂、发泡剂、清洗剂等。废气主要是汽车尾气、超音速飞机排出的废气、工业废气等。

臭氧层中的臭氧减少，生物会受到紫外线的侵害，人类会出现皮肤类病变，植物叶片变小，病虫害发作，产量下降，塑料老化加速，城市光化学烟雾增多，温室效应加剧。

1985年3月，世界各国通过了《保护臭氧层维也纳公约》，它是关于采取措施保护臭氧层免受人类活动破坏的全球性国际公约。中国政府于1989年加入了该公约。

《关于消耗臭氧层物质的蒙特利尔议定书》是为实施《保护臭氧层维也纳公约》，对消耗臭氧层的物质进行具体控制的全球性协定。1987年9月16日在加拿大的蒙特利尔通过，向各国开放签字，1989年1月1日生效，1990年6月29日通过了对《关于消耗臭氧层物质的蒙特利尔议定书》的修正，我国于1991年6月13日加入修正后的《议定书》。

(2) 温室效应　温室效应主要是由二氧化碳、一氧化二氮、甲烷、氯氟烃类等温室气体的排放浓度增加所引起的，以二氧化碳为主。二氧化碳浓度的剧增主要是由于现代化工业社会过多地燃烧煤炭、石油和天然气，以及破坏森林所致。

温室效应,又称"花房效应",是指太阳短波辐射可以透过大气射入地面,而地面增暖后放出的长波辐射却被大气中的二氧化碳等物质所吸收,从而产生大气变暖的效应。大气中的二氧化碳就像一层厚厚的玻璃,使地球变成了一个大暖房。大气中的二氧化碳浓度增加,阻止地球热量的散失,使地球发生可感觉到的气温升高。二氧化碳是数量最多的温室气体,约占大气总容量的 0.03%,许多其它痕量气体也会产生温室效应。

为将大气中温室气体浓度稳定在不对气候系统造成危害的水平,1992 年 6 月在巴西里约热内卢举行的联合国环境与发展大会上,150 多个国家制定了《联合国气候变化框架公约》(简称《公约》),这是世界上第一个为全面控制二氧化碳等温室气体排放,应对全球气候变暖给人类经济和社会带来不利影响的国际公约,也是国际社会在应对全球气候变化问题上进行国际合作的一个基本框架。据统计,目前已有 190 多个国家批准了《公约》,这些国家被称为《公约》缔约方。1997 年 12 月,第 3 次缔约方大会在日本京都举行,会议通过了《京都议定书》,对 2012 年前主要发达国家减排温室气体的种类、减排时间表和额度等作出了具体规定。《京都议定书》于 2005 年开始生效。根据这份议定书,从 2008 年到 2012 年间,主要工业发达国家的温室气体排放量要在 1990 年的基础上平均减少 5.2%,其中欧盟将 6 种温室气体的排放量削减 8%,美国削减 7%,日本削减 6%。目前已有 170 多个国家批准了这份议定书。

(3) 酸雨的危害　酸雨主要由燃煤排放的二氧化硫溶解在大气的水蒸气中而形成。酸雨使湖泊水质酸化,造成鱼虾死亡;在陆地上,造成土壤酸化,植被受到损害。此外,酸雨对农作物、建筑、文物古迹以及人类的健康都有不同程度的危害。

1972 年,在联合国人类环境会议上,瑞典政府在《穿越国界的大气污染:大气和降水中硫对环境的影响》报告中,提出了环境酸化问题。1982 年,环境酸化国际会议在瑞典召开,更多国家开展了酸雨的调查研究,酸雨和环境酸化成为一个全球性的重大环境污染问题。中国在 20 世纪 70 年代末开始监测研究酸雨,酸雨主要发生在南方,酸雨区森林有受害迹象。

《中华人民共和国大气污染防治法》规定,为控制酸雨污染,改善大气环境质量,国务院环境保护行政主管部门会同国务院有关部门,根据气象、地形、土壤等自然条件,对已经产生、可能产生酸雨的地区或者其它二氧化硫污染严重的地区,经国务院批准后,划定为酸雨控制区或者二氧化硫污染控制区。划为酸雨控制区的基本条件是:现场监测降水 pH≤4.5,硫沉降超过临界负荷,二氧化硫排放量较大。国家级贫困县暂不划入酸雨控制区。国务院于 1998 年 1 月批准的酸雨控制区覆盖 14 个省、直辖市、自治区的 148 个市(包括地区)、县、区,面积为 80 万平方公里。

在 2002 年《国务院关于两控区酸雨和二氧化硫污染防治"十五"计划的批复中》中要求:限产或关停高硫煤矿,加快发展动力煤洗选加工,降低城市燃料含硫量;淘汰高能耗、重污染的锅炉、窑炉及各类生产工艺和设备;控制火电厂二氧化硫排放,加快建设一批火电厂脱硫设施,新建、扩建和改建火电机组必须同步安装脱硫装置或采取其它脱硫措施。

(4) 全球淡水危机　水是众生之灵,没有水就没有生命。随着人口的增长,经济的发展,全世界的需水量与水资源不足之间矛盾日益尖锐。据统计,全世界有 100 多个国家存在不同程度的缺水,发展中国家至少有 3/4 的农村人口和 1/5 的城市人口,常年得不到安全卫生的饮用水,17 亿人没有足够的饮用水。

1972 年联合国人类环境会议指出:"石油危机之后,下一个危机是水"。1977 年联合国水事会议又进一步强调:"水,不久将成为一个深刻的社会危机"。1982 年内罗毕宣言重申对淡水资源的保护。1992 年在里约热内卢举行的联合国环境与发展大会,通过了影响深远的《二十一世纪议程》。《二十一世纪议程》专门就水资源的综合开发与管理，水资源评价，水资源、水质和水生生态系统的保护等做了详尽的建议和规定，以期达到满足各国在实现可持续的发展方面对淡水的需求。2003年为国际淡水年，掀起了国际淡水资源保护的高潮。

国际社会需要一部统一的国际水法，国际水域立法应走向法典化和全球化，用其协调各国的行动，指导各国在保护和利用全球水资源上进行合作，同时承担相应的国际义务和责任。

(5) 森林锐减　森林是地球的绿色屏障，是构成人类生存环境的重要组成部分。人类赖以生存的食物和生产资料大量地来自森林。森林孕育了极为丰富的生物多样性。此外，森林还是涵养水源、水土保持、防风固沙、调节气候、保障农业生产的重要因素。近年来，人们大肆砍伐森林，特别是热带地区的森林，使得森林锐减。森林的减少使其涵养水源的功能受到破坏，造成了物种的减少和水土流失，对二氧化碳的吸收减少进而加剧了温室效应。

(6) 土地沙漠化　是土地退化的一种现象，它是指人类不合理的开发活动，破坏了植被，破坏了原生生态平衡，使原来非沙漠地区也出现风沙活动等现象。土地沙漠化使原有土地的生产力下降或丧失。目前，全世界每年有600万公顷具有生产力的土地变成沙漠，平均每分钟有10公顷土地变成沙漠。

《联合国防治荒漠化公约》（UNCCD）是1992年联合国环境与发展大会《二十一世纪议程》框架下的三大重要国际环境公约之一。该公约于1994年6月17日在法国巴黎外交大会通过，并于1996年12月26日生效。中国于1994年10月14日签署该公约，并于1997年2月18日交存批准书，公约于1997年5月9日对中国生效。《联合国防治荒漠化公约》为全球沙漠化的共同防治构筑了第一块基石。采取综合防治措施，治理土地沙漠化，实现农业可持续发展，已经成为当今世界各国普遍认同的发展理念。中国作为世界《防治沙漠化公约》的197个签约国之一，从2002年开始实施《中华人民共和国防沙治沙法》，这使中国防沙治沙工作步入了法制化轨道。

(7) 水土流失　是指"在水力、重力、风力等外营力作用下，水土资源和土地生产力的破坏和损失，包括土地表层侵蚀和水土损失，亦称水土损失"。水土流失是土地退化的一种。主要因森林植被的破坏，使表土裸露和缺乏吸附，并随降水冲刷而流失。据估计，全世界每年有260亿吨耕地表土流失。土壤流失的直接后果是肥力下降，农业减产。

(8) 生物多样性减少　生物多样性指的是地球上生物圈中所有的生物，即动物、植物、微生物，以及它们所拥有的基因和生存环境，包含三个层次，即遗传多样性、物种多样性和生态系统多样性。随着环境的污染与破坏，比如森林砍伐、植被破坏、滥捕乱猎等，目前世界上的生物物种正在以每天几十种的速度消失。这是地球资源的巨大损失，因为物种一旦消失，就永不再生。消失的物种不仅会使人类失去一种自然资源，还会通过食物链引起其它物种的消失。

《生物多样性公约》是一项保护地球生物资源的国际性公约，于1992年6月1日由联合国环境规划署发起的政府间谈判委员会第七次会议在内罗毕通过，1992年6月5日，由签约国在巴西里约热内卢举行的联合国环境与发展大会上签署。公约于1993年12月29日正式生效。该公约旨在保护濒临灭绝的植物和动物，最大限度地保护地球上的多种多样的生物资源，以造福于当代和子孙后代。截止到2008年5月，该公约的签字国有190个。中国于1992年6月11日签署该公约，1992年11月7日批准，1993年1月5日交存加入书。

(9) 垃圾与危险性废物成灾　危险废物是指除放射性废物外，具有化学活性或毒性、爆炸性或其它对动植物和环境有害特性的废物。近年来，发达国家产生的危险性废物明显增多，因此，危险性废物越境转移的事件时有发生。如美国每年可产生8000万～9000万吨的危险性废物,通过越境向外转移的有上千万吨之多。从近几年的发展趋势来看,发达国家的危险性废物越境转移更加突出,而且主要向发展中国家转移,对发展中国家造成巨大的威胁和损失。

1989年3月22日联合国环境规划署于瑞士巴塞尔召开的世界环境保护会议上通过《控制危险废物越境转移及其处置巴塞尔公约》,1992年5月正式生效。该公约有近120个缔约方,中国于1990年3月22日在该公约上签字。公约旨在遏止越境转移危险废物,特别是向发展中国家出口和转移危险废物。公约要求各国把危险废物数量减到最低限度,用最有利于环境保护的方式尽可能就地贮存和处理。

(10) 有毒化学物的污染问题　有毒化学物主要来自工厂废物、废气和废水的排放以及大量使用化学品、化肥和农药等。据统计,目前市场上有7万~8万种化学品,其中对人体健康和生态环境有危害的约有3.5万种,而具有致癌、致畸、致基因突变的"三致"作用的有500余种。化学污染通常通过水和空气扩散,波及而大到一个地区、一个国家甚至全球,所以成为全球性的环境问题。

特别是当今国际上关注的、被称作"持久性有机污染物"(POPs)的许多毒害性有机化学物,它们在环境中具有如下特点:①多为低浓度、高毒性、半挥发性;②在自然条件下具难降解性,因而能在空气、水和迁徙物中长期残留或远距离迁移,在远离排放源的陆地生态系统或水域生态系统中沉淀并蓄积起来;③具有脂溶性,因而易在人体和生物体内产生生物积聚作用,并能通过食物链产生显著的生物富集(放大)作用。这些持久性有机污染物已经成为环境激素,干扰或损害人体和生物体的内分泌系统,阻碍免疫功能或使之失调,引起生殖发育的变异并影响生命的繁衍,威胁着生物多样性并可能损害整个生态系统,从而严重威胁着人类的生存和发展,并会对环境造成难以修复的破坏。

2001年5月,联合国环境规划署在瑞典召开了《关于持久性有机污染物的斯德哥尔摩公约》全权代表会议并开放签约,掀起了全球携手共同抗击"持久性有机污染物"(POPs)的高潮。该公约涉及禁止使用和生产的持久性有机污染物主要包括农药、工业化学品和副产物三大类,共计12种,分别为艾氏剂、氯丹、DDT、狄氏剂、异狄氏剂、七氯、灭蚁灵、毒杀芬、六氯代苯、多氯联二苯、二噁英和呋喃。我国是首批90个签约国之一,全世界已有156个国家签约,2004年5月生效。

4. 中国环境状况

(1) 淡水环境　2008年,全国地表水污染依然严重,七大水系水质总体为中度污染,湖泊富营养化问题突出,近岸海域水质总体为轻度污染。

长江、黄河、珠江、松花江、淮河、海河和辽河七大水系水质总体与2007年持平。200条河流409个断面中,Ⅰ~Ⅲ类、Ⅳ~Ⅴ类和劣Ⅴ类水质的断面比例分别为55.0%、24.2%和20.8%。其中,珠江、长江水质总体良好,松花江为轻度污染,黄河、淮河、辽河为中度污染,海河为重度污染。图1-2为七大水系水质类别比例示意图。

28个国控重点湖(库)中,满足Ⅱ类水质的4个,占14.3%;Ⅲ类的2个,占7.1%;Ⅳ类的6个,占21.4%;Ⅴ类的5个,占17.9%;劣Ⅴ类的11个,占39.3%。主要污染指标为总氮和总磷。在监测营养状态的26个湖(库)中,重度富营养的1个,占3.8%;中度富营养的5个,占19.2%;轻度富营养的6个,占23.0%。图1-3为重点湖(库)营养状态指数。

2008年,全国废水排放总量为572.0亿吨,比上年增加2.7%;化学需氧量排放量为1320.7万吨,比上年下降4.4%;氨氮排放量为127.0万吨,比上年下降4.0%。表1-2为2006~2008年全国废水和主要污染物排放量。

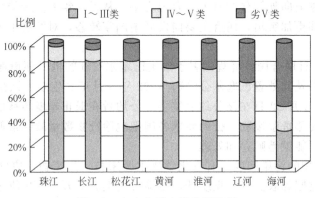

图1-2 七大水系水质类别比例

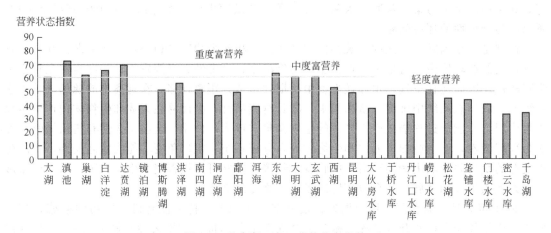

图1-3 重点湖（库）营养状态指数

表1-2 2006~2008年全国废水和主要污染物排放量

年度	废水排放量/亿吨			化学需氧量排放量/万吨			氨氮排放量/万吨		
	合计	工业	生活	合计	工业	生活	合计	工业	生活
2006	536.8	240.2	296.6	1428.2	541.5	886.7	141.3	42.5	98.8
2007	556.8	246.6	310.2	1381.8	511.1	870.8	132.3	34.1	98.3
2008	572	241.9	330.1	1320.7	457.6	863.1	127	29.7	97.3

(2) 大气环境　2008年全国城市空气质量总体良好，比2007年有所提高，但部分城市污染仍较重；全国酸雨分布区域保持稳定，但酸雨污染仍较重。

2008年度，全国有519个城市报告了空气质量数据，达到一级标准的城市21个（占4.0%），二级标准的城市378个（占72.8%），三级标准的城市113个（占21.8%），劣于三级标准的城市7个（占1.4%）。全国地级及以上城市的达标比例为71.6%，县级城市的达标比例为85.6%。地级及以上城市（含地、州、盟首府所在地）空气质量达到国家一级标准的城市占2.2%，二级标准的占69.4%，三级标准的占26.9%，劣于三级标准的占1.5%。可吸入颗粒物（PM_{10}）年均浓度达到二级标准及以上的城市占81.5%，劣于三级标准的占0.6%。二氧化硫年均浓度达到二级标准及以上的城市占85.2%，劣于三级标准的占0.6%。

(3) 固体废物　表1-3为2008年全国工业固体废物产生及处理情况。

表 1-3　2008 年全国工业固体废物产生及处理情况

产生量/万吨		综合利用量/万吨		贮存量/万吨		处置量/万吨	
合计	危险废物	合计	危险废物	合计	危险废物	合计	危险废物
190127	1357	123482	819	21883	196	48291	389

三、环境污染

1. 环境污染源的分类

污染源是造成环境污染的污染物发生源，通常指向环境排放有害物质或对环境产生有害影响的场所、设备、装置或人体。整体而言，环境污染来源于自然界和人为活动两个方面，前者称为第一环境问题，后者称为第二环境问题。污染源分类如表 1-4 所示。

表 1-4　环境污染源分类

分类依据	污染源分类		示　例
产生原因	自然污染源	生物污染源	鼠、蚊、蝇、霉菌、病原体等
		非生物污染源	火山、地震、泥石流、矿石、矿泉、岩石等
	人为污染源	生产型污染源	工业、农业、交通、科研
		生活性污染源	住宅、学校、医院、商业
存在形式		固定污染源	工厂排放废气的烟囱
		移动污染源	排放废气的行驶中的汽车
排放时间		连续源	
		间断源	
		瞬时源	
排放方式		点污染源	固体废物集中堆放、污水排污口排放等
		线污染源	高速公路上行驶的汽车、输油管道、污水沟道等
		面污染源	喷洒在农田里的农药、化肥等

2. 环境污染物

环境污染物是指人们在生产、生活过程排入大气、水、土壤中，引起环境污染或导致环境破坏的物质。

环境污染物按其来源可分为生产性污染物、生活性污染物和放射性污染物。如工业生产中未经处理的废水、废气和废渣，生活中排出的粪便、垃圾和污水，核能工业排放的放射性废弃物等。

环境污染物按其性质分类又可分为化学性污染物、物理性污染物和生物性污染物。化学性污染物主要有无机物（汞、镉、砷、铬、铅、氰化物、氟化物等）和有机物（有机磷、有机氯、多氯联苯、酚、多环芳烃等）；物理性污染物主要有噪声、振动、放射性、非电离电磁波、热污染等；生物性污染物主要有细菌、病毒、原虫等病原微生物。其中化学性污染物是主要的、大量的。

3. 优先控制污染物

优先控制污染物是指从数百万种化学污染物中选择潜在危险性大的难降解、具有生物积累性、毒性大和三致类物质，这些物质在环境中出现的频率高、残留高。将这些化学物质定为优先控制污染物，实行优先和重点监测。优先控制污染物最初起源于美国，1976 年美国环保总署在"清洁水法"中就明确规定了 129 种优先污染物,其中 114 种是有毒有机污染物。

我国为了更好地控制有毒有害污染物排放,于 20 世纪 80 年代末开展了水中优先控制污染物的筛选工作。于 90 年代初提出了符合我国国情的水中优先控制污染物黑名单 68 种,为我国优先污染物控制和监测提供了依据。

我国水中优先控制污染物具有如下特点:

① 有毒性,特别是"三致"毒性与人体健康关系非常密切。这些有毒污染物在环境中往往具有长效性,对环境的破坏和人体健康的危害多具有不可逆性,威胁着人类的生存。

② 以有毒有机污染物为主。在 68 种优先控制污染物中,有毒有机污染物占 58 个,无机污染物占 10 个。

③ 有毒有机污染物的控制以有机氯为主。在 58 个优先控制的有毒有机污染物中,有机氯化合物占 25 个。包括农药在内的有机氯化合物突出的特点是其三致作用和在环境中的难降解性,例如多氯联苯(PCBs)的半衰期大约为 40 年。

四、环境污染防治工程

环境污染防治工程是解决从污染物产生、贮存、运输、处理以及处置的全过程存在的有关问题,并采取科学的防治措施。例如,确定和查明污染产生的原因、研究防治污染的原理和方法、设计消除污染的工艺流程、开发无公害能源和新型设备等。污染防治工程既包括单个污染源或污染物的防治,也包括区域污染的综合防治。

按照不同的专业,它又分为大气污染防治工程、水污染防治工程、固体废物污染防治工程、噪声和振动控制工程、恶臭防治工程、生态污染防治工程等。

1. 大气污染防治工程

主要是对生产和生活中产生的大气污染物进行分析、预防和处理,找出改善大气质量的工程技术措施,主要涉及大气质量管理、烟尘治理技术、气体污染物的治理技术、酸雨防治和大气污染综合防治等。

2. 水污染防治工程

主要是对生产和生活中产生的污水来源、水量和水质等进行分析,研究预防和处理的工程技术措施,并结合污水处理厂的布局、污水处理方法、自然净化能力以及城市发展的影响等多方面的因素,全面规划,综合防治。主要涉及污水处理及其利用等。

3. 固体废物污染防治工程

主要是对生产和生活中产生的废渣、垃圾和放射性固体废物进行分析、预防和处理,提出资源化利用的工程技术措施。主要涉及固体废物无害化处置、固体废物管理、固体废物综合利用及放射性固体废物的处置等。

第二节　化学工业对环境的污染

一、化学工业环境污染概况

化学工业,又称化学加工工业,在生产过程中化学方法占主要地位的过程工业,包括基础化学工业和塑料、合成纤维、石油、橡胶、药剂、染料工业等。化工企业是利用化学反应改变物质结构、成分、形态等生产化学产品的部门,如无机酸、碱、盐、稀有元素、合成纤维、塑料、合成橡胶、染料、油漆、化肥、农药等的生产企业。

化学企业是环境污染较为严重的部门,从原料到产品,从生产到使用,都会对环境造成污染。化学产品多样化、原料路线多样化、生产方法多样化，产生的化工污染物多种多样，数量也相当大，这些污染物对环境是有害的，有的甚至是剧毒物质，进入环境就会造成污染和破坏，使环境状况恶化。有些化工产品在使用过程中又会引起新一轮污染，甚至比生产本身所造成的污染更为严重，影响更为广泛。

化工环境污染，是化学工业发展过程中急需解决的一个重大问题，若不能妥善加以解决，势必会制约化学工业的可持续发展，应引起全社会的高度重视，积极开展化工环境污染的防治工作。

化工企业应提高全员环境保护意识，严格执行"三同时"制度，确保污染治理设施到位和持续正常运行，废弃物达标排放。对有限期治理要求的化工企业，必须按期完成整治任务，并通过当地环保部门的验收。环保部门要严格执法，对废弃物超标排放、逾期未完成限期治理任务等严重违法行为，依法对其进行处罚、停产整顿直至关闭。

化学工业污染防治的重点是：水污染的防治以节水和实现水资源化为中心；大气污染的防治以节能和综合利用为中心；固体废物的污染防治以实现废物减量化和资源化为中心，新建项目要采用先进的少废无废工艺，所有化工企业都要做到达标排放和符合当地污染物总量控制的要求。

1. 化工污染分类及来源

按污染物的性质，可将化工污染分为无机化学工业污染和有机化学工业污染；按照污染物的形态，可分为废水、废气和废渣等；按污染物产生的原因和进入环境的途径又可进一步细分。化工污染分类见表1-5。

表1-5 化工污染分类

分类依据	化工污染分类
污染物的性质	无机化学工业污染,有机化学工业污染
污染物形态	废气、废水、废渣
产生原因	化学反应的不完全所致的废物，副反应所产生的废物，燃烧过程中产生的废气，冷却水,设备和管道的泄漏,其它化工生产中排出的废弃物

2. 化工废水污染

化学工业包括有机化工和无机化工两大类，化工产品多种多样，成分复杂，排出的废水也多种多样。有的甚至有剧毒，不易净化，在生物体内有一定的积累作用，在水体中有明显的耗氧性质，易使水质恶化。

无机化工废水包括从无机矿物制取酸、碱、盐类基本化工原料的工业，这类生产中主要是冷却用水，排出的废水中含酸、碱、大量的盐类和悬浮物，有时还含硫化物和有毒物质。有机化工废水则成分多样，包括合成橡胶、合成塑料、人造纤维、合成染料、油漆涂料、制药等过程中排放的废水，具有强烈耗氧的性质，毒性较强，且由于多数是人工合成的有机化合物，因此污染性很强，不易分解。

化工废水的五个基本特征：

① 水质成分复杂，副产物多，反应原料常为溶剂类物质或环状结构的化合物，增加了废水的处理难度。

② 废水中污染物含量高，这是由于原料反应不完全、原料或生产中使用的大量溶剂介质进入了废水体系所引起的。

③ 有毒有害物质多，精细化工废水中有许多有机污染物对微生物是有毒有害的，如卤素化合物、硝基化合物、具有杀菌作用的分散剂或表面活性剂等。

④ 生物难降解物质多，BC比低，可生化性差。

⑤ 废水色度高。

近年来我国化工行业的环境污染防治工作取得了较大进展，废水治理率、排放达标率逐年有所增长。对高效、低成本的处理化工废水新工艺、新技术的研究，已经成为世界各国科学家和工程师研究的重点之一。

3. 化工废气污染

化工废气是大气污染物的重要来源。大量化工废气排入大气，必然使大气环境质量下降，给人体健康带来严重危害，给国民经济造成巨大损失。化工废气中有害物质通过呼吸道和皮肤进入人体后，使人的呼吸、血液、肝脏等系统和器官造成暂时性和永久性病变，尤其是苯并芘类多环芳烃能使人体直接致癌，应引起高度重视。

工业废气包括有机废气和无机废气。有机废气主要包括各种烃类、醇类、醛类、酸类、酮类和胺类等；无机废气主要包括硫氧化物、氮氧化物、碳氧化物、卤素及其化合物等。

4. 化工废渣污染

化工废渣是指化工生产过程中排出的各种废渣、粉尘及其它废物等。如化学工业的酸碱污泥等。这种固体废物，数量庞大，成分复杂，种类繁多。有一般化工废渣和化工有害废渣之分。随着工业生产的发展，化工废渣数量日益增加，其消极堆放，将会占用土地，污染土壤、水源和大气，影响作物生长，危害人体健康。如经过适当的工艺处理，可成为工业原料或能源。化业废渣较化工废水、废气更容易实现资源化。

化工废渣主要包括硫酸矿烧渣、电石渣、碱渣、煤气炉渣、磷渣、汞渣、铬渣、盐泥、污泥、硼渣、废塑料以及橡胶碎屑等。

二、化工污染防治的发展趋势

1. 化工污染防治现状

化学工业是一个污染较为严重的行业，从国家环保总局发布的2006年环境统计年报可以看出，化学工业废水排放占全国工业废水排放总量的16.14%，位居第二位，化学工业废气排放占5.82%，位居全国第四位，化学工业固体废物的产生量占7.15%，位居全国第五位。主要污染物二氧化硫排放量占5.46%，位居全国第四位。氰化物、石油类、汞排放量位居全国第一位，砷是第二位，COD、镉、六价铬为第三位，铅、烟尘是第四位，挥发酚、粉尘是第五位。

造成化学工业污染状况严重的原因很多，从清洁生产的角度来分析，主要有以下几方面原因。

(1) 产品的原料政策和原料路线不合理　由于资源、经济发展水平等方面的局限，我国化工产品的原料大多采用粗料政策，对环境造成较为严重的污染。

化工产品绝大多数原料经粗加工后由产地直接运送至生产厂家，由于原料是粗料未经加工和筛选，造成生产过程中产生大量废弃物，不仅增加运输费，而且增加处理处置费用。如硫铁矿制硫酸、磷矿制磷酸、原盐制烧碱等。

此外，由于条件的限制，化工产品的原料路线也成为环境严重污染原因之一。如我国中小型聚氯乙烯生产采用电石乙炔法，产生大量的电石粉尘、电石渣和废水；中小型合成氨采用煤焦造气，产生大量的煤渣和含氰废水。

(2) 落后的生产工艺　我国化工企业以中小型和老企业为主，大多数仍沿用50年代、60年代落后的生产工艺，长期以来没有进行很好的技术改造，工艺落后，设备陈旧，原材料、能源利用率低，排污量大，致使许多原材料变成"三废"排放到环境中造成严重污染。

(3) 中小型企业污染防治困难　我国化工中小型企业占80%~90%以上，这样就必然带来以下后果：

① 生产规模小，单位产品的原材料、能源消耗高，操作自动化、机械化程度低，管理方式落后，造成"三废"产生量多、物料流失多，污染严重。

② 中小化工企业由于历史原因，一直承担着大吨位、高消耗、高污染、低效益的基本化工原料产品的生产，如氮肥、磷肥、硫酸、纯碱等，绝大部分还没有向技术含量高、经济效益好、污染程度较轻的方向进行产品结构调整。

③ 中小化工企业由于布局分散，大多数只能单独分散进行污染治理，即使资金、技术都能解决，经济上也很难过关。

所以，大量的中小企业不仅在污染的预防而且在污染的末端治理都是很困难的。

2. 化工污染防治的发展趋势

化学工业是我国国民经济中的支柱产业，对工农业生产的发展，国防现代化建设，人民群众物质文化生活水平的提高，发挥着重要作用。

(1) 环境法律制度不断完善　多年来，化工行业一直实行以"预防为主、防治结合、以管促治"的方针，指导着各地化工企业的环境保护工作。先后开展了"污染物排放总量控制管理办法"、"创建化工清洁文明工厂"活动，建立环保规章制度，强化环境管理与监督，对污染严重的企业限期治理，直至关停并转，严格执行"三同时"制度，有效地控制了新的污染源产生，在全行业大抓改革工艺技术、设备和三废综合利用工作，对化工污染的防治起了重要作用。

(2) 末端治理向生产全过程控制转变　在化工行业认真贯彻执行可持续发展战略思想，把污染防治由末端治理转向生产全过程控制，坚持以企业为主体，着眼于在生产过程中将污染物的产生量尽可能地减少，最大限度地降低需要进行末端处理的污染物数量和毒性，从而在减少污染的同时，提高企业的生产效率，实现环境效益与经济效益相统一，促进化学工业走上良性循环的轨道。

(3) 大力推行清洁生产　清洁生产是以减少污染物产生量、提高资源利用效率为目标，实行生产全过程控制，既有环境效益，又有经济效益。把推行清洁生产与产品结构调整、技术改造、节能降耗提高效益紧密结合起来，使环保提出的清洁生产融于经济综合部门和企业追求的生产发展的目标中去，使清洁生产成为生产发展主体的要求。

(4) 大力发展循环经济　大力发展化工行业的循环经济，按照"减量化、再利用、资源化"的原则，努力提高能源、资源利用率，减少污染物的产生和排放，以尽可能少的资源消耗和尽可能小的环境代价，取得最大的经济产出。化工行业的循环经济技术主要有两类，一是原料低质化及废弃物综合利用技术，如渣油裂解制烯烃技术，粉煤连续气化制合成气技术，磷石膏制硫酸联产水泥技术，羰基合成制醋酸技术等；二是在生产过程中能大幅度减少排放、节约资源能源的技术，如无钙焙烧红矾钠生产技术，离子膜烧碱技术，湿法磷酸及提纯代热法磷酸技术等。

例如，20 世纪 70 年代鲁北企业集团总公司就攻克了磷石膏制硫酸联产水泥技术，可以解决磷铵生产中排放的大量废渣磷石膏污染环境这一世界性难题，同时解决了硫酸生产的硫资源供应，是世界公认的零排放循环经济技术。但由于国内对磷石膏堆放的环境限制政策不严和硫资源供应不紧张，企业采用新技术比原有技术成本上升，不少磷肥企业就缺少采用这一新技术的积极性，目前国内磷石膏的处理量仍不到 20%。由此可见，发展循环经济需要政府制定符合新价值观的产业政策，协调社会各种力量的参与。

推广循环经济技术需要创新的技术观念，对于紧缺资源、能源的替代，要树立功能替代的理念，不应拘泥于同样产品的替代，目的是追求资源和能源的节约、污染的减少。如目前国内很热的煤代油问题，需要的就是车、船、飞机能用的液体燃料，不一定非要汽、柴油不可。

（5）积极开展清洁生产审计　企业清洁生产审计是对企业现在和计划进行的工业生产预防污染的分析和评估，是企业实行清洁生产的重要前提，也是企业实施清洁生产的关键和核心。通过清洁生产审计，达到如下目标。

① 核对有关单元操作、原材料、产品、用水、能源和废物的资料；
② 确定废物的来源、数量以及类型，确定废物削减的目标，制定经济有效的削减废物产生的对策；
③ 提高企业对削减废物、获得效益的认识和知识；
④ 判定企业效率低的瓶颈部位和管理不善的地方；
⑤ 提高企业经济效益和产品质量。

三、化工安全与环境保护

2005年11月13日，××××天然气股份有限公司××石化分公司双苯厂硝基苯精馏塔发生爆炸。

爆炸事故的直接原因是，硝基苯精制岗位操作人员违反操作规程，在停止粗硝基苯进料后，未关闭预热器蒸汽阀门，导致预热器内物料气化；恢复硝基苯精制单元生产时，再次违反操作规程，先打开了预热器蒸汽阀门加热，后启动粗硝基苯进料泵进料，引起进入预热器的物料突沸并发生剧烈振动，使预热器及管线的法兰松动、密封失效，空气吸入系统，由于摩擦、静电等原因，导致硝基苯精馏塔发生爆炸，并引发其它装置、设施连续爆炸。

爆炸事故发生暴露出××××天然气股份有限公司××石化分公司双苯厂对安全生产管理重视不够，对存在的安全隐患整改不力及安全生产管理制度和劳动组织管理存在的问题。

1. **化工生产的特点**

（1）化工生产中，所使用的原料多属于易燃、易爆、有腐蚀性的物质。如果在生产、使用、贮运中管理不当，就会发生火灾、爆炸、中毒和烧伤等事故，给安全生产带来重大的损失。

（2）高温、高压设备多。许多化工生产离不开高温、高压设备，这些设备能量集中，如果在设计制造中，不按规范进行，质量不合格，或在操作中失误，就将发生灾害性的事故。

（3）工艺复杂，操作要求严格。一种化工产品的生产往往由几个工序组成，每个工序又是由多个化工单元操作、多台特殊要求的设备和仪表联合组成生产系统，形成工艺流程长、技术复杂、工艺参数多、要求严格的生产线。因此，要严格遵守操作规程，操作时要注意巡回检查、认真记录、纠正偏差、严格交接班、注意上下工序的联系，及时消除隐患，才能预防各类事故的发生。

（4）三废多，污染严重。化学工业在生产中产生的废气、废渣、废水多，是国民经济中污染的大户。在排放的"三废"中，许多物质具有可燃、易爆、有毒、有腐蚀及有害性，这都是生产中的不安全因素。

（5）事故多，损失重大。据统计，化工行业每年发生几百起重大事故，造成人员伤亡，给国家造成重大的经济损失。事故中，约有70%以上是因为违章指挥和违章作业造成的。

因此，迫切需要加强技术学习，提高工人素质，进行安全教育，牢固确立"安全生产，人人有责"，在安全生产这条路上警钟长鸣！

2. **化工安全生产要求**

（1）建立健全各项安全生产管理制度，加强安全生产的管理与考核，层层分解目标责任制。

(2) 认真落实安全教育培训。包括三级安全教育，换岗，事故教育，工艺操作，外来施工人员，设备管理，压力容器特种作业等。

(3) 加强日常安全检查，查找事故隐患，及时整改安全隐患。

(4) 建立重大危险源监控体系，明确监控点，落实监控措施，建立完善事故应急救援预案。

(5) 抓好特种设备安全管理制度。

(6) 严格遵照执行各项危险化学品的安全技术要求。

(7) 制订大、中、小检修计划和安全防范措施，并认真落实。

(8) 做好各类化学品（包括剧毒品、易制毒品）贮存的管理和检查工作，严格分类标识，并标明警示标志。

(9) 对动火、登高、进罐、检修、安装临时线路、破土等危险作业，落实安全防范措施。

(10) 严格执行事故报告制度。一旦发生事故按规定及时上报，并组织抢险救援，按事故"四不放过"原则处理。

3. 化工环境保护要求

(1) 认真执行国家的环境保护法和相关的法律、法规和标准。

(2) 有计划地对员工进行宣传教育，提高全员的环保意识。

(3) 制定环保工作考核制度，杜绝"跑、冒、滴、漏"。严格控制车间生产过程中的废水、废气和废渣的排放。

(4) 做好化学危险品"三废"的收集和回收工作，不得随意乱丢乱放。

(5) 禁止将易燃、易爆、有毒的废弃物倒入垃圾桶和混入垃圾收集站。

(6) 对出现的各种环保隐患和问题及时落实整改。

(7) 不断地对环保治理技术措施持续改进，有效地提高利用率，做到循环使用，降耗节支。

小　　结

本章对与环境保护相关的几个基本概念进行的解释；介绍了全球性的十大环境问题，阐述国内环境状况；介绍了环境污染源、环境污染物、优先控制污染物以及环境污染防治工程；介绍了化工行业环境污染物概况、化工污染物的来源、化工废水污染、废气污染和废渣污染；结合清洁生产和循环经济的要求，分析了化工污染防治的途径及其发展趋势。分析了化工生产的特点、化工安全生产要求和化工环境保护的要求。

复习思考题

1. 《中华人民共和国环境保护法》中对环境是如何定义的？环境如何分类？
2. 环境系统对人类的生活和生产有何重要意义？
3. 现行的环境质量标准有哪些？环境质量与环境质量标准的关系如何？
4. 什么是环境容量？影响水环境容量大小的因素主要有哪几个方面？
5. 什么是环境问题？环境问题的产生原因有哪些？
6. 全球性十大环境问题是哪些？联合国环境规划署及各国为此作了哪些工作？阅读历年的《中国环境质量公报》，了解我国的环境问题现状。
7. 简述环境污染源的分类情况。

8. 对环境产生危害的化学污染物主要有哪些？
9. 什么是优先控制污染物？我国已确定的 68 种水中优先控制污染物分为哪几类？它们有什么特点？
10. 何为环境污染防治工程？主要有哪几类？
11. 简述我国化工环境污染概况和化工污染防治的重点。
12. 化工废水的基本特征是什么？常见的处理方法有哪些？
13. 化工废气污染的分类和防治方法分别是什么？
14. 化工废渣主要有哪些？请简述常见的处理方法和处理原则。
15. 试从清洁生产的角度分析我国化工污染的产生原因。
16. 阐述我国化工污染防治的发展思路。
17. 简述化工生产的特点。化工安全生产要求和化工环境保护要求各是什么？

第二章　化工废水处理

【学习指南】
　　了解化工废水的来源及其污染特征；掌握化工废水的物理处理法、化学处理法、物化处理法、生物处理法。
　　在掌握单一的废水处理工艺基础上，了解组合工艺的应用。
　　能够应用所掌握的废水处理知识提出常见化工废水处理的方法和工艺。
　　把学习废水处理方法的理论知识和典型废水处理流程相结合，将所学废水处理知识融汇贯通，并能应用于工程实际，初步设计出指定废水的处理工艺流程。

第一节　化工废水的特点及处理技术概述

一、化工废水的来源

　　化工污染物的种类，按污染物的性质可分为无机化学工业污染物和有机化学工业污染物；按污染物的形态可分为废气、废水及废渣。总的来说，化工污染物都是在生产过程中产生的，但其产生的原因和进入环境的途径则是多种多样的。具体包括：①化学反应的不完全所产生的废料；②副反应所产生的废料；③燃烧过程中产生的废气；④冷却水；⑤设备和管道的泄漏；⑥其它化工生产中排出的废弃物等。概括起来，化工污染物的主要来源大致分为以下两个方面。

　　1. 化工生产的原料、半成品及产品
　　(1) 化学反应不完全　目前，所有的化工生产中，原料不可能全部转化为半成品或成品，其中有一个转化率的问题。未反应的原料，虽有部分可以回收再用，但最终总有一部分因回收不完全或不可回收而被排放掉。若化工原料为有害物质，排放后便会造成环境污染。化工生产中的"三废"，实际上是生产过程中流失的原料、中间体、副产品，甚至是宝贵的产品。尤其是农药、化工行业的主要原料利用率一般只有 30%～40%，即有 60%～70% 以"三废"形式排入环境。
　　(2) 原料不纯　化工原料有时本身纯度不够，其中含有杂质。这些杂质因一般不需要参与化学反应，最后也要排放掉，而且大多数杂质为有害的化学物质，对环境会造成重大污染。有些化学杂质甚至还参与化学反应，而生成的反应产物同样也是所需产品的杂质。对环境而言，也是有害的污染物。例如氯碱工业电解食盐溶液制取氯气、氢气和烧碱，只能利用食盐中的氯化钠，其余占原料约 10% 左右的杂质则排入下水道，成为污染源。

　　2. 化工生产过程中排放出的废弃物
　　(1) 冷却水　化工生产过程中除了需要大量的热能外，还需要大量的冷却水。例如生产 1t 烧碱，约需要 100t 冷却水。在生产过程中，用水进行冷却的方式一般有直接冷却和间接冷却两种。采用直接冷却时，冷却水直接与被冷却的物料进行接触，这种冷却方式很容易使水中含有化工物料，而成为污染物质。当采用间接冷却时，虽然冷却水不与物料直接接触，但因为在冷却水中往往加入防腐剂、杀藻剂等化学物质，排出后也会造成污染，即便没有加入有关的化学物质，冷却水也会对周围环境带来热污染问题。

（2）副反应　化工生产中，在进行主反应的同时，还经常伴随着一些人们所并不希望的副反应和副反应产物。如磷肥工业中用磷矿、焦炭、硅石反应制取黄磷时，同时还生成一氧化碳和硅酸钙，分别形成了废气和废渣，反应式为：

$$Ca_3(PO_4)_2 + 5C + 3SiO_2 \longrightarrow 2P + 5CO\uparrow + 3CaSiO_3$$

（3）"跑、冒、滴、漏"　化工生产中的原料、成品或半成品很多都是具有腐蚀性的，容器、管道等很容易被化工原料或产品所腐蚀。如检修不及时，就会出现"跑、冒、滴、漏"等污染现象，流失的原料、成品或半成品就会造成对周围环境的污染。

二、化工废水的污染特征

化学工业排出的污染物对水和大气都会造成污染，尤以水污染问题更为突出。化工废水是在化工生产过程中所排出的废水，其成分主要决定于生产过程中采用的原料以及应用的工艺。化工废水又可分为生产污水和生产废水。所谓的生产废水是指较为清洁、不经处理即可排放或回用的化工废水（例如化工生产中的冷凝水）。而那些污染较为严重，须经过处理后方可排放的化工废水就称之为生产污水。

（1）有毒性和刺激性　化工废水中含有许多污染物，有些是有毒或剧毒的物质，如氰、酚、砷、汞、镉和铅等。这些物质在一定浓度下，大多对生物和微生物有毒性或剧毒性。有的物质不易分解，在生物体内长期积累会造成中毒，如六六六、DDT等有机氯化物；有些据称是致癌物质，如多环芳烃化合物、芳香族胺以及含氮杂环化合物等；此外，还有一些有刺激性、腐蚀性的物质，如无机酸、碱类等。精细化工废水中有许多有机污染物对微生物是有毒有害的，如卤素化合物、硝基化合物、具有杀菌作用的分散剂或表面活性剂等。

（2）生化需氧量（BOD）和化学需氧量（COD）都较高　化工废水特别是石油化工生产废水，含有各种有机酸、醇、醛、酮、醚和环氧化物等，其特点是生化需氧量和化学需氧量都较高。这种废水一经排入水体，就会在水中进一步氧化分解，从而消耗水中大量的溶解氧，直接威胁水生生物的生存。化工废水中生物难降解物质多，可生化性差，给处理带来很大难度。

（3）pH值不稳定　化工生产排放的废水，时而呈强酸性，时而呈强碱性，pH值很不稳定，对水生生物、构筑物和农作物都有极大的危害。

（4）营养化物质较多　化工生产废水中有的含磷、含氮量过高，造成水域富营养化，使水中藻类和微生物大量繁殖，严重时还会形成"红潮"，造成鱼类窒息而大批死亡。

（5）废水温度较高　由于化学反应常在高温下进行，排出的废水水温较高。这种高温废水排入水域后，会造成水体的热污染，便水中溶解氧降低，从而破坏水生生物的生存条件。有的鱼类在水温30℃以上就会死亡。

（6）油污染较为普遍　石油化工废水中一般都含有油类，不仅危害水生生物的生存，而且增加了废水处理的复杂性。

（7）水质成分复杂，副产物多　反应原料常为溶剂类物质或环状结构的化合物，增加了废水的处理难度。

（8）废水色度高　有机化工废水含有很高浓度的有机物，其中不乏含有大量带色有机物，造成废水色度高，增加了处理成本。

近年来我国化工行业的环境污染防治工作取得了较大进展，废水治理率、排放达标率逐年有所增长。但目前化工行业废水排放达标率仍不高，对高效、低成本的处理化工废水新工艺、新技术的研究，已经成为世界各国科学家和工程师研究的重点之一。

三、化工废水的处理技术概述

废水处理技术已经经过了 100 多年的发展，污水中的污染物种类、污水量是随着社会经济发展、生活水平的提高而不断增加，污水处理技术也随着科学技术的发展而发生了日新月异的变化。同时，旧的污水处理技术也不断被革新和发展着。尤其现在的化工废水中的污染物是多种多样的，往往用一种工艺是不能将废水中所有的污染物去除殆尽的。用物化工艺将化工废水处理到排放标准难度很大，而且运行成本较高；化工废水含较多的难降解有机物，可生化性差，而且化工废水的废水水量水质变化大，故直接用生化方法处理化工废水效果不是很理想。在实际废水处理过程中，一般根据废水的水质，采取适当的预处理方法，如絮凝、内电解、电解、吸附、光催化氧化等工艺，破坏废水中难降解有机物、改善废水的可生化性；再联用生化方法，如 SBR、接触氧化工艺，A/O 工艺等，对化工废水进行深度处理。

化工废水成分复杂、水质水量变化大。随着国家对其处理达标要求越来越严格，人们用一种方法很难得到良好的处理效果。处理化工废水根据实际情况采用各种组合处理技术。以取长补短，实现处理系统最优化。目前，国内对处理化工废水工艺的研究也趋向于采用多种方法的组合工艺。例如采取内电解混凝沉淀-厌氧-好氧工艺处理医药废水，采用大孔吸附树脂吸附和厌氧-好氧生物处理-絮凝沉淀法处理有机化工废水，采用絮凝-电解联用处理麻黄素废水，采取臭氧-生物活性炭工艺去除水中有机污染物，采用光催化氧化-内电解-SBR 组合方法处理高浓度化工废水，处理效果良好。

第二节　废水的物理处理法

物理处理法是利用物理的方法，将废水中的悬浮物、油类以及其它固体颗粒分离出来，使废水得到一定程度的澄清，又可回收分离出来的物质并加以利用，在处理过程中不改变污染物的化学性质。废水的物理处理方法主要分为两大类，即隔滤（如格栅、筛网、过滤、离心分离等）和分离（如沉淀、气浮等）。

一、格栅和筛网

格栅和筛网是去除废水中粗大的悬浮物和杂物，以保护后续处理设施能正常运行的一种预处理方法。格栅和筛网的构件包括平行的棒、条、金属网、格网或穿孔板。其中由平行的棒和条构成的称为格栅；由金属丝织物或穿孔板构成的称为筛网。其中格栅去除的是那些可能堵塞水泵机组及管道阀门的较粗大的悬浮物；而筛网去除的是用格栅难以去除的呈悬浮状的细小纤维。

根据清洗方法，格栅和筛网都可设计成人工清渣或机械清渣两类。当污染物量大时，一般应采用机械清渣，以减少工人劳动量。

1. 格栅

格栅是由一组平行的金属栅条制成的框架，斜置在废水流经的管道上或泵站集水池的进口处，或取水口进口端部，用以截留水中粗大的悬浮物和漂浮物，以免堵塞水泵及沉淀池的排泥管。格栅通常是废水处理流程的第一道设施。按形状，可分为平面格栅与曲面格栅两种。平面格栅由栅条与框架组成。曲面格栅又可分为固定曲面格栅与旋转鼓筒式格栅两种。

按格栅栅条的净间隙，可分为粗格栅（50～100mm）、中格栅（10～40mm）、细格栅（3～10mm）三种。

格栅本身的水流阻力并不大，水头损失只有几厘米，阻力主要产生于筛余物堵塞栅条。

一般当格栅的水头损失达到 10～15cm 时就该清洗。

按清渣方式，可分为人工清渣和机械清渣两种。人工清除污物的平面格栅见图 2-1，图 2-2 所示为履带式机械格栅的一种。

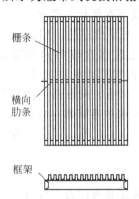

图 2-1　人工清除污物平面格栅

图 2-2　履带式机械格栅

人工格栅一般应用在废水量较小、清污工作量不大的场合，截留格栅上的污染物，可用手工清除或机械清除，小型污水处理厂一般运用人工清渣格栅。当栅渣量大于 $0.2m^3/d$ 时，为了消除卫生条件恶劣的人工劳动，应采用机械清渣格栅。目前许多废水处理厂，一般均应用机械自动清除式格栅，如回转格栅（见图 2-3），格栅链条作回转循环转动，在移动过程中将格栅上截留的悬浮物清除掉。

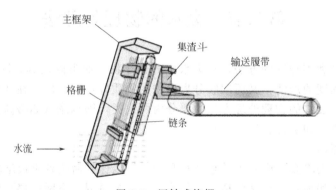

图 2-3　回转式格栅

在废水水处理中，格栅型式的选择至关重要。依据废水处理工艺流程，格栅一般按照先粗后细的原则进行设置。格栅栅条间距依据原废水水质来确定，同时也就决定了处理效果。分离后的栅渣含水率为 80% 左右，容重约为 $960g/m^3$。城市污水处理中产生的栅渣含有较多有机物质，容易腐化，必须及时收集和妥善处置。

2. 筛网

筛网主要用于截留尺寸在数毫米至数十毫米的细碎悬浮态杂物。选择不同尺寸的筛网，能去除和回收不同类型和大小的悬浮物，尤其适用于分离和回收废水中的纤维类悬浮物和动植物残体碎屑，如纤维、纸浆、藻类等，这类污染物容易堵塞管道、孔洞或缠绕于水泵叶轮。用筛网分离具有简单、高效、运行费用低廉等优点。

筛网过滤装置很多，有振动筛网（见图 2-4）、水力筛网（见图 2-5）、转鼓式筛网、转盘式筛网、微滤机等。不论何种形式，其结构既要截留污物，又要便于卸料及清理筛面。

振动筛网由振动筛和固定筛组成。污水通过振动筛时，悬浮物等杂质被留在振动筛上，

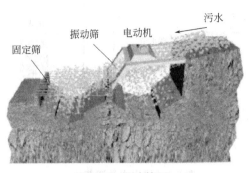
图 2-4 振动筛网

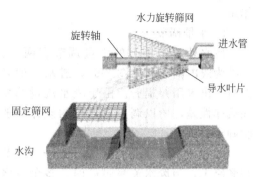
图 2-5 水力筛网

并通过振动卸到固定筛网上,以进一步脱水。

水力筛网是由运动筛和固定筛组成。运动筛水平放置,呈截顶圆锥形。进水端在运动筛小端,废水在从小端到大端流动过程中,纤维等杂质被筛网截留,并沿倾斜面卸到固定筛以进一步脱水。运动筛的小头端用不透水的材料制成,内壁装设固定的导水叶片。当进水射向导水叶片时,便推动锥筒旋转,水力筛网的动力来自进水水流的冲击力和重力作用,因此水力筛网的进水端要保持一定压力。

3. 筛余物的处置

收集的筛余物运至处置区填埋或与城市垃圾一起处理;当有回收利用价值时,可送至粉碎机或破碎机被磨碎后再用;对于大型系统,也可采用焚烧的方法彻底处理。

二、水质和水量调节

1. 水质和水量调节的作用

水质就是废水中所存在的各类物质所共同表现出来的综合特性,水量是指单位时间内产生废水的体积或重量。工业企业排出废水的水质、水量常常是不稳定的,具有很强的随机性,尤其是当操作不正常或设备产生泄漏时,废水的水质就会急剧恶化,水量也大大增加,往往会超出废水处理设备的处理能力,使废水处理设施难以维持正常操作。因此不论何种废水,在主体处理构筑物之前,通常需要设置调节池,调节的作用是尽可能减少废水特征上的波动,为后续的水处理系统提供一个稳定和优化的操作条件。

调节池的作用有:①提供对废水处理负荷的缓冲能力,防止处理系统负荷的急剧变化;②减少进入处理系统废水流量的波动,使处理废水时所用化学品的加料速率稳定,适合加料设备的能力;③控制废水的 pH 值,稳定水质,并可减少中和作用中化学品的消耗量;④防止高浓度的有毒物质进入生物化学处理系统;⑤当工厂或其它系统暂时停止排放废水时,仍能对处理系统继续输入废水,保证系统的正常运行;⑥控制向城市排水系统污水的排放,以缓解废水负荷分布的变化;⑦调节水温。

对工业废水处理而言,调节池的主要作用是调节水量、水质,还可考虑兼有沉淀、混合、加药、中和和预酸化等功能,在实际工程中也有把调节池兼作酸化池的。如某些缺少营养物质的工业废水在运用生化法处理废水时,为保证后续生化处理设施运行的稳定性,可在调节池中直接加入微生物所需的营养。

调节池的形式很多,可根据调节要求来选定调节池形式,如果调节池作用只是调节水量,则只需设置简单的水池,保持必要的调节池容积并使出水均匀即可。如果调节池作用是使废水水质能达到均衡,则应使调节池在构造上和功能上考虑达到水质均和的措施。

调节池一般设在一级处理(如格栅、沉砂池)之后,二级处理之前。一般调节池主要有长方形和圆形两类,为了使废水更快地混匀,池内还设有搅拌装置,以加强废水的混合作用。

2. 水量调节

废水处理中单纯的水量调节有两种方式：一种为线内调节（见图2-6），进水一般采用重力流，出水用泵提升。由于废水流量的变化往往规律性差，所以调节池容积的设计一般凭经验确定。

另一种为线外调节（见图2-7）。调节池设在旁路上，当废水流量过高时，多余废水用泵打入调节池，当流量低于设计流量时，再从调节池流至集水井，并送去后续处理。

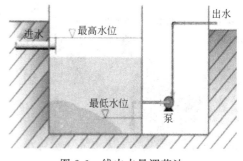

图2-6 线内水量调节池

线外调节与线内调节相比，其调节池不受进管高度限制，但被调节水量需要两次提升，消耗动力大。

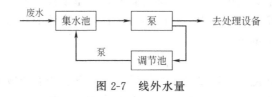

图2-7 线外水量

3. 水质调节

水质调节的任务是对不同时间或不同来源的废水进行混合，使流出水质比较均匀，此时调节池也称均和池或匀质池。水质调节的基本方法有两种。

（1）利用外加动力（如叶轮搅拌、空气搅拌、水泵循环）而进行的强制调节，设备简单，效果较好，但运行费用高。图2-8为一种外加动力的水质调节池，采用压缩空气搅拌。在池底设有曝气管，在空气搅拌作用下，使不同时间进入池内的废水得以混合。这种调节池构造简单，效果较好，并可防止悬浮物沉积于池内。最适宜在废水流量不大、处理工艺中需要预曝气以及有现成压缩空气的情况下使用。如废水中存在易挥发的有害物质，则不宜使用该类调节他，此时可使用叶轮搅拌。

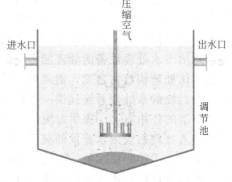

图2-8 强制式调节池

（2）利用差流方式使不同时间和不同浓度的废水进行自身水力混合，基本没有运行费，但设备结构较复杂。

差流方式的调节池类型很多。如图2-9所示为一种折流调节池。配水槽设在调节池上部，池内设有许多折流板，废水通过配水槽上的孔口溢流至调节池的不同折流板间，从而使某一时刻的出水中包含不同时刻流入的废水，也即其水质达到了某种程度的调节。

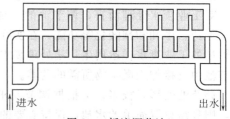

图2-9 折流调节池

另外，图 2-10 为一种构造较简单的差流式调节池。对角线上的出水槽所接纳的废水来自不同的时间，也即浓度各不相同，这样就达到了水质调节的目的。为防止调节池内废水短路，可在池内设置一些纵向挡板，以增强调节效果。

三、沉淀与沉砂

1. 沉淀

悬浮物（SS）是衡量水体水质好坏的一项重要指标，也是水处理的一项重要考核指标。沉淀是去除悬浮物的重要手段之一，它是利用水中悬浮颗粒与水的密度差进行分离的基本方

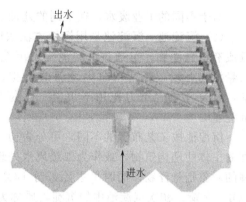

图 2-10 差流式调节池

法。当悬浮物的密度大于水时，在重力作用下，悬浮物下沉形成沉淀物；沉淀法可以去除水中的砂粒、化学沉淀物、混凝处理所形成的絮体和生物处理的污泥，也可用于沉淀污泥的浓缩。

（1）沉淀类型　沉淀主要用于去除粒径在 20~100nm 以上的可沉固体颗粒，对胶体粒子（粒径约为 1~100nm）和粒径为 100~10000nm 的细微悬浮物来说，由于布朗运动、水合作用，尤其是微粒间的静电斥力等原因，它们能在水中长期保持悬浮状态，因此不能直接用重力沉降法分离，而必须首先投加混凝剂来破坏它们的稳定性，使其相互聚集为数百微米以至数毫米的絮凝体，才能用沉降、过滤和气浮等常规固液分离法予以去除。

由水中悬浮颗粒的浓度及絮凝特性，通常分为下述四种沉淀类型。

① 自由沉淀。自由沉淀过程中，水中悬浮物颗粒浓度低，颗粒呈离散状态，彼此互不聚合、黏合或干扰，各自完成沉淀过程，颗粒在下沉过程中的形状、尺寸、密度不发生任何变化。在废水中悬浮物的浓度不太高，颗粒多为无机物时常发生自由沉淀，沉砂池中砂粒的沉降就是典型的自由沉淀。

② 混凝沉淀。在混凝沉淀过程中，废水中的悬浮物浓度虽不很高，但有絮凝性能。在沉淀过程中互相碰撞发生凝聚，结成较大的絮凝体或混凝体，其粒径和质量均随沉淀距离增加而增大，沉淀速度加快。在废水处理中，为提高沉淀效率，常向废水中投加混凝剂，使水中的胶体悬浮物颗粒失去稳定性后，相互碰撞和附聚，搭接成为较大的颗粒或絮状物，从而使悬浮物更容易从水中沉淀分离出来。

混凝沉淀有时也称混凝澄清，目前在废水处理中应用广泛。它既可以自成独立的处理系统，又可以与其它单元过程组合，作为预处理、中间处理和最终处理过程。由于需要投加化学药剂而产生混凝絮凝作用，故此种沉淀属于化学处理的范畴。在活性污泥法二沉池中污泥的沉淀以及混凝法中絮体的沉淀就属于混凝沉淀。

③ 拥挤沉淀。当废水中悬浮物的浓度增加到一定程度时，由于悬浮物颗粒下沉受到周围其它颗粒的干扰，造成沉降速度减小，甚至互相拥挤在一起，使悬浮物颗粒形成绒体状的大块面积的沉降，并在下沉的固体层与上部的清液层之间形成一明显的泥水界面，此时的沉淀速度为界面下降速度。例如，在活性污泥法二沉池的上部以及污泥处理时污泥浓缩池上部就是拥挤沉淀。

④ 压缩沉淀。当悬浮液中的悬浮固体浓度很高时，颗粒互相接触，互相支撑，在上层颗粒的重力作用下将下层颗粒间的水挤出，颗粒相对位置不断靠近，使颗粒群浓缩。压缩沉淀发生在沉淀池的底部及浓缩池底部，进行得很缓慢。

对于不同的工业废水,在不同的处理阶段中,上述四种沉淀现象都有可能发生。

(2) 沉淀池　沉淀池是用沉淀方法去除悬浮物的主要设备。大部分工业废水含有的无机或有机悬浮物,可通过沉淀池实现沉淀。对沉淀池的要求是能最大限度地除去废水中的悬浮物,以减轻其它净化设备的负担。沉淀池的工作原理是让废水在池中缓慢地流动,使悬浮物在重力作用下沉降。根据其功能和结构的不同,可以建造出不同类型的沉淀池。

沉淀池按工艺布置的不同,可分为初次沉淀池和二次沉淀池。沉淀池可作为一级废水处理的主体处理构筑物,或作为二级废水处理的预处理构筑物设在生物处理构筑物的前面。处理的对象是悬浮物,同时可去除部分 BOD_5,可改善生物处理构筑物的运行条件并降低其 BOD_5 负荷。初次沉淀池中的沉淀物质称为初次沉淀污泥;二次沉淀池设在生物处理构筑物后面,用于沉淀去除活性污泥(活性污泥法中)或腐殖污泥(生物膜法中)。

沉淀池按池内水流方向的不同,可分为平流式沉淀池、辐流式沉淀池和竖流式沉淀池,图 2-11 为沉淀池的示意图,其中箭头方向为水流方向。废水在沉淀池中的停留时间一般为 1~3h,悬浮物的去除率可达到 50%~70%。

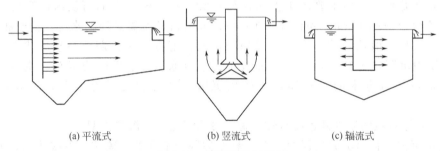

(a) 平流式　　　　(b) 竖流式　　　　(c) 辐流式

图 2-11　沉淀池的示意图

① 平流式沉淀池。平流式沉淀池由流入装置、流出装置、沉淀区、缓冲区、污泥区及排泥装置等组成。图 2-12 为设有链带式刮泥机械的平流式沉淀池。

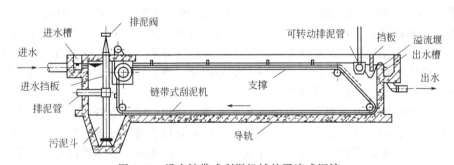

图 2-12　设有链带式刮泥机械的平流式沉淀

流入装置由设有侧向或槽底潜孔的配水槽、挡流板组成,起均匀布水与消能作用,防止在池内形成短路或逆流。入口流速一般小于 25mm/s。

流出装置由流出槽与挡板组成,流出槽设自由溢流堰,溢流堰严格水平,既可保证水流均匀,又可控制沉淀池水位。堰前应加设挡板,可有效防止池内大块漂浮物流出。图 2-13 为平流式沉淀池出水口锯齿形溢流堰。

缓冲层的作用是避免已沉污泥被水流搅起以及缓解冲击负荷。污泥区起贮存、浓缩和排泥的作用。

排泥装置与方法一般有:静水压力法,利用池内的静水位,将污泥排出池外;机械排泥

图 2-13　平流式沉淀池出水口锯齿形溢流堰

法，对于初沉池可采用链带式刮泥机和行走小车刮泥机排泥，对于二沉池可采用单口扫描泵吸式，使集泥与排泥同时完成。

沉淀池污泥斗的斜壁与水平面的倾角不应小于 45°，生物处理后的二次沉淀池，泥斗的斜壁与水平面的倾角不应小于 50°，以保证彻底排泥，防止污泥腐化。

单位堰长的过流量在初次沉淀池中，一般控制在 $650m^3/(m·d)$，在二次沉淀池中，一般在 $180\sim240m^3/(m·d)$ 以内。沉淀池应不少于两个，以便于在故障及检修时切换工作。

平流沉淀池是废水从池的一端进入，从另一端流出，水流在池内做水平运动，池平面形状呈长方形，可以是单格或多格串联。池的进口端底部，或沿池长方向，设有一个或多个贮泥斗，贮存沉积下来的污泥。

废水通过进水槽和孔口流入池内，在池子澄清区的半高处均匀地分布在整个宽度上。水在澄清区内缓缓流动，水中悬浮物逐渐沉向池底。沉淀池末端设有溢流堰和出水槽，澄清水溢过堰口，通过出水槽排出池外。如水中有浮渣，堰口前需设挡板及浮渣收集设备。在沉淀池前端设有污泥斗，池底污泥在刮泥机的缓慢推动下刮入污泥斗内。污泥斗内设有排泥管，开启排泥阀时，泥渣便由排泥管排出池外。

图 2-14 设行车刮泥机的平流式沉淀池，沉淀过程和设有链带式刮泥机械的平流式沉淀基本相同。

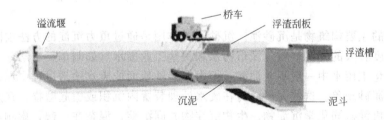

图 2-14　设行车刮泥机的平流式沉淀池

② 竖流式沉淀池。竖流式沉淀池可用圆形或正方形，以圆形居多，图 2-15 为圆形竖流式沉淀池。池径一般为 $4\sim7m$，不大于 $10m$，沉淀区呈柱形，污泥斗呈截头倒锥体。竖流式沉淀池也可做成方形，相邻池子可合用池壁以使布置紧凑。

在竖流式沉淀池中，废水从中心管流入，由下部流出，通过反射板的阻拦向四周均匀分布，然后沿沉淀区的整个断面缓缓向上流动，当沉降速度超过水的上升流速时，颗粒就向下沉降到污泥斗，澄清后的水由池四周的堰口溢出池外。

为了保证水流自下而上垂直流动，要求池直径与沉淀区深度的比例不大于 $3:1$，若比值过大，池内水流就有可能变成辐射流，絮凝作用减少，发挥不了竖流式沉淀池的优点，所以直径或边长常控制在 4～7m 之间，一般不超过 10m。废水在沉降区的上升流速可通过沉降试验确定或根据资料选择 0.3～1.0mm/s，沉淀时间多采用 1～2h。中心管内流速对悬浮物的去除有一定影响，一般不应大于 30mm/s。

③ 辐流式沉淀池。辐流式沉淀池呈圆形或正方形，直径（或边长）6～60m，最大可达 100m，池周水深 1.5～3m，用机械排泥，池底坡度不宜小于 0.05。辐流式沉淀池可用作初次沉淀池或二次沉淀池。辐流式沉淀池为中心进水，周边出水，中心传动排泥。图 2-16 为辐流式沉淀池的结构

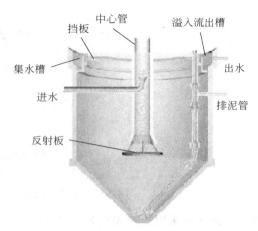

图 2-15　圆形竖流式沉淀池

示意图。原水经进水管进入中心筒后，通过筒壁上的孔口和外围的环形穿孔挡板，沿径向呈辐射状流向沉淀池周边，由于过水断面的不断增大，因此，流速逐渐变小，颗粒沉降下来，澄清水经溢流堰或淹没孔口汇入集水槽排出。沉于池底的泥渣，由安装于桁架底部的刮板刮入泥斗，再借静压或污泥泵排出。

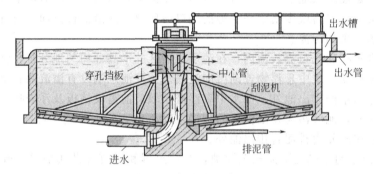

图 2-16　辐流式沉淀池

2. 沉砂

沉砂过程的主要构筑物是沉砂池。沉砂池的作用是通过重力沉淀的方法去除废水中所挟带的泥砂等密度较大的无机颗粒。城市污水和一些工业废水（如制革厂、屠宰场等）常含有无机性泥砂，化工废水中一般不含泥砂，但由于清洗地面或废水输送过程中泥砂跌落，也会形成废水挟带泥砂现象。这些泥砂必将在废水处理装置内沉积或引起磨损，造成设备运行故障，或者是无机泥砂同化学沉淀物、生物沉淀物共同沉淀，混杂在一起，影响污泥的处理与利用。为了保证系统正常工作，应在废水处理前预先除去泥砂。

沉砂池一般设于泵站、倒虹吸管前，以便减轻无机颗粒对水泵、管道的磨损；也可设于初次沉淀池前，以减轻沉淀池负荷及改善污泥处理构筑物的处理条件。常用的沉砂池有平流式沉砂池、曝气式沉砂池等。

① 平流式沉砂池。平流沉砂池由入流渠、出流渠、闸板、水流部分及贮砂罐组成。它具有截留无机颗粒效果好、工作稳定、构造简单、排沉砂较方便等优点，应用广泛。其构造如图 2-17 所示。

平流式沉砂池的过水部分是一条明渠，渠的两端用闸板控制水量，渠底有贮砂罐，一般为两个。贮砂罐下部设带有阀门的排砂管，以排除贮砂罐内的积砂。也可以用射流泵或螺旋

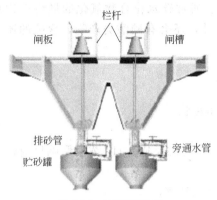

图 2-17　平流沉砂池

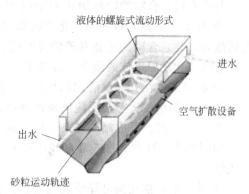

图 2-18　水和砂粒的运动的分离

泵排砂。

为了保证沉砂池能很好地沉淀砂粒，又使密度较小的有机悬浮物颗粒不被截留，应严格控制水流速度。一般沉砂池的水平流速在 0.15～0.3m/s 之间为宜，停留时间不少于 30s。沉砂池应不少于两个，以便可以切换工作。

② 曝气式沉砂池。一般平流沉砂池的最大缺点，就是尽管控制了水流速度及停留时间，废水中一部分有机悬浮物仍然会在沉砂池内沉积下来，或者由于有机物附着在砂粒表面，随砂粒沉淀而沉积下来。为了克服这个缺点，目前采用曝气沉砂池。曝气沉砂池呈矩形，池底一侧有 0.1～0.5 的坡度，坡向另一侧的集砂槽。曝气装置设在集砂槽侧，空气扩散板（通常曝气沉砂池也采用穿孔管曝气）距池底 0.6～0.9m，鼓入压缩空气，使池内水流呈螺旋状态运动。由于有机物的密度小，故能在曝气的作用下长期处于悬浮状态而不沉淀，使池内水流作旋流运动，无机颗粒之间的互相碰撞与摩擦机会增加，把表面附着的有机物磨去。此外，由于旋流产生的离心力，把相对密度较大的无机物颗粒甩向外层并下沉，相对密度较轻的有机物旋至水流的中心部位随水带走，可使沉砂池中的有机物含量低于 10%。集砂槽中的砂可采用机械刮砂、空气提升器或泵吸式排砂机排除。图 2-18 为水和砂粒的运动的分离示意图。

曝气沉砂池的停留时间 1～3min，若兼有预曝气作用，可延长池身，使停留时间达到 15～30min。污水在曝气沉砂池过水断面周边最大的旋流速度为 0.25～0.3m/s，在池内水平前进的流速为 0.08～0.12m/s。

第三节　废水的化学处理法

一、化学氧化还原

通过化学药剂与废水中的污染物进行氧化还原反应，从而将废水中的有毒有害污染物转化为无毒或者低毒物质，或者转化成容易与水分离的形态，从而达到废水处理的目的，这种方法称为氧化还原法。化学氧化还原法用于特种工业用水处理、有毒工业废水处理、以回用为目的的废水深度处理以及工业废水处理的预处理等有限场合。

有机物氧化为简单无机物是逐步完成的，这个过程称为有机物的降解。如甲烷的降解大致经历下列步骤：

$$CH_4 \longrightarrow CH_3OH \longrightarrow CH_2O \longrightarrow HCOOH \longrightarrow CO_2 + H_2O$$

烷　　　　　醇　　　　　醛　　　　　酸　　　　　无机物

复杂有机化合物的降解历程和中间产物更为复杂。通常碳水化合物氧化的最终产物是CO_2和H_2O，含氮有机物的氧化产物除CO_2和H_2O外，还会有硝酸类产物，含硫的还会有硫酸类产物，含磷的还会有磷酸类产物。

影响氧化还原反应的因素一般如下。

① 物质的本性。一般活化能越高，反应速率就慢。

② 反应物浓度。参与反应物质浓度越高，反应速率越快。

③ 反应温度。反应温度越高，反应速率加快。

④ 溶液的pH值。影响着物质的存在形态，有H^+参与的反应，H^+浓度影响反应速率的快慢。

⑤ 催化剂。催化剂可降低反应物的活化能，提高反应速率。

根据有毒有害物质在氧化还原反应中被氧化或还原的不同，废水中的氧化还原法又可分为药剂氧化法和药剂还原法两大类。

1. 化学氧化法

在废水处理中常采用的氧化剂有空气中的氧、纯氧、臭氧、氯气、漂白粉、次氯酸钠、三氯化铁等。

(1) 空气氧化法　空气氧化法就是把空气鼓入废水中，利用空气中的氧气氧化废水中的污染物。空气氧化法反应中有H^+或OH^-参加，降低了反应的pH值，有利于空气氧化。在常温常压和中性pH值条件下，分子氧O_2为弱氧化剂，反应性很低，一般用来处理易氧化的污染物如S^{2-}、Fe^{2+}、Mn^{2+}等。

石油炼制厂、石油化工厂、制药厂等都排出大量含硫废水。硫化物一般以钠盐或铵盐形式存在于废水中，如Na_2S、$NaHS$、$(NH_4)_2S$、NH_4HS。在酸性废水中，也以H_2S形式存在。当含硫量不很大，无回收价值时，可采用空气氧化法脱硫。空气氧化脱硫在密闭的塔器（空塔、板式塔、填料塔）中进行。涉及的化学反应如下：

$$2S^{2-} + 2O_2 + H_2O \longrightarrow S_2O_3^{2-} + 2OH^-$$
$$2HS^- + 2O_2 \longrightarrow S_2O_3^{2-} + H_2O$$
$$S_2O_3^{2-} + 2O_2 + 2OH^- \longrightarrow 2SO_4^{2-} + H_2O$$

(2) 湿式氧化法　湿式氧化法是在较高的温度和压力下，用空气中的氧来氧化废水中溶解和悬浮的有机物和还原性无机物的一种方法。因氧化过程在液相中进行，故称湿式氧化。

目前湿式氧化法在国外已广泛用于各类高浓度废水及污泥处理，尤其是毒性大，难以用生化方法处理的农药废水、制药废水、煤气洗涤废水及其它有机合成工业废水的处理，也用于还原性无机物（如CN^-、SCN^-、S^{2-}）和放射性废物的处理。

湿式氧化系统的主体设备是反应器，除了要求其耐压、防腐、保温和安全可靠以外，同时要求反应器内气液接触充分，并有较高的反应速度，通常采用不锈钢鼓泡塔。反应器的尺寸及材质主要取决于废水性质、流量、反应温度、压力及时间。

湿式氧化的处理效果取决于废水性质和操作条件（温度、氧分压、时间、催化剂等），其中反应温度是最主要的影响因素。湿式氧化法可以作为完整的处理阶段，将污染物浓度一步处理到排放标准值以下。但是为了降低处理成本，也可以作为其它方法的预处理，常见的组合流程是湿式氧化后进行生物氧化。

(3) 臭氧氧化　臭氧（O_3）是氧的同素异构体，在常温常压下是一种具有鱼腥味的淡紫色气体。臭氧的氧化性在天然元素中仅次于氟，其氧化还原电位与pH值有关。臭氧能够夺取氢原子，并使链烃羰基化，生成醛、酮、醇或酸；芳香化合物先被氧化为酚，再氧化为酸。还能打开双键，发生加成反应，氧原子进入芳香环发生取代反应。因此臭氧常用来处理一些难降解的有机物。

臭氧在水中溶解度要比纯氧高10倍，比空气高25倍。臭氧可分解一般氧化剂难于破坏的有机物，并且不产生二次污染。因此广泛地用于消毒、除臭、脱色以及除酚、氰、铁、锰等。臭氧（O_3）氧化反应迅速，常可瞬时完成，但须现制现用。臭氧氧化处理系统中的主要设备是臭氧接触反应器，见图2-19。

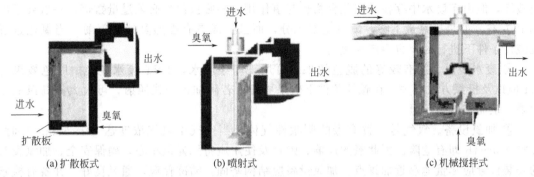

图 2-19　臭氧接触反应器

水经臭氧处理，可达到降低COD、杀菌、增加溶解氧、脱色除臭、降低浊度几个目的。臭氧能将不饱和键打开，最后生成有机酸和醛类等分子较小的物质，使之失去显色能力。

目前，我国因制备臭氧电耗大，臭氧的投加与接触系统效率低等问题难以解决，而使其在废水处理中的应用受到了限制。臭氧主要应用于水的杀菌和消毒。

（4）氯氧化　在氯氧化法中的氯系氧化剂包括氯气、氯的含氧酸及其钠盐、钙盐和二氧化氯。除了用于消毒外，氯氧化法还可用于氧化废水中的某些有机物和还原性物质，如氰化物、硫化物、酚、醇、醛、油类，以及用于废水的脱色、除臭等。各药剂的氧化能力用有效氯含量表示。氧化价大于-1的那部分氯具有氧化能力，称之为有效氯。作为比较基准，取液氯的有效氯含量为100%。表2-1给出了几种含氯药剂的有效氯含量。

表 2-1　纯的含氯化合物的有效氯

化学式	相对分子质量	氯当量/($molCl_2$/mol)	含氯量(W)/%	有效氯(W)/%
液氯 Cl_2	71		100	100
漂白粉 $CaCl(OCl)$	127	1	56	56
次氯酸钠 $NaOCl$	74.5	1	47.7	95.4
次氯酸钙 $Ca(OCl)_2$	143	2	49.6	99.2
一氯胺 NH_2Cl	51.5	1	69	138
亚氯酸钠 $NaClO_2$	90.5	2(酸性)	39.2	156.8
氧化二氯 Cl_2O	87	2	81.7	163.4
二氯胺 $NHCl_2$	86	2	82.5	165
三氯胺 NCl_3	120.5		88.5	177
二氧化氯 ClO_2	67.5	2.5(酸性)	52.5	262.5

氯氧化法广泛用于废水处理中，如无机物与有机物氧化，废水脱色除臭杀藻等。在氧化过程中，pH值的影响与在消毒过程中有所不同。加氯量需视情况而定。

① 含氰废水处理。在pH值大于8.5的碱性条件下用氯气进行氧化，可将氰化物氧化成无毒物质。氧化反应分为两个阶段进行。

化学反应式如下：

$$CN^- + OCl^- + H_2O \longrightarrow CNCl(有毒) + 2OH^-$$

$$CNCl + 2OH^- \longrightarrow CNO^- (氰酸根，毒性小) + Cl^- + H_2O$$

虽然 CNO^- 毒性小（仅为氰的 1‰），但易水解生成 NH_3。因此从水体安全出发，还应彻底处理。

$$2NaCNO + 3HOCl \longrightarrow 2CO_2 + N_2 + 2NaCl + HCl + H_2O$$

② 含酚废水的处理。采用氯氧化除酚，理论投氯量与酚量之比为 6∶1 时，即可将酚完全破坏，但由于废水中存在其它化合物也与氯作用，实际投氯量必须过量数倍，一般要超出 10 倍左右。如果投氯量不够，酚氧化不充分，而且生成具有强烈臭味的氯酚。当氯化过程在碱性条件下进行时，也会产生氯酚。

③ 废水脱色。氯有较好的脱色效果，可用于印染废水，TNT 废水脱色。脱色效果与 pH 值以及投氯方式有关。在碱性条件下效果更好。若附加紫外线照射，可大大提高氯氧化效果，从而降低氯用量。

④ 加氯设备。氯气是一种有毒的刺激性气体。当空气中氯气浓度达 40~60mg/L 时，呼吸 0.5~1h 即有危险。因此氯的运输、贮存及使用应特别谨慎小心，确保安全。加氯设备的安装位置应尽量地靠近加氯点。加氯设备应结构坚固，防冻保温，通风良好，并备有检修及抢救设备。

氯气一般加压成液氯，用钢瓶装运，干燥的氯气或液氯对铁、钢、铅、铜都没有腐蚀性，但氯溶液对一般金属腐蚀性很大，因此使用液氯瓶时，要严防水通过加氯设备进入氯瓶。如氯瓶出现泄漏不能制止时，应将氯瓶投入到水或碱液中。

由液氯蒸发产生的氯气，可通过扩散器直接投加（压力投加法）或真空投加。在真空下投加，可以减少泄氯危险。

对漂白粉等固体药剂需先制成溶液（浓度 1%~2%）再投加。投加方法与混凝剂的相同。

采用 ZJ 型转子加氯机的处理工艺如图 2-20 所示。

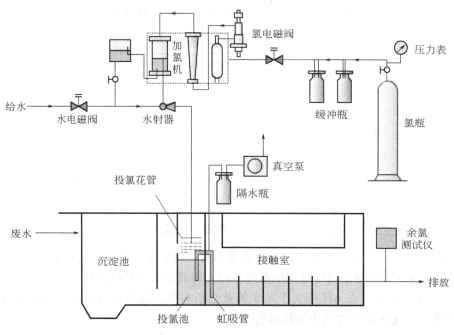

图 2-20 氯氧化系统

该工艺过程如下：随着污水不断流入，投氯池水位不断升高。当水位上升到预定高度时，真空泵开始工作，抽去虹吸管中的空气，也可用水力抽气，产生虹吸作用。污水由投氯池流入接触池，氧化一定时间之后，达到了预定的处理效果，再排放。当投氯池水位降低到预定位置，空气进入虹吸管，真空泵停，虹吸作用破坏，此时水电磁阀和氯电磁阀自动开启，加氯机开始工作。当加氯到预定时间时，时间继电器自动指示，先后关闭氯、水电磁阀。如此往复工作，可以实现按污水流量成比例加氯。每次加氯量可以由加氯机调节，也可以通过时间继电器改变电磁阀的开启时间来调节。加氯量是否适当，可由处理效果和余氯量指标评定。

(5) 过氧化氢氧化　过氧化氢与催化剂 Fe^{2+} 构成的氧化体系通常称为芬顿 (Fenton) 试剂。在 Fe^{2+} 催化下，H_2O_2 能产生羟基自由基 ($\cdot OH$)，可加快有机物和还原性物质的氧化。其一般历程为

$$Fe^{2+} + H_2O_2 \longrightarrow Fe^{3+} + OH^- + \cdot OH$$
$$2Fe^{3+} + H_2O_2 \longrightarrow 2Fe^{2+} + H^+ + O_2$$
$$RH + \cdot OH \longrightarrow R \cdot + H_2O$$
$$R + H_2O_2 \longrightarrow ROH + \cdot OH$$
$$Fe^{2+} + \cdot OH \longrightarrow OH^- + Fe^{3+}$$

Fenton 试剂氧化一般在 pH3.5 下进行，在该 pH 值时其自由基生成速率最大。在 H_2O_2 过量，Fe^{2+} 50mg/L，接触 24h 条件下，部分有机物的氧化效果如表 2-2 所示。

表 2-2　部分有机物的氧化结果

化合物	初始浓度/(mg/L)	出水浓度/(mg/L)	COD 去除率/%	TOC 去除率/%
硝基苯	615.50	<2	72.40	37.25
苯甲酸	610.50	<1	75.77	48.36
苯胺	465.50	<1	76.49	43.37
酚	470.55	<2	76.06	44.14
甲酚	540.50	<2	71.82～74.96	38.24～55.64
氯酚	624.80	<2	75～75.69	21.74～47.87
二氯酚	815.0	<1	61.07～74.24	32.51～52.63
二硝基酚	920.55	<1	72.52～80.07	50.65～51.0

过氧化氢与紫外光合并使用可氧化卤代脂肪烃、乙酸盐、有机酸等。

通过投加低剂量氧化剂来控制氧化程度。使废水中的有机物发生部分氧化、耦合或聚合，形成相对分子质量不太大的中间产物，从而改变它们的可生物降解性、溶解性及混凝沉淀性，然后与生化法或混凝沉淀法形成组合工艺，该工艺与单纯的氧化相比，可大大节约氧化剂用量，降低处理成本，在废水处理中应用广泛。图 2-21 为工业化流程图。

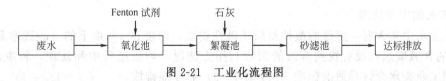

图 2-21　工业化流程图

2. 化学还原法

在废水处理中常采用的还原剂有：硫酸亚铁、氯化亚铁、铁屑、锌粉、二氧化硫等。

(1) 还原除铬　电镀、冶炼、化工等工业废水中常含有剧毒的六价铬，六价铬的毒性比三价铬大 100 倍，在酸性条件可用还原剂将六价铬还原为三价铬，然后用碱性药剂中和沉淀生成

氢氧化铬沉淀而除去。采用的还原剂有 SO_2、H_2SO_3、$NaHSO_3$、Na_2SO_3、$FeSO_4$ 等。

Na_2SO_3 还原过程是：在酸性条件下，向含铬废水中投加亚硫酸氢钠，将六价铬还原为三价铬。随后投加石灰或氢氧化钠，生成氢氧化铬沉淀。将沉淀物从废水中分离出来，达到处理的目的。化学反应如下：

$$2H_2Cr_2O_7 + 6NaHSO_3 + 3H_2SO_4 \longrightarrow 2Cr_2(SO_4)_3 + 3Na_2SO_4 + 8H_2O$$

$$Cr_2(SO_4)_3 + 3Ca(OH)_2 \longrightarrow 2Cr(OH)_3\downarrow + 3CaSO_4$$

$$Cr_2(SO_4)_3 + 6NaOH \longrightarrow 2Cr(OH)_3\downarrow + 3Na_2SO_4$$

硫酸亚铁还原处理含铬废水是一种成熟而常用的处理方法。硫酸亚铁中主要是亚铁离子起还原作用。在酸性条件下（pH=2~3）其还原反应式为：

$$Cr_2O_7^{2-} + 6Fe^{2+} + 14H^+ \longrightarrow 2Cr^{3+} + 6Fe^{3+} + 7H_2O$$

$$Cr_2O_4^{2-} + 3Fe^{2+} + 8H^+ \longrightarrow Cr^{3+} + 3Fe^{3+} + 4H_2O$$

然后加碱（一般废碱和石灰乳）调节废水 pH=8.5~9，发生如下沉淀反应：

$$Cr^{3+} + 3OH^- \longrightarrow Cr(OH)_3\downarrow$$

通过上述转化作用以及后续的沉淀或气浮能够有效地将铬从废水中去除。

(2) 还原法除汞　氯碱、炸药、制药、仪表等工业废水中常含有剧毒的 Hg^{2+}。处理方法是将 Hg^{2+} 还原为 Hg，加以分离和回收。采用的还原剂为比汞活泼的金属（铁屑、锌粒、铅粉、钢屑等）、硼氢化钠和醛类等。废水中的有机汞先氧化为无机汞，再行还原。

采用金属还原除汞，通常在滤柱内进行。反应速率与接触面积、温度、pH 值、金属纯净度等因素有关。通常将金属破碎成 2~4mm 的碎屑，并去掉表面污物。控制反应温度 20~80℃。温度太高，虽反应速度快，但会有汞蒸气逸出。

$$Fe + Hg^{2+} \longrightarrow Fe^{2+} + Hg\downarrow$$

铁屑还原效果与废水 pH 有关，当 pH 值低时，由于铁的电极电位比氢的电极电位低，则废水中的氢离子也将被还原为氢气而逸出：

$$Fe + 2H^+ \longrightarrow Fe^{2+} + H_2\uparrow$$

图 2-22 为还原吸附法处理含汞废水工艺流程。

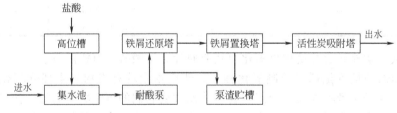

图 2-22　还原吸附法处理含汞废水工艺流程

二、中和

1. 废水的中和处理

工业废水中常含有一定量的酸性物质或碱性物质，浓度在 4% 以下的含酸废水和浓度在 2% 以下的含碱废水在没有找到有效的回收利用方法时，均应进行中和处理，将废水的 pH 值调整到工业废水允许排放的标准（pH 为 6~9）后才能排放。

中和法就是使废水进行酸碱的中和反应，调节废水的酸碱度（pH 值），使其呈中性或接近中性或适宜于下步处理的 pH 值范围。如以生物处理而言，需将处理系统中废水的 pH 值维持在 6.5~8.5 之间，以便确保最佳的生物活力。工业废水排入城市下水道系统前，以免对管道系统造成腐蚀，在排入前对工业废水进行中和，比之对工业废水与其它废水混合后的大量废水进行中和要经济得多。

酸碱废水的来源很广,化工厂、化学纤维厂、煤加工厂、金属酸洗与电镀厂等以及制酸或用酸过程中,都排出大量的酸性废水。有的含无机酸如硫酸、盐酸等,有的含有机酸如醋酸等,也有的是几种酸并存的情况。碱性废水主要来源于炼油厂和金属加工厂等。酸具有强腐蚀性,碱危害程度较小。

酸性废水和碱性废水的中和处理,都是中和反应,其离子方程式为:

$$H^+ + OH^- \longrightarrow H_2O$$

所以中和剂的投加量一般应通过实验得出中和曲线来确定。

2. 酸性废水的中和处理

酸性废水的中和处理分为投药中和和过滤中和法,在化工废水中,常采用投药中和法。投药中和就是将石灰、石灰石、电石渣、苛性钠、苏打等碱性物质,直接投入废水中,使废水得以中和,投药中和可处理任何性质、任何浓度的酸性废水。投药方法可分为干投和湿投两种,通常采用湿投。

处理流程中包括废水调节池、石灰乳配制槽或石灰石粉碎机、投药装置、混合反应池、沉淀池以及污泥干化床等。在混合反应池中,应进行必要的搅拌,防止石灰渣的沉淀。同时,废水在其中的停留时间一般不大于5min。沉淀池中的废水,可停留1~2h,产生的沉渣容积约为废水量的10%~15%,沉渣含水率为90%~95%,故应在干化床上脱水干化。投药中和法,因其劳动条件较差、处理成本高、污泥较多、脱水麻烦等原因,故只在酸性废水中含有重金属盐类、有机物或有廉价的中和剂时方才采用。

投药中和中最常用的是石灰(CaO)。

中和药剂的投加量,可按化学反应式估算。

$$G_a = \frac{KQ(c_1 a_1 + c_2 a_2)}{\alpha}$$

式中 G_a——总耗药量,kg/d;
Q——酸性废水量,m³/d;
c_1,c_2——废水中酸的浓度和酸性盐的浓度,kg/m³;
a_1,a_2——中和1kg酸和酸性盐所需的碱量,kg/kg;
K——不均匀系数;
α——中和剂的纯度,%。

但确定投加量比较准确的方法是通过试验绘制的中和曲线确定。

中和过程中形成的沉渣体积庞大,约占处理水体积的2%,脱水麻烦,应及时清除,以防堵塞管道。一般可采用沉淀池进行分离。沉渣量可根据试验确定,也可按下式计算:

$$G = G_a(\Phi + e) + Q(S - c - d)$$

式中 G——沉渣量,kg/d;
Φ——消耗单位药剂产生的盐量,kg/kg;
e——单位药剂中杂质含量,kg/kg;
S——废水中悬浮物浓废,kg/m³;
c——中和后溶于废水中的盐量,kg/m³;
d——中和后出水悬浮物浓度,kg/m³。

(1) 干法 干法可利用电磁振荡原理的石灰振荡设备投加,以保证投加均匀。图2-23是将石灰直接投入废水管道中的干投法示意图。石灰自料斗经振动加料设备投入,废水经混合槽反应1min左右进入澄清池。干投法设备简单,但反应慢而不完全,投药量也大,投药量约为理论值的 1.4～1.5 倍。

(2) 湿投法　石灰（CaO）湿投法的投配装置见图 2-24。

采用石灰（CaO）湿投法，即将石灰在消解槽内先消解成 40%～50% 浓度后，投入乳液槽，经搅拌配成 5%～10% 浓度的氢氧化钙乳液，然后投加。消解槽和乳液槽中可用机械搅拌或水泵循环搅拌（不宜用压缩空气，以免 CO_2 与 CaO 反应生成沉淀），以防止产生沉淀。投配系统采用溢流循环

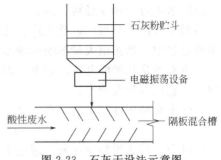

图 2-23　石灰干设法示意图

方式，即输送到投配槽的乳液量大于投加量，剩余量溢流回乳液槽，这样可维持投配槽内液面稳定，易于控制投加量。

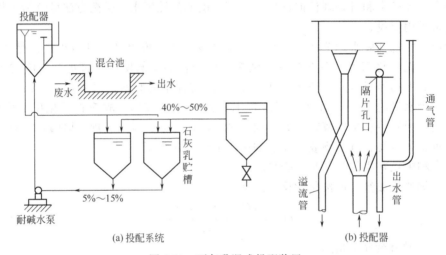

图 2-24　石灰乳湿式投配装置

中和反应在反应池内进行。由于反应时间较快，可将混合池和反应池合并，采用隔板式或机械搅拌，停留时间采用 5～10min。

投药中和法有两种运行方式：当废水量少或间断排出时，可采用间歇处理，并设置 2～3 个池子进行交替工作。而当废水量大时，可采用连续流式处理，并可采取多级串联的方式，以获得稳定可靠的中和效果。

3．碱性废水的中和处理

(1) 利用废酸性物质中和法　废酸性物质包括含酸废水、烟道气等。

当酸、碱废水的流量和浓度变动较大时，应设均化池先将两者均化，再流入中和池进行中和。中和池的容积一般按 1.5～2.0h 的废水停留时间考虑，同时池内设搅拌器进行混合搅拌。

烟道气中 CO_2 含量可高达 24%，此外有时还含有 SO_2 和 H_2S，故可用来中和碱性废水。

用烟道气中和碱性废水一般在喷淋塔中进行，如图 2-25 所示。废水从塔顶布水器均匀喷出，烟道气则从塔

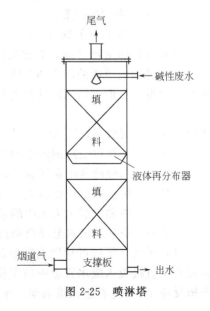

图 2-25　喷淋塔

底鼓入，两者在填料层间进行逆流接触，完成中和过程。使碱性废水和烟道气都得到净化。根据资料介绍，用烟道气中和碱性废水，出水的 pH 值可由 10～12 降到中性。该法的优点是以废治废，投资省，运行费用低，缺点是出水中的硫化物、耗氧量和色度都会明显增加，还需进一步处理。

(2) 药剂中和法　常用的药剂是硫酸、盐酸及压缩二氧化碳。硫酸的价格较低，应用最广。盐酸的优点是反应物溶解度高，沉渣量少，但价格较高。用无机酸中和碱性废水的工艺流程与设备和药剂中和酸性废水的基本相同。

碱性废水处理后因废水中的悬浮物含量大为增加，硫化物、耗氧量和色度也都有所增加，所以还需对废水进行补充处理。

三、化学沉淀

利用某些化学物质为沉淀剂，使其与废水中的污染物发生化学反应，生成难溶于水的化合物从废水中沉淀出来的水处理方法称为化学沉淀法，该法多用于去除废水中重金属离子。

1. 化学沉淀法基本原理

水中的化合物能否产生沉淀从水中分离出来，除了决定于物质本身的结构性质以外，对难溶电解质而言，还取决于它的溶度积 K_{sp} 大小。在温度一定时，对某难溶电解质而言，K_{sp} 为一常数。如果某给定溶液中离子浓度的乘积（离子积）大于它的溶度积 K_{sp} 则会有沉淀产生。化学沉淀法即是利用这一原理，向废水中加入一种沉淀剂，使其和要沉淀的离子生成某一难溶物质，并且使它的离子浓度乘积大于它的 K_{sp} 值，从而从废水中沉淀出来，废水中的许多无机化合物离子都可以采用以上原理使其从水中去除。常见化合物的溶度积常数见表 2-3。

要使重金属离子沉淀趋于完全，必须加入过量的沉淀剂。例如用 $BaCl_2$ 沉淀溶液中的 SO_4^{2-} 时，$BaCl_2$ 的用量应大于理论值。显然，溶液中的 Ba^{2+} 浓度越大，残余的 SO_4^{2-} 越少，$BaSO_4$ 沉淀得更完全，这就是利用了离子效应。但沉淀剂用量也不宜过多，否则过量的沉淀剂会产生盐效应，反而使难溶电解质的溶解度增大，一般要求沉淀剂过量 20% 左右即可。

2. 沉淀法在废水处理中应用

(1) 中和沉淀法　中和沉淀法是国内外重金属废水处理普遍采用的方法，在酸性重金属废水中加入中和剂，使酸中和并使重金属离子生成金属氢氧化物沉淀然后分离去除。在废水的化学法处理中，化学中和与化学沉淀往往具有密切的关系。许多化学中和的同时起到了化学沉淀的作用，如重金属离子在化学中和过程中由于 pH 的升高而形成相应的氢氧化物沉淀，实现了污染物的转化与分离。用该法处理含重金属离子废水时，应掌握重金属形成氢氧化物沉淀的最佳 pH 值及其处理后溶液中剩余的金属离子浓度。表 2-4 中的 pH 值是单一金属离子存在时达到排放标准的 pH 值。

常用的中和沉淀剂有石灰、苛性钠、碳酸钠、碳酸钙、电石渣等。苛性钠具有组成均匀、易于贮存和投加，反应迅速，污泥量少等优点，但其价格较贵，限制了它的使用。

石灰是目前最为广泛使用的中和剂，它的优点是来源广泛，价格便宜，其缺点是产生污泥量较大。

图 2-26 是中和法处理重金属废水时广泛采用的一种流程。废水先进入调节池，然后再进入反应池与石灰乳进行中和反应后进入沉淀池，沉淀池上部清液经过滤后排放或回用，污泥进浓缩池脱水后外运。

(2) 硫化物沉淀法　硫化物沉淀法是废水的化学沉淀法中的重要方法，通过向废水中投加硫化剂使金属离子与硫化物反应生成难溶的金属硫化物沉淀。

表 2-3 常见化合物的溶度积常数表

化合物	溶度积	化合物	溶度积	化合物	溶度积
AgAc	1.94×10^{-3}	AgOH	2.0×10^{-8}	CdS	8.0×10^{-27}
AgBr	5.0×10^{-13}	$Al(OH)_3$(无定形)	1.3×10^{-33}	CoS(α-型)	4.0×10^{-21}
AgCl	1.8×10^{-10}	$Be(OH)_2$(无定形)	1.6×10^{-22}	CoS(β-型)	2.0×10^{-25}
AgI	8.3×10^{-17}	$Ca(OH)_2$	5.5×10^{-6}	Cu_2S	2.5×10^{-48}
BaF_2	1.84×10^{-7}	$Cd(OH)_2$	5.27×10^{-15}	CuS	6.3×10^{-36}
CaF_2	5.3×10^{-9}	$Co(OH)_2$(红色)	1.09×10^{-15}	FeS	6.3×10^{-18}
CuBr	5.3×10^{-9}	$Co(OH)_2$(蓝色)	5.92×10^{-15}	HgS(黑色)	1.6×10^{-52}
CuCl	1.2×10^{-6}	$Co(OH)_3$	1.6×10^{-44}	HgS(红色)	4×10^{-53}
CuI	1.1×10^{-12}	$Cr(OH)_2$	2×10^{-16}	MnS(晶形)	2.5×10^{-13}
Hg_2Cl_2	1.3×10^{-18}	$Cr(OH)_3$	6.3×10^{-31}	NiS	1.07×10^{-21}
Hg_2I_2	4.5×10^{-29}	$Cu(OH)_2$	2.2×10^{-20}	PbS	8.0×10^{-28}
HgI_2	2.9×10^{-29}	$Fe(OH)_2$	8.0×10^{-16}	SnS	1×10^{-25}
$PbBr_2$	6.60×10^{-6}	$Fe(OH)_3$	4×10^{-38}	SnS_2	2×10^{-27}
$PbCl_2$	1.6×10^{-5}	$Mg(OH)_2$	1.8×10^{-11}	ZnS	2.93×10^{-25}
PbF_2	3.3×10^{-8}	$Mn(OH)_2$	1.9×10^{-13}	Ag_3PO_4	1.4×10^{-16}
PbI_2	7.1×10^{-9}	$Ni(OH)_2$(新制备)	2.0×10^{-15}	$AlPO_4$	6.3×10^{-19}
SrF_2	4.33×10^{-9}	$Pb(OH)_2$	1.2×10^{-15}	$CaHPO_4$	1×10^{-7}
Ag_2CO_3	8.45×10^{-12}	$Sn(OH)_2$	1.4×10^{-28}	$Ca_3(PO_4)_2$	2.0×10^{-29}
$BaCO_3$	5.1×10^{-9}	$Sr(OH)_2$	9×10^{-4}	$Cd_3(PO_4)_2$	2.53×10^{-33}
$CaCO_3$	3.36×10^{-9}	$Zn(OH)_2$	1.2×10^{-17}	$Cu_3(PO_4)_2$	1.40×10^{-37}
$CdCO_3$	1.0×10^{-12}	$Ag_2C_2O_4$	5.4×10^{-12}	$FePO_4 \cdot 2H_2O$	9.91×10^{-16}
$CuCO_3$	1.4×10^{-10}	BaC_2O_4	1.6×10^{-7}	$MgNH_4PO_4$	2.5×10^{-13}
$FeCO_3$	3.13×10^{-11}	$CaC_2O_4 \cdot H_2O$	4×10^{-9}	$Mg_3(PO_4)_2$	1.04×10^{-24}
Hg_2CO_3	3.6×10^{-17}	CuC_2O_4	4.43×10^{-10}	$Pb_3(PO_4)_2$	8.0×10^{-43}
$MgCO_3$	6.82×10^{-6}	$FeC_2O_4 \cdot 2H_2O$	3.2×10^{-7}	$Zn_3(PO_4)_2$	9.0×10^{-33}
$MnCO_3$	2.24×10^{-11}	$Hg_2C_2O_4$	1.75×10^{-13}	$[Ag^+][Ag(CN)_2^-]$	7.2×10^{-11}
$NiCO_3$	1.42×10^{-7}	$MgC_2O_4 \cdot 2H_2O$	4.83×10^{-6}	$Ag_4[Fe(CN)_6]$	1.6×10^{-41}
$PbCO_3$	7.4×10^{-14}	$MnC_2O_4 \cdot 2H_2O$	1.70×10^{-7}	$Cu_2[Fe(CN)_6]$	1.3×10^{-16}
$SrCO_3$	5.6×10^{-10}	PbC_2O_4	8.51×10^{-10}	AgSCN	1.03×10^{-12}
$ZnCO_3$	1.46×10^{-10}	$SrC_2O_4 \cdot H_2O$	1.6×10^{-7}	CuSCN	4.8×10^{-15}
Ag_2CrO_4	1.12×10^{-12}	$ZnC_2O_4 \cdot 2H_2O$	1.38×10^{-9}	$AgBrO_3$	5.3×10^{-5}
$Ag_2Cr_2O_7$	2.0×10^{-7}	Ag_2SO_4	1.4×10^{-5}	$AgIO_3$	3.0×10^{-8}
$BaCrO_4$	1.2×10^{-10}	$BaSO_4$	1.1×10^{-10}	$Cu(IO_3)_2 \cdot H_2O$	7.4×10^{-8}
$CaCrO_4$	7.1×10^{-4}	$CaSO_4$	9.1×10^{-6}	$KHC_4H_4O_6$(酒石酸氢钾)	3×10^{-4}
$CuCrO_4$	3.6×10^{-6}	Hg_2SO_4	6.5×10^{-7}	$Al(8-羟基喹啉)_3$	5×10^{-33}
Hg_2CrO_4	2.0×10^{-9}	$PbSO_4$	1.6×10^{-8}	$K_2Na[Co(NO_2)_6] \cdot H_2O$	2.2×10^{-11}
$PbCrO_4$	2.8×10^{-13}	$SrSO_4$	3.2×10^{-7}	$Na(NH_4)_2[Co(NO_2)_6]$	4×10^{-12}
$SrCrO_4$	2.2×10^{-5}	Ag_2S	6.3×10^{-50}	$Ni(丁二酮肟)_2$	4×10^{-24}

表 2-4 部分金属离子浓度与 pH 的关系

金属离子	金属氢氧化物	浓度积	排放标准/(mg/L)	达标 pH 值
Cd^{2+}	$Cd(OH)_2$	2.5×10^{-14}	0.1	10.2
Co^{2+}	$Co(OH)_2$	2.0×10^{-14}	1.0	8.5
Cr^{3+}	$Cr(OH)_3$	1.0×10^{-31}	0.5	5.7
Cu^{2+}	$Cu(OH)_2$	5.6×10^{-20}	1.0	6.8
Pb^{2+}	$Pb(OH)_2$	2.0×10^{-16}	1.0	8.9
Zn^{2+}	$Zn(OH)_2$	5.0×10^{-17}	5.0	7.9
Mn^{2+}	$Mn(OH)_2$	4.0×10^{-14}	2.0	9.2
Ni^{2+}	$Ni(OH)_2$	2.0×10^{-16}	0.1	9.0

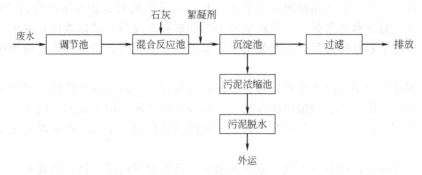

图 2-26　中和沉淀法处理废水流程

硫化物沉淀法通常选用硫化钠做沉淀剂，由于金属离子与 S^{2-} 有很强亲和力，形成金属硫化物的溶度积比相应的金属氢氧化物的溶度积小得多，因此对废水中的金属离子去除更加彻底。该法还具有沉淀物少，含水量低，沉淀物的处理和重金属回收容易等优点，缺点是硫化物过量时，处理水会产生硫化氢，造成二次污染。由于金属离子对硫的亲和力不同，其反应生成硫化物的先后也不同，顺序是：

$$Hg^{2+} \to Ag^+ \to As^{3+} \to Br^{3+} \to Cu^{2+} \to Pb^{2+} \to Cd^{2+} \to Sn^{2+} \to$$
$$Zn^{2+} \to Co^{2+} \to Ni^{2+} \to Fe^{2+} \to Mn^{2+}$$

图 2-27 为某厂用硫化物沉淀法处理含汞废水的流程。废水在立式沉淀池中与加入的 Na_2S（投加量为废水含汞量的 1.5～2.0 倍）在空气搅拌（搅拌时间为 5min）的作用下充分混合反应，然后静止沉淀 1～2h，经砂滤柱过滤，为了进一步减少废水中硫化物含量，砂滤后废水再经铁屑滤柱过滤。经处理后的水含汞量低于 0.01mg/L，可以直接排放。

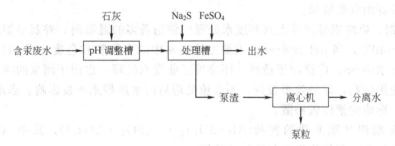

图 2-27　硫化法处理含汞废水

处理含汞废水需在弱碱条件下（pH 为 8～9）进行。通常先向含汞废水投加石灰乳和过量的硫化钠，使硫化物与废水中汞离子反应，生成难溶的硫化汞沉淀。

$$Hg^{2+} + S^{2-} \longrightarrow HgS \downarrow$$
$$2Hg^+ + S^{2-} \longrightarrow Hg_2S \longrightarrow HgS \downarrow + Hg \downarrow$$

因为硫化汞沉淀很细，大部分悬浮于废水中，为加速 HgS 沉降，同时清除残存在废水中过量的硫离子，再适当加入硫酸亚铁，生成硫化亚铁及氢氧化亚铁沉淀。这就形成了化学沉淀凝聚的方法。

$$FeSO_4 + S^{2-} \longrightarrow FeS \downarrow + SO_4^{2-}$$
$$Fe^{2+} + 2OH^- \longrightarrow Fe(OH)_2 \downarrow$$

四、混凝

废水中的微小悬浮物和胶体粒子很难用沉淀方法除去，它们在水中能够长期保持分散的悬浮状态而不自然沉降，具有一定的稳定性。混凝法就是向水中加入混凝剂来破坏这些细小粒子的稳定性,首先使其互相接触而聚集在一起,然后形成絮状物并下沉分离的处理方法。前者称为凝聚,后者称为絮凝,一般将这两个过程通称为混凝。具体地说,凝聚是指使胶体脱稳并聚集为微小絮粒的过程,而絮凝则是使微絮粒通过吸附、卷带和架桥而形成更大的聚体的过程。

混凝在废水处理中可以用于预处理、中间处理和深度处理的各个阶段。它除了除浊、除色之外,对高分子化合物、动植物纤维物质、部分有机物质、油类物质、微生物、某些表面活性物质、农药、汞、镉、铅等重金屑都有一定的清除作用,所以它在废水处理中的应用十分广泛。

混凝法的优点是:设备费用低,处理效果好,操作管理简单。缺点是要不断向废水中加药剂,运行费用较高。

1. 混凝剂

用于水处理的混凝剂要求混凝效果好,对人类健康无害,价廉易得,使用方便。目前常用的混凝剂按化学组成有无机盐类和有机高分子类。

(1) 无机混凝剂　目前应用最广的是铁系和铝系金属盐,可分为普通铁、铝盐和碱化聚合盐。其它还有碳酸镁、活性硅酸、高岭土、膨润土等。

① 三氯化铁。三氯化铁有无水物、结晶水物和液体,其中常用的是三氯化铁($FeCl_3 \cdot 6H_2O$),它是黑褐色的结晶体,有强烈吸水性,极易溶于水,其溶解度随温度上升而增加,形成的矾花,沉淀性好,处理低温水或低浊水效果比铝盐的好。三氯化铁液体、晶体物或受潮的无水物腐蚀性极大,调制和加药设备必须考虑用耐腐蚀材料。

② 硫酸亚铁。硫酸亚铁($FeSO_4 \cdot 7H_2O$)是半透明绿色晶体,易溶于水,在水温20℃时溶解度为21%。硫酸亚铁离解出的Fe^{2+}只能生成最简单的单核络合物,因此,不如三价铁盐那样有良好的混凝效果。

③ 硫酸铝。硫酸铝是世界上水和废水处理中使用最多的混凝剂,外观呈淡绿块或粒状,适用水温20～40℃,当pH为4～5,主要去除废水中的有机物和色度,当pH为6.5～7.5时主要去除废水中SS。广泛用于造纸、印染等工业废水处理,也用于河水的净化处理。

硫酸铝使用便利,混凝效果较好,不会给处理后的水质带来不良影响。当水温低时硫酸铝水解困难,形成的絮体较松散。

明矾是硫酸铝和硫酸钾的复盐$Al_2(SO_4)_3 \cdot K_2SO_4 \cdot 24H_2O$,其中$Al_2O_3$含量约10.6%,是天然物,其作用机理与硫酸盐相同。

④ 聚合氯化铝。聚合氯化铝作为一种高分子混凝剂,其化学式可写为$[Al_2(OH)_nCl_{6-n}]_m$,式中n可取1～5中间的任何整数,m为10的整数。这个化学式实际指m个$Al_2(OH)_nCl_{6-n}$(称羟基氯化铝)单体的聚合物。

聚合氯化铝中羟基与铝的比值对混凝效果有很大关系,一般可用碱化度B表示:

$$B = \frac{[OH]}{3Al} \times 100\%$$

例如$n=4$时,碱化度:

$$B = \frac{4}{3 \times 2} \times 100\% = 66.7\%$$

一般要求B为40%～60%。除聚合氯化铝之外,在废水处理中常使用聚合硫酸铝及聚合氯化铝与聚合硫酸铝的混合物作为混凝剂。

⑤ 聚合硫酸铁。聚合硫酸铁的化学式为$[Fe_2(OH)_n(SO_4)_{3-n/2}]_m$,简称为聚铁,适宜水温10～50℃,适应的pH值范围广(4～11)。它与聚合铝盐都是具有一定碱化度的无

机高分子聚合物,且作用机理也颇为相似。在无机混凝剂中,聚铁具有许多独特的优点,絮凝效果好、矾花大、沉速快、污泥浓缩性好、沉渣无返溶现象,出水久置不返色。聚铁广泛应用于工业废水和城市废水及多种工业用水的处理,包括造纸、印染、制革、选矿、电镀、制药、食品及钢铁行业的废水处理。

(2) 有机混凝剂　合成有机高分子絮凝剂中,聚丙烯酰胺(PAM)使用范围最广泛。聚丙烯酰胺絮凝剂是由丙烯酰胺聚合而成的有机高分子聚合物,无色、无味、无臭、易溶于水,没有腐蚀性。聚丙烯酰胺在常温下比较稳定,高温、冰冻时易降解,并降低絮凝效果,故其贮存与配制投加时,温度不得超过65℃,室内温度不得低于2℃。聚丙烯酰胺相对分子质量一般为 $1.5 \times 10^6 \sim 6 \times 10^6$。

聚丙烯酰胺常与其它混凝剂一起使用,可产生较好的混凝效果。聚丙烯酰胺的投加次序与废水水质有关。当废水浊度低时,宜先投加其它混凝剂,再投加聚丙烯酰胺,使胶体颗粒先脱稳到一定程度为聚丙烯酰胺的絮凝作用创造有利条件;当废水浊度高时,应先投加聚丙烯酰胺,再投加其它混凝剂,以让聚丙烯酰胺先在高浊度水中充分发挥作用,吸附部分胶粒,使浊度下降,其余胶粒由其它混凝剂脱稳,再由聚丙烯酰胺吸附,这样可降低其它混凝剂的用量。

(3) 助凝剂　助凝剂是指与混凝剂一起使用,以促进水的混凝过程的辅助药剂。助凝剂本身可以起混凝作用,也可不起混凝作用。按其功能,助凝剂可分为三种。

① pH调整剂。在废水 pH 值不符合工艺要求或在投加混凝剂后 pH 值有较大变化时,影响后继工序后水质要求时,就需要投加 pH 调整剂。常用的 pH 调整剂包括石灰、硫酸、氢氧化钠等。

② 絮体结构改良剂。当生成絮体小、松散且易碎,漂浮流失时,可投加絮体结构改良剂以改善絮体的结构,增加其粒径,提高密度和机械强度。这类物质有活性炭、活性硅酸、黏土等。

③ 氧化剂。当废水中的有机物含量过高或含有表面活性剂物质时,易产生泡沫,影响絮体沉降,此时可投加氯气、次氯酸钠、臭氧等氧化剂来破坏有机物,以提高混凝效果。

混凝处理中常用的混凝剂见表 2-5。

2. 影响混凝效果的因素

混凝过程是混凝剂与水及胶体和细微悬浮物之间相互作用的复杂过程。化学混凝过程与效果受到多种因素的影响,因此必须科学的控制混凝条件。影响混凝的因素主要有:药剂选用与投加、原水水质、水温、废水的 pH 值、搅拌强度与搅拌时间等。

3. 混凝工艺过程及设备

混凝处理工艺为一个综合操作过程,包括混凝剂的制备与投加、混合、反应、沉淀等几个过程,其工艺流程如图 2-28 所示。

(1) 混凝剂的制备与投加　混凝剂(包括助凝剂)多采用湿式加料,铝、铁盐一般配成10%~20%的溶液,高分子凝聚剂黏度高,配成0.5%以下溶液,碱多配成5%左右溶液。当药剂使用量小时,可在桶、池内人工调制。若用量大,则应用水力法、机械法、压缩空气法等调制。用石灰调节碱度时,石灰乳的配制要用机械或水泵搅拌。

药剂的投加有重力投加和压力投加两种方法。均通过各种类型的投加设备来投加,各种设备都包括投加和计量两部分。图 2-29 为重力式湿式投加设备。

(2) 混合　当药剂投入废水后在水中发生水解反应并产生异电荷胶体,与水中胶体和悬浮物接触,形成细小的矾花,这一过程就是混合,大约在 10~30s 内完成,一般不应超过2min。对混合的要求是快速而均匀,并使水体产生强烈湍动。快速是因混凝剂在废水中发生

表 2-5 常用混凝剂分类表

分类			混凝剂
无机类	低分子	无机盐类	硫酸铝、硫酸铁、硫酸亚铁、铝酸钠、氯化铁、氯化铝
		碱类	碳酸钠、氢氧化钠、氧化钙
		金属电解产物	氢氧化铝、氢氧化铁
	高分子	阳离子型	聚合氯化铝、聚合硫酸铝
		阴离子型	活性硅酸
有机类	表面活性剂	阴离子型	月桂酸钠、硬脂酸钠、油酸钠、松香酸钠、十二烷基苯磺酸钠
		阳离子型	十二烷胺酸钠、十八烷胺酸钠、松香胺酸钠、烷基三甲基绿化铵
	低聚合度高分子	阴离子型	藻朊酸钠、羚甲基纤维素钠盐
		阳离子型	水溶性苯胺树脂盐酸盐、聚乙烯亚铵
		非离子型	淀粉、水溶性脲醛树脂
		两性型	动物胶、蛋白质
	高聚合度高分子	阴离子型	聚丙酸钠、水解聚丙烯酰胺、磺化聚丙烯酰胺
		阳离子型	聚乙烯吡啶盐、乙烯吡啶共聚物
		非离子型	聚丙烯酰胺、氯化聚乙烯

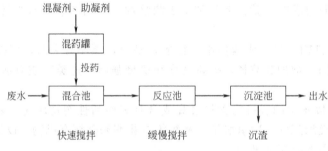

图 2-28 混凝处理工艺流程

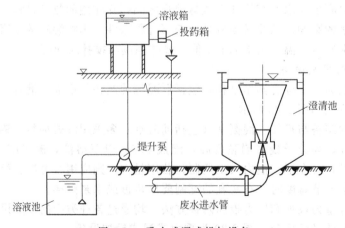

图 2-29 重力式湿式投加设备

水解反应的速度很快,需要尽量造成急速扰动以生成大量细小胶体,并不要求生成大颗粒;均匀是为了使化学反应能在废水中各部分得到均衡发展。

(3) 反应　混合完成后，水中已经产生细小絮体，但还未达到自然沉降的粒度，反应设备的任务就是使小絮体逐渐絮凝成大絮体而便于沉淀。反应设备应有一定的停留时间和适当的搅拌强度，以让小絮体能相互碰撞，并防止生成的大絮体沉淀。但搅拌强度太大，则会使生成的絮体破碎，且絮体越大，越易破碎，因此在反应设备中，沿着水流方向搅拌强度应越来越小。

(4) 沉淀　反应池内生成的絮状体进入沉淀池，与水分离，沉淀在沉淀池内进行。

第四节　废水的物化处理法

一、气浮

气浮法是利用高度分散的微小气泡作为载体去黏附废水中的污染物，使其视密度小于水而上浮到水面实现固液或液液分离的过程。在废水处理中，气浮法广泛应用于：①分离地表水中的细小悬浮物、藻类及微絮体；②回收工业废水中的有用物质，如造纸厂废水中的纸浆纤维及填料等；③代替二次沉淀池，分离和浓缩剩余活性污泥，特别适用于那些易于产生污泥膨胀的生化处理工艺中；④分离回收含油废水中的悬浮油和乳化油；⑤分离回收以分子或离子状态存在的目的物，如表面活性物质和金属离子。

1. 加压溶气气浮

气浮过程包括气泡产生、气泡与颗粒（固体或液滴）附着以及上浮分离等连续步骤。实现气浮法分离的必要条件有两个：第一，必须向水中提供足够数量的微细气泡；第二，必须使颗粒（固体或液滴）呈悬浮状态或具有疏水性质，从而有利于气泡上浮。

(1) 气泡的产生　产生气泡的方法一般分两种：一是溶气法，将气体压入盛有废水的溶气罐中，在水-气充分接触下，使气在水中溶解并达到饱和，然后使废水压力骤然降低，这时溶解的空气便以微小的气泡从水中析出并进行气浮，故又称加压溶气气浮。此种气泡的直径一般约为 $20\sim100\mu m$；二是散气法，主要采用多孔的扩散板曝气和叶轮搅拌产生气泡，因此气泡直径较大，约在 $1000\mu m$ 左右。实践表明：气泡的直径越小，能除去的污染物颗粒就越细，净化效率也越高。故目前工业废水处理中，多采用溶气法，该法气泡微小、大小均匀，密度高，气泡上升速度慢，水力状况稳定，特别适用于松散和细小的悬浮颗粒分离。通常将加压溶气气浮作为隔油后的补充处理和生化处理前的预处理。

(2) 加压溶气气浮工艺流程　加压溶气气浮装置由加压水泵、空气压缩机、溶气罐、溶气释放器和气浮池等组成。加压气浮工艺流程，按加压情况分为部分废水加压溶气气浮、全部废水加压溶气气浮和部分回流水加压溶气气浮三种。

① 部分废水加压溶气气浮工艺流程　如图 2-30 所示。该流程是将部分废水进行加压溶气，加压溶气的水量只分别占总水量的 30%～35%，其余废水直接送入气浮池。其特点是电耗少，溶气罐的容积较小。但因部分废水加压溶气所能提供的空气量较少，若想提供与全溶气相同的空气量，则必须加大溶气罐的压力。

② 全部废水加压溶气气浮工艺流程　如图 2-31 所示。全部废水加压溶气气浮是将全部废水进行加压溶气，全部废水由泵加压至 0.3～0.5MPa，压入溶气罐，用空压机或射流器向溶气罐压入空气。溶气后的水气混合物再通过减压阀或释放器进入气浮池进口处，析出气泡进行气浮。在分离区形成的浮渣用刮渣机撇除。这种流程的缺点是能耗高，溶气罐较大。若在气浮之前需经混凝处理时，则已形成的絮体势必在压缩和溶气过程中破碎，因此混凝剂耗量较多。当进水中悬浮物多时，易堵塞释放器。

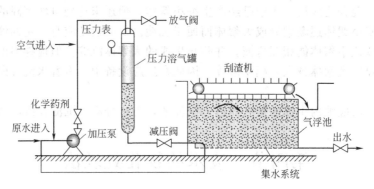

图 2-30　部分废水加压溶气气浮工艺流程

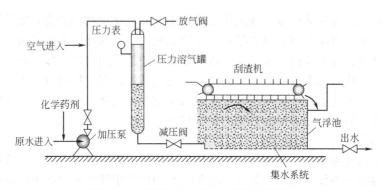

图 2-31　全部废水加压溶气气浮工艺流程

③ 部分回流水加压溶气浮工艺流程如图 2-32 所示。该流程将处理后的部分废水加压溶气，回流量一般为 10%～20%，废水直接送入气浮池。部分回流加压气浮不会打碎絮凝体，出水的水质稳定，加压泵及溶气罐的容量及能耗等都较小，该方法适用于含悬浮物浓度高的废水处理，但气浮池的容积较前两者大。

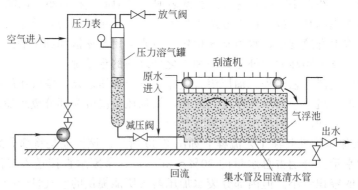

图 2-32　部分回流水加压溶气气浮工艺流程

2. 加压溶气气浮法的主要设备

（1）溶气释放器　溶气水经过减压释放装置，反复地受到收缩、扩散、碰撞、挤压、漩涡等作用，其压力能迅速消失，水中溶解的空气以极细的气泡释放出来。目前已有多种形式的减压释放装置在使用中，如针形阀、WRC 喷嘴、TS 型（或 TJ 型）释放器、普通截止阀等。这些溶气释放器具有释气完全，释出的气泡微细，气泡密集，附着性能良好等特点。图 2-33 为 TJ 溶气释放器。

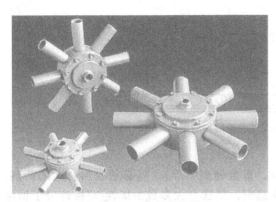

图 2-33 TJ 溶气释放器

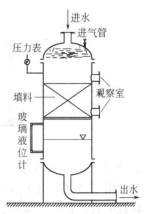

图 2-34 填料式溶气罐

(2) 压力溶气罐 压力溶气罐是在一定压力下将空气溶解于水中而提供溶气水的设备,空气在水中的溶解度遵循亨利定律: $V=K_T p$ ($L_气/m^3_水$,或 $g_气/m^3_水$),其中 p 为空气所受的绝对压力,以 mmHg 计。K_T 为溶解常数,与温度有关,见表 2-6。

表 2-6 不同温度下的 K_T 值

温度/℃	0	10	20	30	40	50
K_T	0.038	0.029	0.024	0.021	0.018	0.016

在加压溶气系统设计中,常用的基本参数是气固比 (G/S),即空气析出量 G 与原水中悬浮固体量 S 的比值:

$$\frac{G}{S}=\frac{q(a_1-a_2)}{Qc_0}$$

式中 q——加压溶气水量,m^3/h,如全部进水加压,则 $q=Q$;
　　a_1,a_2——溶气罐内和气浮池出水中的空气溶解量,mg/L;
　　c_0——废水中欲除去的污染物浓度,mg/L。

实际气浮操作中,空气量应适当,气水比 1%~5%,气固比(质量比)0.5%~1%。

溶气罐是一个密封的耐压钢罐,罐上有进气管、排气管、进水管、出水管、放空管、水位计和压力表。空气与水在罐内混合、溶解。为了提高溶气量和速度,罐内常设若干隔板或填料。操作压力 0.3~0.5MPa。供气方式可采用在水泵吸水管上吸入空气,在水泵压水管上设置射流器或采用空气压缩机供气。压力溶气罐有多种形式,一般使用能耗低、溶气效率高的空气压缩机供气的填料式溶气罐,见图 2-34。

空气在水中的溶解速度与空气和水的混合接触程度,水中空气溶解的不饱和程度等因素有关,生产上溶气时间一般采用 2~4min。

(3) 气浮池 目前常用的气浮池均为敞式水池,与普通沉淀池构造基本相同,分平流式和竖流式两种。平流式气浮池在目前气浮处理工艺中使用最为广泛,平流式气浮池的构造示意如图 2-35 所示。

废水进入反应池(可用机械搅拌、折板、孔室旋流等形式)完成反应后,将水流导向底部,以便从下部进入气浮接触室,延长絮体与气泡的接触时间,池面浮渣刮入集渣槽,清水由底部集水管集取。该形式的优点是池身浅、造价低、构造简单、管理方便;缺点是与后续处理构筑物在高程上配合较困难,分离部分的容积利用率不高等。平流式气浮池池深一般为 1.5~2.0m,不超过 2.5m。池深与池宽之比大于 0.3。气浮池表面负荷通常取 5~10$m^3/(m^3 \cdot h)$,

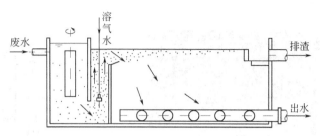

图 2-35 平流式气浮池的构造示意

总停留时间为 30～40min。

若要用气浮法分离亲水性颗粒（如煤粒、重金属离子等），就必须投加合适的药剂，以改变颗粒的表面性质，这种药剂通常称为浮选剂。浮选剂大多数由极性-非极性分子所组成，其极性端含有—OH、—COOH、—SO_3H、—NH_2、≡N 等亲水基团，而非极性端主要是烃链。在气浮过程中，浮选剂的极性基团能选择性地被亲水性物质所吸附，非极性端则朝向水，从而使亲水颗粒表面变为疏水表面，浮选剂起连接颗粒和气泡之间作用。

浮选剂的种类很多，如松香油、石油及煤油产品、脂肪酸及其盐类、表面活性剂等。对不同性质的废水应通过试验，选择合适的品种和投加量。

气浮中要求气泡具有一定的分散度和稳定性。气泡粒径在 $100\mu m$ 左右为好。对于有机污染物含量不多的废水在进行气浮时，气泡的稳定性可能成为重要的影响因素。适当的表面活性剂是必要的，缺乏表面活性物质的保护，气泡易破灭，气泡的稳定性不好。常用的表面活性剂有十二烷基磺酸钠、十二烷基苯磺酸钠、月桂醇硫酸酯等。

此外，常用气浮设备还有加压泵、空气压缩机、刮渣机等。

二、吸附

在废水处理中，吸附法不但可以高效地去除废水中的重金属离子（如汞、铬）、氨氮等污染物；还经常用来处理废水中用生化法难于降解的有机物或用一般氧化法难于氧化的溶解性有机物，包括木质素、氯或硝基取代的芳烃化合物、杂环化合物、洗涤剂、合成染料、DDT 等。利用吸附法进行废水处理，具有适应范围广，处理效果好，可回收有用物料，吸附剂可重复使用等优点，在废水处理中有较广泛的应用。

1. 吸附法的基本概念和原理

固体表面的分子或原子因受力不均衡而具有剩余的表面能，当某些物质碰撞固体表面时，受到这些不平衡力的吸引而停留在固体表面上，这就是吸附。吸附法利用多孔性的固体物质使污水中的一种或多种物质被吸附在固体表面而去除。这种有吸附能力的多孔性物质亦称为吸附剂，被固体吸附的物质称吸附质。能作为吸附剂的固体物质必须具有较大的吸附容量和一定的机械强度及较好的化学稳定性，在水中不致溶解于水，不能含有毒物质。

吸附过程中，固液两相经过充分的接触后，最终将达到吸附与脱附的动态平衡。达到平衡时，单位吸附剂所吸附的物质的数量称为平衡吸附量，常用 $q(mg/g)$ 表示。为了确定吸附剂对某种物质的吸附能力，需进行吸附试验：将一组不同数量的吸附剂与一定容积的已知溶质初始浓度的溶液相混合，在选定温度下使之达到平衡。分离吸附剂后，测定液相的最终溶质浓度。根据其浓度变化，分别按下式算出平衡吸附量：

$$q = \frac{V(C_0 - C)}{W}$$

式中　V——溶液体积，L；

　　　C_0，C——溶质的初始和平衡浓度，mg/L；

W——吸附剂量，g。

显然，平衡吸附量越大，单位吸附剂处理的水量越大。图 2-36 为活性炭吸附模拟装置。

2. 吸附剂

废水处理中应用的吸附剂有：活性炭、活化煤、白土、硅藻土、活性氧化铝、焦炭、树脂吸附剂、炉渣、木屑、煤灰、腐殖酸等，其中活性炭最为常用。

(1) 活性炭 活性炭是一种非极性吸附剂，外观为暗黑色，有粒状和粉状两种。它具有良好的吸附性能和稳定的化学性质，可以耐强酸、强碱，能经受水浸、高温、高压作用，不易破碎。粒状炭因工艺简单，操作方便，目前被工业大量采用。

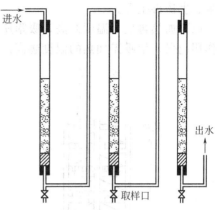

图 2-36　活性炭吸附模拟装置

吸附剂的孔结构如图 2-37 所示。活性炭具有巨大的比表面积和特别发达的微孔。活性炭的比表面积 66.9% 以上位于多孔结构内部，细孔的有效半径一般为 $10\sim100000\text{Å}$（$1\text{Å}=10^{-10}$ m）。通常活性炭的比表面积高达 $500\sim1700\text{m}^2/\text{g}$，这是活性炭吸附能力强，吸附容量大的主要原因。

吸附剂内孔的大小和分布对吸附性能影响很大。孔径太大，比表面积小，吸附能力差；孔径太小，则不利于吸附质扩散，并对直径较大的分子起屏蔽作用。

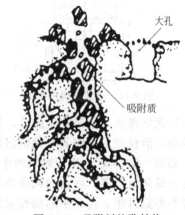

图 2-37　吸附剂的孔结构

活性炭可以除去由酚、石油等引起的异味；去除由各种染料形成的颜色或有机污染物及铁、锰形成的色度；去除农药、杀虫剂、氯代烃、芳香族化合物及其它难降解有机物；去除汞、铬等金属离子；去除合成洗涤剂；去除放射性物质等功能。活性炭具有吸附前不需预除水蒸气；具有极大表面积，吸附容量大，解吸较容易等特点。因此，活性炭在废水处理中得以广泛应用。

(2) 树脂吸附剂 树脂吸附剂也叫做吸附树脂，是一种常见的有机吸附剂，具有立体网状结构，呈多孔海绵状，加热不熔化，可在 150℃ 下使用，不溶于一般溶剂及酸、碱，比表面积可达 $800\text{m}^2/\text{g}$。

树脂吸附剂的结构容易人为控制，因而它具有适应性大，应用范围广，吸附选择性特殊，稳定性高等优点，并且再生简单，多数为溶剂再生。

(3) 腐殖酸煤 含腐殖酸煤（风化煤）也是一种价格低廉的天然吸附剂。腐殖酸分子结构中的羧基、酚羟基、甲氧基等活性基团，对重金属具有吸附交换性能。腐殖酸煤可以用来处理含多种重金属离子的废水（Cu、Pb、Zn、Cd、Hg、Ni、Cr、Co 等），它对放射性元素、石油、表面活性剂、染料、农药等污染物也有一定的吸附效果。

3. 吸附剂再生

吸附剂在达到饱和吸附后，必须进行脱附再生，才能重复使用。脱附是吸附的逆过程，即在吸附剂结构不变化或者变化极小的情况下，用某种方法将吸附质从吸附剂孔隙中除去，恢复它的吸附能力。通过再生使用，可以降低处理成本，减少废渣排放，同时回收吸附质。

废水处理中常用的活性炭再生方法有：加热再生、药剂再生、化学氧化再生、湿式氧化再生、生物再生等。

(1) 加热再生　温度升高，吸附质分子的能量提高，克服吸附剂的吸附作用而脱离。吸附作用越强，解吸需加热的温度越高。立式多段再生炉常用加热设备，如图 2-38。

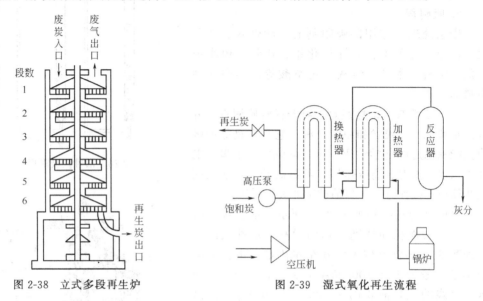

图 2-38　立式多段再生炉　　　　图 2-39　湿式氧化再生流程

(2) 化学再生　通过化学反应，使吸附质转化为易溶于水的物质而解吸下来。例如，吸附了苯酚的活性炭，可用氢氧化钠溶液浸泡，形成酚钠盐而解吸。湿式氧化法也属于化学再生法，如图 2-39 所示，用于曝气池中的已饱和的粉状活性炭用高压泵经换热器和水蒸气加热后送入氧化反应器，在器内被活性炭吸附的有机物与空气中的氧气反应，进行氧化分解，使活性炭得到再生。再生后的活性炭经热交换器冷却后，送入再生炭槽。在反应器底部积聚的灰分定期排出。

4. 吸附设备

(1) 固定床吸附　在废水处理中常用固定床吸附装置。其构造见图 2-40。吸附剂填充在装置内，吸附固定不动，水流穿过吸附剂层。根据水流方向可分为升流式和降流式两种。

降流式固定床吸附出水水质好，但水头损失较大，特别在处理含悬浮物较多的污水时，需定期进行反冲洗，有时还需在吸附剂层上部设表面冲洗设备。

升流式水头损失增加较慢，运行时间较长。水头损失增大后，可适当提高进水流速，使填层稍有膨胀（不混层）可达到自清目的。但当进水流量波动较大或操作不当时，易流失吸附剂，处理效果变差。

(2) 移动床吸附　移动床吸附采用移动床吸附塔，见图 2-41。废水从下而上流过吸附层，吸附剂由上而下间歇或连续移动。处理后的水从塔顶流出，再生后的活性炭从塔顶加入，接近饱和的炭从塔底间歇或连续排出。间歇移动床处理规模大时，每天从塔底定时卸炭 1~2 次，每次卸炭量为塔内总炭量的 5%~10%。移动床较固定床能充分利用床层吸附容量，出水水质良好，且水头损失较小。由于废水从塔底进入，水中夹带的悬浮物随饱和炭排出，因而不需要反冲洗设备，对废水预处理要求较低，操作管理方便。目前较大规模废水处理时多采用这种操作方式。

三、电解

电解法又称电化学法，是废水中的电解质在直流电的作用下发生电化学反应的过程。主要适用于处理含重金属离子、含油废水的脱色。

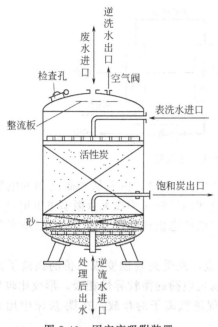
图 2-40　固定床吸附装置

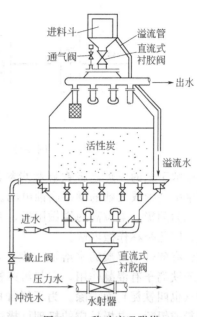
图 2-41　移动床吸附塔

1. 基本原理

电解过程在电解槽中进行，槽中与电源正极相连接的电极叫阳极，与电源负极相连接的电极叫阴极。接通直流电源之后，在电场力的作用下，废水中的正、负离子则分别向两极移动，并在电极表面发生氧化还原反应，废水中的污染物在阳极被氧化，在阴极被还原，或者与电极反应产物作用，生成不溶于水的沉淀或气体从水中分离出来，从而降低了废水中有害物的浓度或是使其转化为无毒或低毒物质。

在电解槽中，一般用铝（或铁）作可溶性阳极，以不锈钢或铝、铁作为阴极，在直流电场下对废水进行电解，阳极金属（铝或铁）放电成为金属离子溶入废水中并水解形成氢氧化铝或氢氧化铁胶体，同时废水中的重金属离子在阴极与 OH^- 结合形成金属氢氧化物，吸附在阳极处形成的氢氧化物胶体上一起沉淀除去。此外，废水中的金属离子还可直接在阴极上获得电子还原为金属单质沉积在阴极上。

2. 电解在废水处理中的应用

利用电解氧化可处理阴离子污染物如 CN^-、$[Fe(CN)_6]^{3-}$、$[Cd(CN)_4]^{2-}$ 和有机物，如酚、微生物等；电解还原主要用于处理阳离子污染物，如 $Cr(VI)$、$Hg(II)$ 等，在生产应用中，一般以铁板为电极，由于铁板溶解，金属离子在阴极还原沉积而回收除去。

在含六价铬的电镀废水处理中，可采用铁板作阳极。铁阳极溶解的亚铁离子，可使六价铬还原为三价铬、亚铁变为三价铁。六价铬在阴极也可直接被还原成三价铬，随着反应的进行，废水中的氢离子浓度降低，废水碱性增加，三价铬和三价铁以氢氧化物的形式沉淀下来。

利用电解法氧化还原上述废水，效果稳定可靠，操作管理简单，但需要消耗电能和钢材，运转费用较高。图 2-42 为含铬废水处理工艺流程。

3. 微电解

铁碳微电解技术在高浓度难降解工业废水的处理技术中，得到广泛应用，如腈纶废水、农药废水等。它一般作为废水处理的预处理，用来提高废水的可生化性，有利于后续的生化处理。

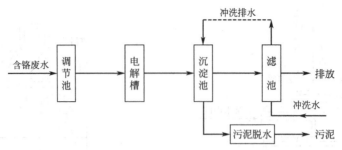

图 2-42 含铬废水处理工艺流程

微电解工艺的原理是将铁屑和炭粒浸没在酸性废水中时,由于铁和碳之间的电极电位差,废水中会形成无数的微型腐蚀电池。铁屑与投加的炭粒又构成无数微型电解电极,电位低的铁成为阴极,电位高的炭做阳极,腐蚀电池与电解电极在酸性溶液中构成无数的微型电解回路,因此被称作微电解。

在含有酸性电解质的水溶液中发生电化学反应,铁受到腐蚀变成二价的铁离子进入溶液。由于铁离子有混凝作用,它与污染物中带微弱负电荷的微粒异性相吸,形成比较稳定的絮凝物(也叫铁泥)而去除。为了增加电位差,促进铁离子的释放,在铁-炭床中加入一定比例铜粉或铅粉。电极反应的机理可描述如下:

阳极(Fe): $Fe - 2e \longrightarrow Fe^{2+}$

阴极(C): $2H^+ + 2e \longrightarrow 2[H] \longrightarrow H_2$

反应中,产生的初生态的 Fe^{2+} 和原子 H,能改变废水中许多有机物的结构和特性,使有机物发生断链、开环等作用。

在曝气的情况下(充氧可防止铁屑板结),有如下反应:

$$O_2 + 4H^+ + 4e \longrightarrow 2H_2O$$

$$O_2 + 2H_2O + 4e \longrightarrow 4OH^-$$

$$4Fe^{2+} + O_2 + 4H^+ \longrightarrow 2H_2O + 4Fe^{3+}$$

Fe^{2+} 氧化生成的 Fe^{3+} 逐渐水解生成聚合度大的 $Fe(OH)_3$ 胶体絮凝剂,可以有效地吸附、凝聚水中的污染物,从而增强对废水的净化效果。反应中生成的 OH^- 是出水 pH 值升高的原因,在实际处理时需要加酸进行 pH 值调节。此外微电解还有如下反应:

$$O_2 + H_2O + 2e \longrightarrow HO_2^- + OH^-$$

$$HO_2^- \longrightarrow OH^- + [O]$$

$$2OH^- - 2e \longrightarrow H_2O + [O]$$

新生态氧([O])对有机污染物具有氧化作用。

影响微电解处理效果的主要因素有 pH 值、停留时间、铁碳比、曝气时间、进水 COD 浓度、温度等。在实际处理中,一般要求进水 pH 值在 2~4,铁碳按 1:1 的体积比或者质量比为 2:1。加入过氧化氢,利用微电解产生的亚铁离子催化生成羟基自由基,可有效提高铁碳微电解分解有机大分子能力。

第五节 废水的生物处理法

一、活性污泥法

废水的好氧生化处理法是当前应用最为广泛的一种生化处理技术。好氧活性污泥法简称活性污泥法，主要用来处理低浓度的有机废水。

活性污泥法是以活性污泥为主体的废水生化处理方法。活性污泥法就是以废水中的有机污染物为培养基，不断向废水中通入空气，连续培养活性污泥（活性污泥上栖息着以菌胶团为主的微生物群，具有很强的吸附与氧化有机污染物的能力），再利用其吸附凝聚和氧化分解作用净化废水中有机污染物。

1. 活性污泥

活性污泥就是生物絮凝体，见图 2-43。它由好氧性微生物及其代谢的和吸附的有机物、无机物组成，具有降解废水中有机污染物（也有些可部分利用无机物）的能力，显示生物化学活性，具有自我繁殖、生物吸附与生物氧化和一定的沉降性能。这种微生物在氧气充足的环境下，以废水中溶解型有机污染物为食料获得能量、不断生长，从而使废水得到净化。

（1）活性污泥的形态和活性污泥微生物　活性污泥形态在显微镜下呈不规则椭圆状，在水中呈"絮状"。正常的活性污泥呈黄褐色，闻起来有鱼腥味或土腥味，活性污泥的相对密度 $\rho=1.002\sim1.006$，含水率约为 99%，直径大小 $0.02\sim0.2mm$，表面积 $20\sim100cm^2/mL$，pH 值约 6.7，有较强的缓冲能力。其固相组分主要为有机物，约占 75%～85%。

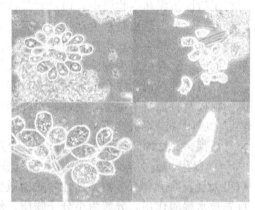

图 2-43　活性污泥形状图

微生物包括细菌、真菌、藻类、原生动物、纤毛虫和后生动物等。

① 细菌。细菌是废水处理中最重要的一类微生物。它是一种类似植物的生物，大小约为 $0.5\sim5\mu m$。细菌以异养型原核生物（细菌）为主，数量 $10^7\sim10^8$ 个/mL，自养菌数量略低。其优势菌种：产碱杆菌属等，它是降解污染物质的主体，具有分解有机物的能力。

② 真菌。真菌由细小的腐生或寄生菌组成，具有分解碳水化合物、脂肪、蛋白质的功能，但丝状菌大量增殖会引发污泥膨胀。真菌形态有单细胞和多细胞两种形式，水处理中常见的真菌有酵母菌和霉菌两种。

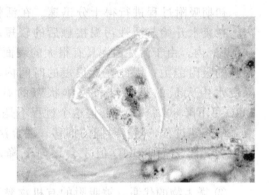

图 2-44　钟虫

③ 藻类。藻类是含有能进行光合作用的叶绿素的低等植物。自然界已发现的藻类有成千上万种之多，它们可分为单细胞的、群体的和多细胞的等三类。废水处理中具有代表性的藻类有绿球藻科、水网藻科、栅藻科和联球藻科。

④ 原生动物。原生动物的数量及重要性仅次于细菌。它在废水处理中所起的作用主要是吞

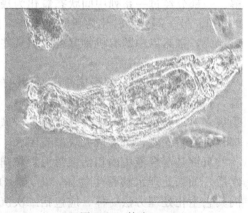

图 2-45　轮虫

食细菌，这不但起了净化废水的作用，而且也控制了细菌的增殖速度，保持了微生物群体的生态平衡。同时，它还可以吞食废水中的固体有机物及溶解的有机物，直接起着净化作用。有些原生动物还可分泌黏液，促进生物污泥的絮凝。当运行条件和水质发生变化时，水中原生动物的种类也会随之变化，所以它还起着指示生物的作用。原生动物出现的顺序反映了处理水质的好坏，最初是肉足虫，继之鞭毛虫和游泳型。当处理水质良好时出现固着型纤毛虫，如钟虫（见图2-44）、等枝虫、独缩虫、聚缩虫、盖纤虫等。

⑤ 后生动物。后生动物是多细胞动物，如轮虫（见图2-45）、甲壳虫、线虫等，它们多存在于活性污泥和生物膜中，通过对其种类、数量和活动规律的观察可以推测废水处理进行的程度、效果。轮虫是后生动物的典型代表，它可以有效地消耗分散和絮凝的细菌及颗粒较小的有机物。轮虫喜欢生活在清洁的水中，它若在废水中出现，则表明废水处理已有明显效果。因此，它是好氧生物净化程度的有效指标。

(2) 活性污泥法净化废水的三个过程　活性污泥法之所以能够很好地净化废水与活性污泥的组成及特点密不可分，活性污泥的结构决定了其具有氧化分解有机物的能力，以及具有较好的吸附和凝聚沉淀等特点。

活性污泥法净化废水主要由以下三个过程。

① 吸附。废水与活性污泥微生物充分接触，形成悬浊混合液，废水中的污染物比表面积很大且表面上含有多糖类黏性物质的微生物吸附和粘连。胶态的大分子有机物被吸附后，首先被水解酶作用，分解为小分子物质，然后这些小分子与溶解性有机物一道在透膜酶的作用下或在浓差推动下选择性渗入细胞体内。

初期吸附过程进行得十分迅速。在活性污泥系统内，在废水开始与活性污泥接触后的较短时间（10～40min）内，由于活性污泥具有很大的表面积因而具有很强的吸附能力，因此在这很短的时间内，就能够去除废水中大量的呈悬浮和胶体状态的有机污染物，BOD可下降80%～90%。但这个过程不是有机污染物真正的降解过程，随着时间的推移，混合液的BOD值会回升，再之后，BOD值才会逐渐下降，如图2-46所示。

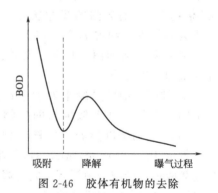

图2-46　胶体有机物的去除

② 微生物的代谢。被吸附的有机物黏附在絮体表面，与微生物细胞接触，在渗透膜的作用下，进入细胞体内，通过微生物的代谢反应而被降解。一部分经过一系列中间状态氧化为最终产物 CO_2 和 H_2O 等，这部分有机物占总有机物的1/3。另一部分则转化为新的有机体，使细胞增殖，这部分有机物占总有机物的2/3。一般地说，自然界中的有机物都可以被某些微生物所分解，多数合成有机物也可以被经过驯化的微生物分解。

③ 凝聚与沉淀。絮凝体是活性污泥的基本结构，它能够防止微型动物对游离细菌的吞噬，并承受曝气等外界不利因素的影响，更有利于与处理水分离。水中能形成絮凝体的微生物很多，动胶菌属，埃希大肠杆菌、产碱杆菌属、假单胞菌属、芽孢杆菌属、黄杆菌属等，都具有凝聚性能，可形成大块菌胶团。

沉淀是混合液中固相活性污泥颗粒同废水分离的过程。固液分离的好坏，直接影响出水水质。如果处理水挟带生物体，出水BOD和SS将增大。所以，活性污泥法的处理效率，同其它生化处理方法一样，应包括二次沉淀池的效率，即用曝气池及二沉池的总效率表示。除了重力沉淀外，也常用气浮法进行固液分离。

2. 活性污泥法的基本流程

活性污泥法的发展与应用已有近百年的历史，发展了许多行之有效的运行方式和工艺流程，但其基本流程是一样的。

普通活性污泥法由初次沉淀池、曝气池、二次沉淀池、供氧装置以及回流设备等组成，基本流程如图 2-47 所示。由初沉池流出的废水与从二沉池底部流出的回流污泥混合后进入曝气池。曝气池是由微生物组成的活性污泥与污水中有机污染物充分混合接触，并进而降解吸收并分解的场所，它是活性污泥工艺的核心。曝气系统的作用是向曝气池供给微生物增长及分解有机物所必需的氧气，并起混合搅拌作用，活性污泥处于悬浮状态，使活性污泥与有机物充分接触。在曝气池内，悬浮的大量肉眼可观察到的絮状污泥颗粒就叫做活性污泥絮体。随着有机污染物被分解，曝气池每天都净增一部分活性污泥，这部分叫做剩余活性污泥，用污泥泵直接排出系统之外。二次沉淀池（简称二沉池）用以分离曝气池出水中的活性污泥，并将沉淀下来的污泥浓缩，使其以较高的浓度回流到曝气池，以供应曝气池赖以进行生化反应的微生物。二沉池的污泥也可以部分回流至初次沉淀池（简称初沉池），以提高初沉效果。初沉池设于曝气池之前，用以去除废水中的粗大的原生悬浮物，悬浮物少时可以不设。对于含有水解酸化预处理的废水处理工艺，则将水解酸化池的出水直接进入曝气池，进行好氧生化处理。

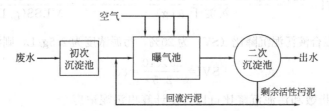

图 2-47 普通活性污泥法基本流程

活性污泥系统有效运行的基本条件是：①废水中含有足够的可溶性易降解有机物，作为微生物生理活动必需的营养物质；②混合液含有足够的溶解氧；③活性污泥在池内呈悬浮状态，能够充分与废水相接触；④活性污泥连续回流、及时地排除剩余污泥，使混合液保持一定浓度的活性污泥；⑤没有对微生物有毒害作用的物质进入。

3. 活性污泥处理系统的控制指标

活性污泥处理系统是一个人工强化与控制的系统，其必须控制进水水量、水质，保持曝气池内活性污泥的正常状态和活性污泥泥量的稳定，保证足够的溶解氧，以维持系统稳定运行。一般情况下，用下列几个参数来控制系统的正常运行。

(1) 污泥浓度　污泥浓度（MLSS）又称混合液悬浮固体浓度，是指曝气区内 1L 混合液所含悬浮物量，单位为 g/L 或 mg/L。污泥浓度的大小可间接地反映混合液中所含微生物的浓度。一般在活性污泥曝气池内常保持 MLSS 浓度在 2～6g/L 之间，多为 3～4g/L。

混合液挥发性悬浮固体浓度（MLVSS）表示活性污泥中有机性固体物质的浓度，采用挥发性悬浮固体浓度来表示，也不能排除非生物有机物及已死亡微生物的惰性部分。

在一定条件下，废水的 MLVSS/MLSS 值较稳定，如城市污水的活性污泥介于 0.75～0.85 之间。

污泥浓度反映出活性污泥所含微生物多少和处理有机物能力的强弱，包括具有活性的微生物群体、自身氧化残留物、微生物不能降解的有机物和无机物 4 部分。废水处理中用 MLSS 或 MLVSS 间接代表微生物浓度，目前用得最多的是 MLSS。

(2) 污泥沉降比　活性污泥的性能主要表现为沉淀性和絮凝性，活性污泥的沉降由絮凝沉淀到成层沉淀,最后进入压缩过程。性能良好具有一定浓度的活性污泥在 30min 内即可完成絮凝沉淀和成层沉淀过程,为此建立了以活性污泥静置 30min 为基础的指标表示其沉降-浓缩性能。污泥沉降比(SV)是指一定量的曝气池混合液静置 30min 后,沉淀污泥与原混合液的体积比(用百分数表示),用下式表示:

$$污泥沉降比(SV) = \frac{混合液经 30min 静置沉淀后的污泥体积}{混合液体积} \times 100\%$$

沉降比同污泥絮凝性和沉淀性有关。当污泥絮凝性与沉淀性良好时,污泥沉降比的大小可间接表示曝气池混合液的污泥数量的多少,故可以用沉降比作指标来控制污泥回流量及排放量。但是,当污泥絮凝沉淀性差时,污泥不能下沉,上清液混浊,所测得的沉降比将增大。在活性污泥法中污泥沉降比(SV)可显示处理是否处于正常状态,并据此判断污泥的膨胀程度和曝气池中污泥浓度,从而进行工艺参数的调节。污泥沉降比(SV)一般取 15%~30%。

(3) 污泥容积指数 污泥容积指数(SVI)是指曝气池出口处的混合液经 30min 沉降后,1g 干污泥在湿的时候所占体积,以 mL/g 计,其值按下式计算:

$$SVI = \frac{混合液经 30min 沉淀后污泥体积(mL)}{污泥干重(g)} = \frac{SV \times 1000}{MLSS(g/L)}$$

例如,曝气池混合液污泥沉降比(SV)为 20%,污泥浓度为 2.5g/L,则污泥容积指数为:

$$SVI = \frac{20 \times 10}{2.5} = 80$$

通过污泥容积指数和污泥沉降比可以方便计算出污泥浓度。

在一定的污泥量下,污泥容积指数 SVI 能有效全面地反映活性污泥凝聚和沉降的性质。如 SVI 较高,表示 SV 值较大、污泥太松散,沉淀性较差,将要或已经发生污泥膨胀现象;如 SVI 较小,污泥颗粒密实,污泥含无机物多,沉淀性好,但活性和吸附力降低。但是,如 SVI 过低,则说明絮体细小,无机质含量高,活性及吸附性都较差。为使曝气池混合液污泥浓度和 SVI 保持在一定范围,需要控制污泥的回流比。此外,活性污泥法 SVI 值还与 BOD 污泥负荷有关。当 BOD 污泥负荷处于 0.5~1.5kg/(kg MLSS·d) 之间时,污泥 SVI 值过高,沉降性能不好,此时应注意避免。通常认为:当 SVI<100,沉淀性能良好;当 SVI 为 100~200 时,沉淀性一般;而当 SVI>200 时,沉淀性较差,污泥易膨胀。一般污泥容积指数常控制在 50~150 之间为宜,但根据废水性质不同,这个指标也有差异。如废水溶解性有机物含量高时,正常的 SVI 值可能较高;相反,废水中含无机性悬浮物较多时,正常的 SVI 值可能较低。

(4) 污泥龄 污泥龄(SRT)是指活性污泥在曝气池内的平均停留时间,即曝气池内活性污泥的总量与每日排放污泥量之比,以天计,用下式表示:

$$t_s = VX/\Delta X = VX/Q_w X_r$$

式中 Q_w——剩余污泥排放量,m^3/d;
  V——曝气池的有效容积,m^3;
  X_r——回流污泥浓度,mg/L;
  X——污泥浓度,mg/L。

控制污泥龄是选择活性污泥系统中微生物种类的一种方法。如果某种微生物的世代期比活性污泥的污泥龄系统长,则该类微生物在繁殖出下一代微生物之前,就被以剩余活性污泥的方式排走,该类微生物就永远不会在系统内繁殖起来。反之如果某种微生物的世代期比活性污泥系统的污泥龄短,则该种微生物在被以剩余活性污泥的形式排走之前,可繁殖出下一代,因此该种微生物就能在活性污泥系统内存活下来,并得以繁殖,用于处理污水。SRT 直接决定着活性污泥系统中微生物的年龄大小,一般年轻的活性污泥,分解代谢有机污染物的能力强,但凝聚沉降性差,年长的活性污泥分解代谢能力差,但凝聚性较好。污泥龄长短与工艺组合密切相关,不同的工艺微生物的组合、比例、个体特征有所不同。污水处理就是通过控制污泥龄或排泥,优选或驯化微生物的组合,实现污染物的降解和转化。当处理效率和出水水质要求高时,SRT 应控制大一些;温度较高时,SRT 可小一些。一般,通过调节污泥量排放量改变污泥龄的值,把它控制在适宜于细菌增殖的时间范围内,即 3~14d。

(5) 污泥负荷 在活性污泥法中,一般将有机底物与活性污泥的质量比值（F/M）,即在保证一定的处理效果的条件下,单位质量活性污泥（kgMLSS）或单位体积曝气池（m^3）在单位时间（d）内所承受的有机物量（kgBOD）,称为污泥负荷。污泥负荷,常用 L 表示:

$$L = \frac{QS_0}{VX}$$

式中 Q——废水流量,m^3/d;
　　　S_0——曝气池流入废水 BOD 浓度,kg/m^3;
　　　V——曝气池的有效容积,m^3;
　　　X——曝气池污泥浓度,kg/m^3。

图 2-48 菌胶团

污泥负荷是影响活性污泥增长速率、有机物去除速率、氧的利用速率以及污泥吸附絮凝性能的重要因素。当 F/M 较大时,活性污泥中的微生物增长速率较快,有机污染物被去除的速率也较快,但此时活性污泥的沉降性较差;反之 F/M 较小时,微生物增长速率较慢或不增长或减少,此时有机物被去除的速率也非常慢,但活性污泥的沉降性往往较好。一般来说,污泥负荷在 $0.2\sim0.5$kgBOD$_5$/[kgMLSS·d]之间时,常用值掌握在 $0.3\sim0.4$kgBOD$_5$/[kgMLSS·d]左右。调节污泥负荷的主要手段是控制曝气池 MLSS,增加 MLSS 可降低污泥负荷,减少 MLSS,则提高污泥负荷。增加或减少 MLSS,一般通过增加或减少排放剩余污泥来实现。

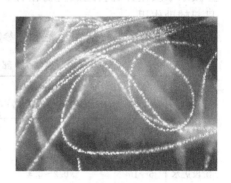

图 2-49 丝状菌

(6) 生物相指示 活性污泥中出现的微型动物种类和数量,往往和污水处理系统的运转情况有着直接或间接的条件,进水水质的变化、充氧量的变化等都可以引起活性污泥组成的变化,微型动物体积比细菌要大得多,比较容易观察和发现其微型动物的变化,因而可以作为污水处理的指示生物。

活性污泥中出现的生物是普通的微生物,主要是细菌、放线菌、真菌、原生动物和少数其它微型动物。

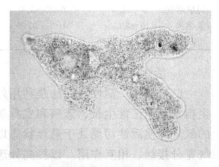

图 2-50 变形虫

在正常情况下，细菌主要以菌胶团（见图 2-48）形式存在，游离细菌仅出现在未成熟的活性污泥中，也可能出现在废水处理条件变化（如毒物浓度升高、pH 值过高或过低等），使菌胶团解体时。所以，游离细菌多是活性污泥处于不正常状态的特征。

除了菌胶团外，成熟的活性污泥中还常常存在丝状菌（图 2-49），它们同菌胶团相互交织在一起。在正常时，其丝状体长度不大，活性污泥的密度略大于水。但如丝状菌过量增殖，外延的丝状体将缠绕在一起并粘连污泥颗粒，使絮凝体松散，密度变小，沉淀性变差，SVI 值上升，造成污泥流失，这种现象称为污泥膨胀。

活性污泥中的原生动物种类很多，常见的有肉足类、鞭毛类和纤毛类等，尤其以固着型纤毛类，如钟虫、盖虫、累枝虫等占优势。在这些固着型纤毛虫中，钟虫的出现频率高、数量大，而且在生物演替中有着较为严密的规律性，因此，一般都以钟虫属作为活性污泥法的特征指示生物。

当环境条件适宜时，微生物代谢活力旺盛，繁殖活跃，可观察到钟虫的纤毛环摆动较快，个体大。在环境条件恶劣时，原生动物活力减弱，钟虫口缘纤毛停止摆动，伸缩泡停止收缩，还会脱去尾柄，虫体变成圆柱体。钟虫顶端有气泡是水中缺氧的标志。当系统有机物负荷增高，曝气不足时，活性污泥恶化，此时出现的原生动物主要有滴虫、屋病虫、侧滴虫及波豆虫、肾形虫、豆形虫、草履虫等，当曝气过度时，出现的原生动物主要是变形虫（见图 2-50）。

根据原生动物和微型后生动物的演替判断水质和污水处理程度，可以判断污泥培养成熟程度；根据原生动物的种类判断活性污泥和处理水质的好坏；根据原生动物遇恶劣环境改变个体形态及其变化过程判断进水水质变化和运行中出现的问题。利用生物种属的变化作为废水处理设备工作状态的监督手段时，应着重注意数量组成和优势种属的类别。另外，由于工业废水水质差异也会造成生物相有所不同，所以，生物指示也仅仅是定性的，在运行监督中只起辅助作用。

表 2-7 列举部分活性污泥工艺参数和运行条件。

表 2-7　部分活性污泥工艺参数和运行条件

工艺类型	污泥龄/d	污泥负荷/[kgBOD$_5$/(kgMLSS·d)]	容积负荷/[kgBOD$_5$/(m^3·d)]	MLSS/(mg/L)	停留时间/h	回流比
传统法	5～15	0.2～0.4	0.3～0.8	1500～3000	4～8	0.25～0.75
完全混合	5～15	0.2～0.6	0.6～2.4	2500～4000	3～5	0.25～1.0
吸附再生	3～10	0.2～0.6	0.5～1.4	1500～3000	1～3	0.5～1.0
阶段进水	5～15	0.2～0.4	0.4～1.4	2000～3500	3～5	0.25～0.75
延时曝气	20～30	0.05～0.15	0.15～0.25	3000～6000	18～36	0.5～1.5
高负荷法	5～10	0.4～1.5	1.6～16	4000～10000	2～4	1.0～5.0
纯氧曝气	3～10	0.25～1.0	1.6～3.2	2000～5000	1～3	0.25～0.5
氧化沟	10～30	0.05～0.30	0.1～0.2	3000～6000	8～36	0.75～1.5
SBR	5～15	0.05～0.3	0.1～0.24	1500～5000	12～50	

4. 活性污泥法处理设备

(1) 曝气　活性污泥法是利用好氧性微生物来处理废水，没有充足的溶解氧，好氧性微生物则不能正常生长、繁殖和发挥氧化分解作用。因此，在整个处理过程中，必须提供充足的氧气并使活性污泥处于悬浮状态以满足微生物生长反应的需求，且使微生物、有机物和氧气充分接触，相互作用，以提高处理效果。为了达到上述目的，必须以一定的方法和设备使空气中的氧（或纯氧）溶解于混合液并提供适宜的搅拌，这一过程称之为曝气。

曝气在本质上是气液两相间的质量传递过程，增大气液两相的接触面积和混合液的流动程度都有利于氧溶解速率的提高。

(2) 曝气池　曝气池实际上是一个生化反应器，它主要由池体、曝气系统和进出口等几部分组成，池型有圆形、长方形等。圆形池水力条件好，但占地面积大（为方形池 1.5～2.0 倍），多池组合困难、投资费用高。曝气池按废水和回流污泥的进入方式及其在曝气池中的混合方式，活性污泥法可分为推流式和完全混合式两大类。

① 推流式。推流式曝气池是一个长方形池子，池长有时可达 100 余米，用隔墙分成几个单独进水的隔间，每一隔间又分成数个廊道，废水在廊道内顺次流动，池深一般 3～9m，廊道宽度与池深之比为 1～2，池长为池宽的 5～10 倍，超高 0.5m。推流式活性污泥曝气池内的废水从一端进入，另一端流出，进水方式不限，出水多用溢流堰（见图 2-51），图 2-52 为长方廊道式曝气池。

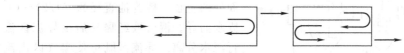

图 2-51　廊道式推流池平面布置

图 2-52　长方廊道式曝气池

随着水流的过程，废物降解，微生物增长，F/M 沿程变化，系统处于生长曲线某一段上工作。推流池多用鼓风曝气，但表面曝气机也同样能够应用。鼓风曝气采用空气（或纯氧）作氧源，以气泡形式鼓入废水中，气泡与废水混合，并使池中水流呈平推流式前进。它适合于长方形曝气池，布气设备装在曝气池的一侧或池底，气泡在形成、上升和破坏时向水中传氧并搅动水流。

当采用池底满铺多孔型曝气装置时，曝气池中水流只有沿池长方向的流动，为平推流（见图 2-53）。当鼓风曝气装置位于池横断面的一侧（或两侧）时，由于气泡在池水中造成密度差，池水产生了旋转流，即除沿池长方向流动外，还有侧向旋流，组成了旋转推流（见图 2-54）。为了保证池内有良好的旋流运动，池两侧墙的墙脚都宜建成外凸 45°的斜面。

根据扩散器在竖向上的位置不同，又可分为底层曝气、中层曝气和浅层曝气。

图 2-53　平移推流式

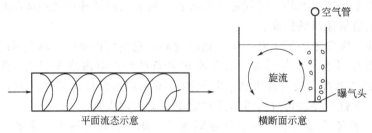

图 2-54 旋转推流式

② 完全混合式。完全混合池一般为圆形,如图 2-55 所示,也可用正方形或矩形。它由曝气区、导流区、回流区、沉淀区几部分组成。曝气区是微生物吸附和氧化有机物的场所,曝气区水面处的直径一般为池直径的 (1/2)～(1/3),视不同废水而异。混合液经曝气后由导流区流入沉淀区进行泥水分离。导流区既可使曝气区出流中挟带的小气泡分离,又可使细小的活性污泥凝聚成较大的颗粒。为了消除曝气机转动形成旋流的影响,导流区应设置径向整流板,将导流区分成若干格间。回流窗的作用是控制活性污泥回流量及控制曝气区水位,回流窗开启度可以调节,窗口数一般为 6～8 个。沿

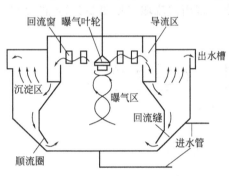

图 2-55 普通曝气沉淀池

导流区壁的周长均匀分布,窗口总堰长与曝气区周长之比一般为 (1/2.5)～(1/3.5)。污泥回流缝用来回流沉淀污泥,缝宽应适当。顺流圈设在回流缝的内侧,起着曝气区内循环导流的作用,防止混合液向沉淀区窜出。

完全混合式是废水进入曝气池后,在搅拌下立即与池内活性污泥混合液混合,从而使进水得到良好的稀释,污泥与废水得到充分混合,可以最大限度地承受废水水质变化的冲击。同时,由于池内各点水质均匀、F/M 一定。系统处于生长曲线某一点上工作。运行时,可以调节 F/M,使曝气池处于良好的工况条件下工作。

(3) 曝气设备　活性污泥法处理系统中存活着大量的好氧微生物,溶解氧成为废水中污染物好氧分解和转化的必要条件。曝气池中溶解氧的提供主要是通过曝气设备实现的,其依据的原理是气液传质的双膜理论。

曝气设备的型式主要有:鼓风曝气、机械曝气、射流曝气三种。鼓风曝气是指采用曝气器-扩散板或扩散管在水中鼓入气泡的曝气方式。鼓风-扩散曝气由鼓风机、空气输送管道和空气扩散器组成,见图 2-56;机械曝气靠曝气叶轮或转刷引入气泡的曝气方式,一般分为两种类型,即表面曝气器和淹没的叶轮曝气器。表面曝气器直接从空气中吸入氧气,叶轮曝气器主要是从曝气池底部的空气分布系统引入空气中吸取氧气。表面曝气器设备比较简单,较为常用。射流曝气的核心装置为射流器。在实际工程应用中,这些类型的曝气设备可以单独使用,也可以联合使用,其目的都是提高充氧能力(通过机械曝气装置,在单位时间内转移到清水中的氧量,以 kgO_2/h 计),氧的利用率(通过鼓风曝气转移到

图 2-56 空气扩散装置(曝气器)

清水中的氧量占总供氧量的百分比%）和充氧动力效率[每消耗1kW·h电能转移到清水中的氧量，以 $kgO_2/(kW·h)$ 计]。

① 鼓风曝气。鼓风曝气就是用鼓风机（或空压机）向曝气池充入一定压力的空气（或氧气）。气量要满足生化反应所需的氧量和能保持混合液悬浮固体均匀混合，气压要足以克服管道系统和扩散的摩阻损耗以及扩散器上部的静水压。扩散器是鼓风曝气系统的关键部件，其作用是将空气分散成空气泡，增大气液接触界面，把空气中的氧溶解于水中。曝气效率决定于气泡的大小、水的亏氧量、气液接触时间、气泡的压力等因素。

根据分散气泡的大小，扩散器又可分成以下几类。

a. 小气泡扩散器见图 2-57(a)，气泡直径可达 1.5mm 以下，扩散板或扩散管由微孔材料（陶瓷、塑料）制成，由于孔小易堵塞，需定期清洗或更换。这种扩散器氧转移效率高，可达 20% 左右。

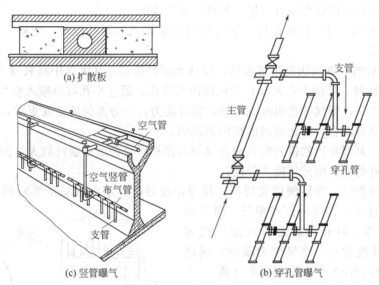

图 2-57 扩散器结构示意图

b. 中气泡扩散器见图 2-57(b) 常用穿孔管（钢管或塑料管），孔眼直径 2~3mm，孔开在管下侧与垂直面成 45°角处。穿孔管阻力小，且不易堵塞，氧转移效率可达 6%~8%。

c. 大气泡扩散器见图 2-57(c)，常用竖管，直径 15mm 左右。竖管所产生的大气泡在上升过程中起着强烈的扰动作用，加速了吸氧过程，氧转移率在 6%~7% 之间。

d. 射流扩散器用泵打入混合液，在射流器的喉管处形成高速射流，与吸入或压入的空气强烈混合搅拌，将气泡粉碎为 100μm 左右，使氧迅速转移至混合液中。射流器构造如图 2-58。

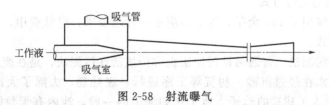

图 2-58 射流曝气

② 机械曝气。机械曝气大多以装在曝气池水面的叶轮快速转动，进行表面充氧。按转轴的方向不同，表面曝气机分为竖式和卧式两类。常用的有平板叶轮、倒伞型叶轮和泵型叶轮，见图 2-59。

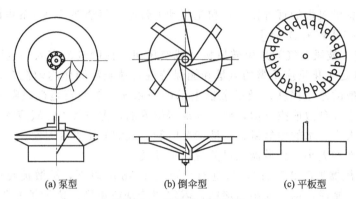

(a) 泵型　　　　　(b) 倒伞型　　　　(c) 平板型

图 2-59　叶轮表面曝气机

表面曝气叶轮的供氧是通过下述三种途径来实现的。

a. 由于叶轮的提升和输水作用，使曝气池内液体不断循环流动，更新气液接触面，不断从大气中吸氧。

b. 叶轮旋转时，在周边处形成水跃，使液面剧烈搅动，从大气中将氧卷入水中。

c. 叶轮旋转时，叶轮中心及叶片背水侧出现背压，通过小孔可以吸入空气。

除了供氧之外，曝气叶轮也具有足够的提升能力，一方面保证液面更新，同时，也使气体和液体获得充分混合，防止池内活性污泥沉积。

一般而言，泵型叶轮的提升能力和充氧能力比相同直径的平板叶轮大，倒伞型叶轮的动力效率较平板叶轮高，但充氧能力较差。

安装曝气叶轮时，安装深度要适当：浸没深度过小，水面扰动虽然剧烈，但提升作用小；浸没深度过大，其结果正好相反，两者均要降低充氧效果。叶轮的周边线速度一般为 $3\sim 6m/s$，线速度过小，充氧能力减弱；线速度过大，易破坏污泥絮体，影响沉降分离。

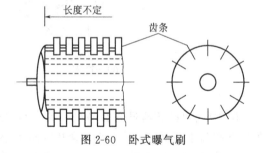

图 2-60　卧式曝气刷

卧式表面曝气机见图 2-60。卧式表面曝气机的转轴与水面平行。在垂直于转动轴的方向装有不锈钢丝（转刷）或板条或曝气转盘，用电机带动，转速在 $70\sim 120r/min$，淹没深为 $(1/3)\sim (1/4)$ 直径。转动时，钢丝或板条把大量液滴抛向空中，并使液面剧烈波动，促进氧的溶解；同时推动混合液在池内回流，促进溶解氧的扩散。卧式曝气机主要用于氧化沟。

③ 鼓风曝气与叶轮曝气的优缺点和适用条件。废水处理中的曝气设备的特点和用途见表 2-8。

5. 活性污泥法的运行方式

活性污泥法已应用了 100 余年，为了适应不同处理要求，降低费用，经过不断发展，已形成了多种运行方式。

(1) 普通活性污泥法　普通活性污泥法也称传统活性污泥法，是在废水的自净作用原理下发展而来的。废水在经过沉砂、初沉等工序进行一级处理，去除了大部分悬浮物和部分 BOD 后即进入一个人工建造的池子，池子犹如河道的一段，池内有无数能氧化分解废水中有机污染物的微生物。同天然河道相比，这一人工的净化系统效率极高，大气的天然复氧根本不能满足这些微生物氧化分解有机物的耗氧需要，因此在池中需设置鼓风曝气或机械曝气的人工供氧系统，池子也因此而被称为曝气池。

表 2-8　废水处理中的曝气设备

设　　备		特　　点	用　　途
鼓风曝气器	细气泡系统	用多孔扩散板或扩散管产生气泡	各种活性污泥法
	中等气泡系统	用塑料或布包管子产生气泡	各种活性污泥法
	粗气泡系统	用孔口、喷射器或喷嘴产生气泡	各种活性污泥法
	叶轮分布器	由叶轮及压缩空气注入系统组成	各种活性污泥法
	静态管式混合器	竖管中设挡板以使底部进入的空气与水混合	活性污泥法
	射流器	压缩空气与带压力的混合液在射流设备中混合	各种活性污泥法
表面曝气器	低速叶轮曝气器	用大直径叶轮在空气中搅起水滴并卷入空气	常规活性污泥法
	高速浮式曝气器	用小直径叶轮在空气中搅起水滴并卷入空气	
	转刷曝气器	桨板通过水中旋转促进水的循环并曝气	氧化沟、渠道曝气

废水在曝气池停留一段时间后，废水中的有机物绝大多数被曝气池中的微生物吸附、氧化分解成无机物，随后即进入另一个池子——沉淀池。在沉淀池中，成絮状的微生物絮体——活性污泥下沉，处理后的出水——上清液即可溢流而被排放。

为了使曝气池保持高的反应速率，必须使曝气池内维持足够高的活性污泥微生物浓度。为此，沉淀后的活性污泥又回流至曝气池前端（图 2-61 为潜污泵回流污泥），使之与进入曝气池的废水接触，以重复吸附、氧化分解废水中的有机物。

在连续进水条件下，活性污泥中微生物不断利用废水中的有机物进行新陈代谢，由于合成作用的结果，活性污泥数量不断增长，因此曝气池中活性污泥的量愈积愈多，当超过一定的浓度时，应适当排放一部分，这部分被排去的活性污泥常称作剩余污泥。

曝气池中污泥浓度一般控制在 3～4g/L，废水浓度高时采用较高数值。废水在曝气池中的停留时间常采用 4～8h，视废水中有机物浓度而定。回流污泥量约为进水流量的 25%～50%，视活性污泥含水率而定。

曝气池中水流是纵向混合的推流式（见图 2-62）。在曝气池前端，活性污泥同刚进入的废水相接触，有机物浓度相对较高，即供给活性污泥微生物的食料较多，所以微生物生长一般处于生长曲线的对数生长期后期或稳定期。由于普通活性污泥法曝气时间比较长，当活性污泥继续向前推进到曝气池末端时，废水中有机物已几乎被耗尽，污泥微生物进入内源代谢期，它的活动能力也相应减弱，因此，在沉淀池中容易沉淀，出水中残剩的有机物数量较少。处于饥饿状态的污泥回流入曝气池后又能够强烈吸附和氧化有机物，所以普通活性污泥法的 BOD 和悬浮物去除率都很高，可达到 90%～95%。该法具有出水水质好的优点，适宜于处理净化程度和稳定程度都要求较高的污水水质。

图 2-61　回流污泥（潜污泵回流）

图 2-62　推流式曝气池实景图

普通活性污泥法也有它的不足之处，主要是：①对水质变化的适应能力不强，存在耐冲击负荷能力较差和易于发生污泥膨胀等问题；②废水在池中呈推流形式流动到池末。在池中有机物经历了第一阶段的吸附过程和第二阶段的生物代谢过程；活性污泥也经历了从池首的对数增长到池中的减速增长和池尾的内源呼吸的完全生长周期。由于有机物浓度沿着池长逐渐降低，需氧速率也是沿池长逐渐减小的。因此在池首曝气池前段的混合液中溶解氧浓度较低甚至可能处于溶解氧不足状态；随着有机物降解的进行，需氧速率也逐渐降低，溶解氧浓度开始回升，到池末时溶解氧充足或过剩，造成供氧不合理，前段不足，后段过剩。因此，在处理同样水量时，同其它类型的活性污泥法相比，曝气池相对庞大，占地多，能耗费用高。

(2) **逐渐曝气法活性污泥法** 逐渐曝气也称阶段曝气法或多点进水活性污泥法，工艺流程见图2-63，它是普通活性污泥法的一个简单的改进，可克服普通活性污泥法供氧同需氧不平衡的矛盾。

该法是将要处理的废水沿池长的几个进口同时入池（一般进水口为3～4个），使有机物负荷沿池长均匀分布，从而使池内各处需氧量均匀，提高了微生物的氧化分解能力，并提高了空气的利用率。由于容易改变各个进水口的水量，在运行上也有较大的灵活性，具有负荷率得以分散，缩小了供氧与需氧之间的差距和对水质、水量变化的适应能力较强等优点，同时混合液中污泥浓度沿池长逐渐降低，对提高二沉池的固液分离效果有利。经实践证明，在进水水量提高30%的情况下，BOD_5的去除率仍可达90%，曝气池容积同普通活性污泥法比较可以缩小30%左右。该法特别适用于大型曝气池及高浓度废水处理。

(3) **渐减曝气法** 渐减曝气法针对普通曝气法有机物浓度和需氧量沿池长减小的特点而改进的。通过合理布置曝气器，使供气量沿池长逐渐减小，与底物浓度变化相对应，即为渐减曝气法。具体说就是池首到池尾供氧速度是逐渐减少的，使得整个曝气池中溶解氧含量都能维持在一定水平，都具有良好的好氧环境，同时又避免了氧的浪费。但在混合液的流态上还属于推流式，它在对水量、水质变化的适应性上仍与传统活性污泥法相似。该工艺曝气池中的有机物浓度随着向前推进不断降低，污泥需氧量也不断下降，曝气量相应减少，如图2-64所示。渐减曝气方式比均匀供气的曝气方式更为经济。

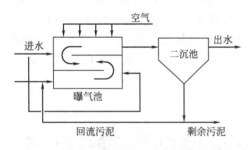

图2-63 逐渐曝气法的工艺流程

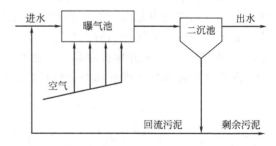

图2-64 渐减式曝气法工艺流程

(4) **吸附再生活性污泥法** 吸附再生活性污泥法系根据废水净化的机理以及污泥对有机污染物的初期高速吸附作用，将普通活性污泥法作相应改进发展而来，工艺流程见图2-65。

吸附再生活性污泥法是将吸附和再生分别在两个池子内进行。在吸附池内，进水与再生后的活性污泥充分混合30～40min，使污泥吸附了大部分的悬浮物、胶体物质后进入二沉池进行泥水分离，此时，出水已达很高的净化程度。泥水分离后的回流污泥再进入曝气再生池，池中曝气但不进废水，使污泥中吸附的有机物进一步氧化分解。恢复了活性的污泥随后再次进入吸附池同新进入的废水接触，并重复以上过程。

该工艺具有吸附时间短，池子的总容积小于普通曝气法，空气用量也少（剩余活性污泥不再曝气），回流污泥量多，对负荷变化适应性强。缺点是 BOD 去除率低，为 85%～90% 左右，回流污泥量大，增大了回流污泥泵的容量，且剩余污泥松散难处理。该法适用于含大量悬浮物及胶状有机物废水，如焦化厂含酚废水处理，酚的去除率可达 99% 以上。

（5）完全混合活性污泥法　完全混合活性污泥法的流程和普通活性污泥法相同，但废水和回流污泥进入曝气池时，立即与池内原先存在的混合液充分混合，将普通活性污泥法的推流式流态改造为完全混合流态。

完全混合活性污泥法的工艺流程如图 2-66 所示，它大大增加了进水点和回流污泥的入流点，从根本上改善了长条形池子中混合液的不均匀状态，可以认为该法曝气池内混合液处于理想混合状况，在池内各处微生物的生长、耗氧速率、BOD 负荷完全均匀一致。混合液在池内不停流动，废水和活性污泥进池后迅速得到稀释和混合，因此可最大限度承受要处理水质的变化。池内水质均匀，便于将曝气池控制在最理想的工作条件下进行，使微生物的活性能得到充分发挥。

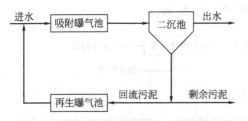

图 2-65　吸附再生活性污泥的工艺流程　　　　图 2-66　完全混合活性污泥法的工艺流程

完全混合法的缺点是，由于连续进出水，可能发生短流而带出部分有机物影响出水水质，同时池中活性污泥不能达到内源呼吸期，故出水水质不如普通曝气法好。

6. 序批式间歇反应器

（1）序批式间歇反应器的工作原理　序批式间歇反应器工艺又称间歇式活性污泥法（SBR 法），又称为序批式活性污泥法。它由 1 个或多个 SBR 池组成，在 SBR 法工艺中，主要的反应器只有一个曝气池，在该曝气池中循序完成进水、曝气、沉淀、排水等功能，因此在 SBR 工艺中反应池内的运行一般由 5 个工序所组成：进水，反应（曝气反应），沉淀（静止沉淀，效果良好），排放（排水），待机（闲置），见图 2-67。

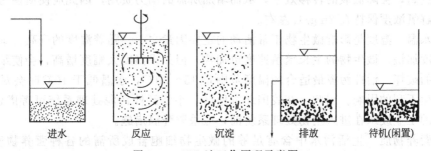

图 2-67　SBR 法工作原理示意图

SBR 法工艺的间歇式运行是通过其主要反应器——曝气池的运行操作而实现的。一般来说，SBR 的一个运行周期包括五个阶段。阶段 1 为进水期，污水在该时段内连续进入处理池内，直至达到最高运行液位；阶段 2 为曝气期，在该期内既不进水也不排水，但开启曝气系统进行曝气，使污染物进行生物降解；阶段 3 为沉淀期，在该时段内不进水或也不排水，也不曝气，反应池处于静沉状态，进行泥水分离；阶段 4 为排水期，在该期内将分离出的上清液连续排出；阶段 5 为待机期，也称空载排泥期，此时池中无污水，只有沉淀分离出的活性污泥，其中的部分污泥作为剩余污泥被排出。

进水及排水用水位控制，反应及沉淀用时间控制，一个运行周期的时间依负荷及出水要求而异，一般为 4~12h，其中反应占 40%，有效池容积为周期内进水量与所需污泥体积之和，一般污泥负荷为 0.3kgBOD/(kgMLVSS·d)。

SBR 法组成简单，多数情况下不需设调节池，在 SBR 法中发生的过程是典型的非稳态过程，底物和微生物浓度的变化在时间上是理想推流，在空间上呈完全混合状态。因此，比连续流法反应速率快，处理效率高，耐负荷冲击的能力强。由于底物浓度高，浓度梯度也大，交替出现缺氧、好氧状态，能抑制专性好氧菌的过量繁殖，有利于生物脱氮除磷，又由于泥龄较短，丝状菌不可能成为优势，因此，SVI 值较低，污泥易于沉降，一般不会产生污泥膨胀。与连续流方法相比，SBR 法流程短、装置结构简单，当水量较小时，只需一个间歇反应器，不需要设专门沉淀池和调节池，不需要污泥回流，运行费用低。易于自动化控制，方便运行方式的调节。

（2）SBR 的工艺流程与特征　SBR 的工艺流程如图 2-68 所示。

图 2-68　SBR 的工艺流程

从上述的工艺流程可以看出，与传统的活性污泥法工艺相比，SBR 工艺的流程更简单，主要表现在以下几个方面：①在 SBR 工艺中无需设置二沉池，其曝气池兼具二沉池的功能。也无需污泥回流系统；②有时还可以不设初沉池，因为在 SBR 工艺中，一般设计负荷较低，同时由于 SBR 反应器从时间上来看是一种推流式反应器，具有相对较高的基质降解速率，所以可以降解进水中较多的有机物；③在处理某些工业废水时，一般无需设置调节池，曝气池可以兼作调节池；④处理流程简捷，有利于平面布置，节省占地。

7. 影响活性污泥净化废水的因素

（1）溶解氧　活性污泥法中，如果供氧不足，溶解氧浓度过低，会使活性污泥中微生物的生长繁殖受到影响，从而使其净化功能下降，且易于滋生丝状菌，产生污泥膨胀现象。但若溶解氧过高，会降低氧的转移效率，从而增加所需的动力费用，因此应使活性污泥净化反应中的溶解氧浓度保持在 2mg/L 左右。

（2）水温　温度是影响微生物正常活动的重要因素之一。随着温度的升高，细胞中的生化反应速度加快，微生物的生长繁殖速度也加快。但如果温度大幅度增高，会使细胞组织受到不可逆的破坏。活性污泥最适合的温度范围是 15~30℃，水温低于 10℃时会对活性污泥的功能产生不利的影响。因此，在我国北方地区，小型活性污泥处理系统可考虑建在室内；水温过高的工业废水在进入生物处理系统前，应采取降温措施。

（3）营养物质　生活污水中含有足够的微生物细胞合成所需的各种营养物质，如碳、氢、氧、氮、磷等，但某些工业废水中却缺乏这些营养物质，例如石油化工废水和制浆造纸废水中就缺乏氮、磷等物质。因此，用活性污泥法处理这一类废水时，必须考虑投加适量的氮、磷等物质，以保持废水中的营养平衡。

（4）pH 值　活性污泥最适宜的 pH 值介于 6.5~8.5 之间。如 pH 值降低至 4.5 以下，原生动物将全部消失；当 pH 值超过 9.0 时，微生物的生长繁殖速度将受到影响。

（5）有毒物质　有毒物质对微生物的毒害作用主要表现在使细菌的正常结构遭到破坏以

及使菌体内的酶变质,并失去活性。这些物质可分为重金属离子(铅、镉、铬、砷、铜、铁等)、有机物类(酚、甲醛、甲醇等)、无机物类(硫化物、氰化物等)。对于废水生物处理中这些有毒物质的允许浓度至今没有统一的资料,表2-9数据仅供参考。

表 2-9 废水生物处理中对微生物有抑制作用的有毒物质及其允许浓度

有毒物质	容许浓度/(mg/L)	有毒物质	容许浓度/(mg/L)	有毒物质	容许浓度/(mg/L)
三价铬	10	铁	100	二硝基苯	12
铜	1	镉	1~5	酚	100
锌	5	氰(以CN^-计)	2	甲醛	160
镍	2	苯胺	100	硫氰酸铵	500
铅	1	苯	100	氰化钾	8~9
锑	0.2	甘油	5	醋酸铵	500
砷	0.2	二甲苯	7	吡啶	400
石油和焦油	50	己内酰胺	100	硬脂酸	300
烷基苯磺酸类	15	苯酸	150	氯苯	10
拉开粉	100	丁酸	500	间苯二酚	100
硫化物(以硫计)	40	戊酸	3	邻苯二酚	100
氯化钠	10000	甲醇	200	苯二酚	15
六价铬	2~5	甲苯	7		

二、生物膜法

生物膜法又称固定膜法,它是将废水通过某些载体(如碎石、炉渣、塑料蜂窝、圆盘等),好氧微生物和原生动物,后生动物等则在载体上生长繁殖形成生物膜,吸附和氧化分解有机物,使污水得以净化。生物膜法是与活性污泥法并列的一类废水好氧生物处理技术,与活性污泥法一样,生物膜法主要去除废水中溶解性的和胶体状的有机污染物,同时对废水中的氨氮还具有一定的硝化能力。

(一)生物膜法的基本概念与原理

1. 生物膜法的基本原理

当有机废水或由活性污泥悬浮液培养而成的接种液流过载体时,水中的悬浮物及微生物吸附于填料表面上,其中的微生物利用有机底物而生长繁殖,逐渐在载体表面形成一层薄的黏液状的生物膜,这在废水处理中称为挂膜过程。从构造上讲,生物膜内具有厌氧、好氧两层以及二者之间的兼性部分。在好氧层外由于生物膜的吸附和黏着作用而存在一个附着水层,然后再过渡到流动水层。生物膜的基本结构如图2-69所示。生物膜一般较薄(2mm左右),呈蓬松的絮状结构,微孔多表面积大,具有很强的吸附能力。当通风良好时,只有好氧层,若膜层过厚,还会产生厌氧层。

废水在固体介质表面流动时,有机物便从流动水质转移到附着水层中去,并进一步被微生物摄取。同时,废水中的溶解氧也通过附着水层传递给生物膜,供微生物呼吸用。生物膜在有充足氧的条件下,对有机物进行氧化分解,将其转化为H_2O和CO_2,这样就使废水在流动过程中逐步得到净化。微生物的代谢产物如H_2O等则通过附着水层进入流动水层,并随其排走,而CO_2及厌氧层分解产物如H_2S、NH_3以及CH_4等气态代谢产物从水层逸出进入空气中。生物膜中的微生物也在这一代谢过程中获能量,合成原生质供自身生长、繁殖的需要。由于微生物的增殖和生物膜对悬浮物的吸附,生物膜逐渐增厚,膜表面由于易吸取营养物和溶解氧,微生物增殖迅速,形成了由好氧和兼性微生物组成的好氧层。而在生物膜的内部,由于氧不能透入,则由于缺氧而形成厌氧和兼性微生物组成的厌氧层。随着生物

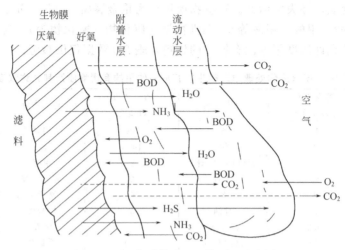

图 2-69 生物膜构造和工作原理示意图

膜的增厚，厌氧层也变厚，靠近载体表面处的微生物由于得不到营养物，其生长进入内源呼吸期，附着于载体的能力减弱，生物膜呈老化状态，在外部水流作用下而脱落，形成生物膜剩余污泥，新的生物膜开始增长，此过程称为生物膜更新。在处理系统的工作过程中，生物膜就这样不断生长、脱落、更新，从而保持生物膜的活性。生物膜的厚度、膜的更新速度与有机物浓度、DO、载体表面情况和搅拌等因素有关。适当的搅拌不仅有利于有机物、代谢物、DO 等的有效扩散和接触，也加快了膜更新速度。

生物膜的生长、脱落和更新的过程就是废水得以处理的过程，生物膜的生长必须具有以下几个前提条件：①起支撑作用、供微生物附着生长的载体物质；②供微生物生长所需的营养物质，即废水中的有机物、N、P 以及其它营养物质；③作为接种的微生物。

2. 生物膜中的微生物

生物膜是由细菌及其它各种微生物组成的生态系统，在微生物膜上微生物高度密集，这些微生物起着主要去除废水中的有机污染物的作用，形成了有机污染物—细菌—原生动物（后生动物）的食物链。生物膜中的微生物主要有细菌、真菌、放线菌、原生动物（主要是纤毛虫）和较高等的动物，其中藻类、较高等生物比活性污泥法多见。微生物沿水流方向在种属和数目上具有一定的分布。在塔式生物滤池中，这种分层现象更为明显。在填料上层以异养细菌和营养水平较低的鞭毛虫或肉足虫为主，在填料下层则可能出现世代期长的硝化菌和营养水平较高的固着型纤毛虫。真菌在生物膜中普遍存在，在条件合适时，可能成为优势种。在填充式生物膜法装置中，当气温较高和负荷较低时，还容易孳生灰蝇，它的幼虫色白透明，头粗尾细，常分布在生物膜表面。

生物相的组成随有机负荷、水力负荷、废水成分、pH 值、温度、通风情况及其它影响因素的变化而变化。

3. 生物膜法中的载体及其基本要求

生物膜法中的载体在生物滤池中称为滤料，在接触氧化工艺中称为填料，在好氧生物流化床中就称载体。作为挂膜的载体有多种多样，如天然的砂石、陶粒、炉渣、焦炭、木块、竹片、麻布等以及人工制造的塑料、合成纤维、海绵等。

虽然生物膜载体的种类很多，但作为生物膜的载体，对它们的要求是相似的：材质兼有一定的化学稳定性，并对微生物无害；表面具有一定的粗糙度、亲水性能、孔隙率，以利挂膜；在不造成堵塞的情况下，具有近可能大的表面积，以增加挂膜量；材料的密度和强度适当；价廉易得。表 2-10 列举了常见的生物膜载体及其主要物理特性。

表 2-10 常见的生物膜载体及其主要物理特性
（砂、石块、陶粒、软性纤维、弹性纤维、泡沫塑料球）

填料	布气布水性能	挂膜性能	比表面积 /(m²/m³)	孔隙率 /%	规格 /mm
玻璃钢蜂窝	较差	较易	100～200	98～99	D：20～36
塑料蜂窝	较差	较易	100～200	98～99	D：20～30
软性纤维	较差	易	1400～2400	90	纤维长 120～160，束距 60～80
半软性填料	好	较易	87～93	97	单片直径为 120～160
立体波纹板	较差	较易	110～200	90～96	1600×800

（二）生物滤池

按照处理装置的外形、构造以及生物膜在装置中的存在方式，生物膜分为：生物滤池、生物滤塔、生物转盘和生物接触氧化以及生物流化床五种。

1. 生物滤池的结构

生物滤池一般由钢筋混凝土或砖石砌筑而成，池平面有矩形、圆形或多边形，其中以圆形为多，主要组成部分是滤料、池壁、布水装置和排水沟渠所组成（如图 2-70 所示）。

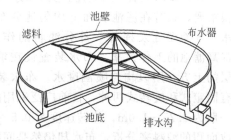

图 2-70 生物滤池示意

(1) 滤料 滤料可以是碎石或碎砖，滤料作为生物膜的载体，对生物滤池的工作影响较大。滤料表面积越大，生物膜数量越多。但是，单位体积滤料所具有的表面积越大，滤料粒径必然越小，空隙也越小，从而增大了通风阻力。相反，为了减小通风阻力，孔隙就要增大，滤料比表面积将要减小。滤料粒径的选择应综合考虑有机负荷和水力负荷等因素，当有机物浓度高时，应采用较大的粒径。生物滤池多采用塑料滤料，主要由聚氯乙烯、聚乙烯、聚苯乙烯、聚酰胺、聚丙烯等加工成波纹状［见图2-71(a)］、蜂窝状［见图2-71(b)］、环状［见图2-71(c)］及空圆柱等复合式滤料。这些滤料的特点是比表面积大（达 100～340m²/m³），孔隙率高，可达 90%以上，从而大大改善膜生长及通风条件，使处理能力大大提高。这些滤料主要缺点是造价较高，初期投资较大。表 2-11 波纹状与蜂窝状滤料的性能比较。

(a) 波纹状滤料

(b) 立体蜂窝网状滤料

(c) 环状滤料

图 2-71 常见滤料

(2) 池壁与池底 池壁用于围挡载体、保护布水，一般由砖、毛石等砌筑，一些滤池的池壁上带有许多孔洞，用以促进滤层的内部通风。一般池壁顶应高出滤层表面 0.5～0.9m，以防止风力干扰，保证布水均匀。

表 2-11　波纹状与蜂窝状滤料的性能比较

型式	孔径 /mm	比表面积 /(m²/m³)	孔隙率 /%	密度 /(kg/m³)
立体波纹板	30×65	198	>90	70
	40×85	150	>93	60
	50×100	113	>96	50
蜂窝状	19	201	>98	36~38
	25	153	约99	26~28
	32	122	约99	21~23
	36	98	>99	20~22

池底用于支撑滤料、排水和通风，一般用多孔砖作为支撑滤料的承托层（为10~15cm 直径、20~30cm 高的卵石层）。

(3) 布水装置　生物滤池的布水系统很重要，只有在滤池表面上均匀地分布废水，才能充分发挥每一部分滤料的作用，提高滤池的工作效率。布水装置设在填料层的上方，用以均匀喷洒废水。布水装置

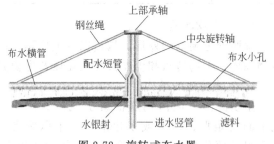

图 2-72　旋转式布水器

有固定式和旋转式两种，目前广泛采用的是旋转布水器（见图 2-72）。旋转布水器所需水头一般为 0.25~1.0m，旋转速度为 0.5~9r/min。旋转布水器做到了连续布水，但从每一单位面积的滤料来分析，布水却仍然是间歇的，这种布水器能有效保证空气进入滤池，又能防止滤料被生物膜所堵塞，同时因滤料处于潮湿状态，对微生物的生长更为有利。该种布水器也存在一定问题，如布水水头和横管上小孔孔径较小，易造成堵塞。还有滤池直径很大时，布水器的设计制造也有一定困难。另外温度较低时，应防止布水管冰冻。

(4) 排水沟渠　排水沟渠处于滤床的底部，其作用是收集、排出处理后的废水和保证良好的通风。排水沟渠一般由渗水顶板、集水沟和排水渠所组成。渗水顶板用于支撑滤料，其排水孔的总面积应不小于滤池表面积的 20%。渗水顶板的下底与池底之间的净空高度一般应在 0.6m 以上，以利通风，一般在出水区的四周池壁均匀布置进风孔。

2. 生物滤池的工作原理

含有污染物的废水从上而下从长有丰富生物膜的滤料的空隙间流过，与生物膜中的微生物充分接触，其中有机污染物被微生物吸附并进一步降解，使得废水得以净化。主要的净化功能是依靠滤料表面的生物膜对废水中有机物的吸附氧化作用。

3. 影响生物滤池功能的主要因素

(1) 滤床的比表面积和孔隙率　生物膜是生物膜法的主体，滤料表面积愈大，生物膜的表面积也愈大，生物膜的量就愈多，净化功能就愈强；孔隙率大，则滤床不易堵塞，通风效果好，可为生物膜的好氧代谢提供足够的氧；滤床的比表面积和孔隙率愈大，扩大了传质的界面，促进了水流的紊动，有利于提高净化功能。

(2) 滤床的高度　滤床的不同高度，生物膜量、微生物种类、去除有机物的速度等方面都是不同的；滤床的上层，废水中的有机物浓度高，营养物质丰富，微生物繁殖速度快，生物膜量多且主要以细菌为主，有机污染物的去除速度高。随着滤床深度的增加，废水中的有机物量减少，生物膜量也减少，微生物从低级趋向高级，有机物去除速度降低。有机物的去除效果随滤床深度的增加而提高，但去除速率却随深度的增加而降低。

(3) 有机负荷与水力负荷　负荷是影响生物滤池性能的主要参数，通常分有机负荷和水

力负荷两种。

有机负荷系指每天供给单位体积滤料的有机物量,单位是 $kgBOD_5/(m^3 \text{滤料} \cdot d)$。由于一定的滤料具有一定的比表面积,滤料体积可以间接表示生物膜面积和生物数量,所以有机负荷实质上表征了 F/M 值。水力负荷是指单位面积滤池或单位体积滤料每天流过的废水量(包括回流量),单位是 $m^3/(m^2 \cdot d)$。水力负荷表征滤池的接触时间和水流的冲刷能力。水力负荷太大,接触时间短,净化效果差,水力负荷太小,滤料不能完全利用,冲刷作用小。

在有机负荷较高时,生物膜的增长也会较快,可能会引起滤料堵塞,此时就需要调整水力负荷,当水力负荷增加时,可以提高水力冲刷力,维持生物膜的厚度,一般是通过出水回流来解决。

(4) 回流　在高负荷生物滤池的运行中,多用处理水回流,其优点是:①增大水力负荷,促进生物膜的脱落,防止滤池堵塞;②稀释进水,降低有机负荷,防止浓度冲击;③可向生物滤池连续接种,促进生物膜生长;④增加进水的溶解氧,减少臭味;⑤防止滤池孳生蚊蝇。但缺点是:缩短废水在滤池中的停留时间;降低进水浓度,将减慢生化反应速率;回流水中难降解的物质会产生积累,以及冬天使池中水温降低等。

(5) 供氧　生物滤池通常采用自然通风方式供氧,特殊情况下也可以采用机械通风方式供氧。池内外的温度差愈大、滤池的气流阻力愈小(亦即滤料粒径大,孔隙率大),通气量也就愈大。

入流废水有机物浓度较高时,供氧条件可能成为影响生物滤池工作的主要因素。当有机物浓度 COD 大于 400~500mg/L 时,生物滤池供氧不足,生物好氧层厚度较小,故一般认为进水 COD 应小于 400mg/L,否则宜采用回流方法降低有机物浓度以保证供氧充足。

4. 工艺流程

生物过滤的基本流程与活性污泥法相似,由初次沉淀-生物滤池-二次沉淀等三部分组成。在生物过滤中,为了防止滤层堵塞,需设置初次沉淀池,预先去除废水中的悬浮物。二次沉淀池用以分离脱落的生物膜。由于生物膜的含水率比活性污泥小,因此,污泥沉淀速率较大,二次沉淀池容积较小。

由于生物固着生长,不需要回流接种。因此,在一般生物过滤中无二次沉淀池污泥回流系统。但是,为了稀释原废水和保证对滤料层的冲刷,需将出水回流至生物滤池。而二沉池排出的污泥全部作为剩余污泥进入污泥处理流程进行进一步的处理。一般生物滤池(尤其是高负荷滤池及塔式生物滤池)常采用出水回流。回流方式如图 2-73 所示。

图 2-73　生物滤池的基本流程

(三) 生物转盘

生物转盘是在生物滤池基础上发展起来的一种高效、经济的污水生物处理设备。它具有结构简单,运转安全,电耗低,抗冲击负荷能力强,不发生堵塞的优点。目前已广泛运用到我国的生活污水以及许多行业的工业废水处理中,并取得良好效果。

1. 生物转盘的结构

生物转盘污水处理装置由生物转盘、接触反应槽和驱动装置组成,构造如图 2-74 所示。

生物转盘由固定在一根轴上的许多间距很小的圆盘或多角形盘片组成，盘片是生物转盘的主体，作为生物膜的载体要求具有质轻、强度高、耐腐蚀、防老化、比表面积大等特点，一般厚度为0.5～1.0cm；常用材料有聚丙烯、聚乙烯、聚氯乙烯、聚苯乙烯以及玻璃钢等。转盘的直径：一般直径为2.0m、2.5m、3.0m、3.5m等，常用的是3.0m。盘片的外缘有圆形、多角形及圆筒形，盘面有平板、凹凸板、波形板、蜂窝板、网状板等以及各种组合。盘片间的间距一般为30mm，高密度型则为10～15mm。

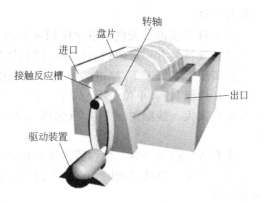

图2-74 生物转盘的构造

接触反应槽位于转盘的正下方，一般采用钢板或钢筋混凝土制成与盘片外形基本吻合的半圆形或梯形，槽内水位一般达到转盘直径的40%，超高为20～30cm；转盘外缘与槽壁之间的间距一般为20～40cm。在氧化槽的两端设有进出水设备，槽底有放空管。生物转盘转速为0.8～3.0r/min，线速度为15～18m/min；转盘浸没面积为其总面积的20%～40%；生物转盘的产泥量按照0.3～0.5kgSS/kgBOD$_5$进行计算，转盘级数不小于3级。

2. 生物转盘的工作原理

盘片作为生物膜的载体，当生物膜处于浸没状态时，废水有机物被生物膜吸附，当它处于水面以上时，大气的氧向生物膜传递，生物膜内所吸附的有机物得以氧化分解，生物膜恢复活性。生物转盘每转动一圈即完成一个吸附-氧化的周期。通过上述过程，接触反应槽内废水中的有机物减少，废水得到净化。转盘上的生物膜也同样经历挂膜、生长、增厚和老化脱落的过程，脱落的生物膜流出接触反应槽，可在二次沉淀池中去除。二次沉淀池排出的上清液即为处理后的出水，沉泥作为剩余污泥排入污泥处理系统。转盘的转动也使接触反应槽中的废水不断被搅动充氧，使脱落的生物膜在槽中呈悬浮状态，继续起净化作用，因此生物转盘还兼有活性污泥池的功能。图2-75为生物转盘净化机理，图2-76为生物转盘工艺流程。

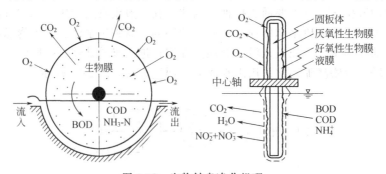

图2-75 生物转盘净化机理

生物转盘的供氧主要靠大气复氧和转盘的转动，也可以向接触反应槽中鼓入空气，兼起驱动作用。在转盘转动过程中，盘片上的生物膜完成吸氧、吸收有机污染物、分解污染物的循环。

生物转盘系统除有效地去除有机污染物外，如运行得当可具有硝化、脱氮与除磷的功能。

（四）生物接触氧化法

生物接触氧化法是一种介于活性污泥法与生物滤池之间的生物膜法处理工艺，又称为淹

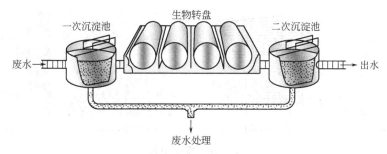

图 2-76 生物转盘工艺流程

没式生物滤池。它将生物膜法和活性污泥法的优点兼顾起来，既有生物膜工作稳定和耐冲击、操作简单的特点，又有活性污泥悬浮生长、与废水接触良好的特点，在实际废水处理中有着应用的广泛。

1. 生物接触氧化池的结构组成

生物接触氧化法的核心构筑物是接触氧化池，其由池体、填料及支架、曝气装置、进出水装置和排泥管道等部分组成。接触氧化池内用鼓风或机械方法充氧，多为鼓风曝气系统。填料大多为蜂窝型硬性填料或纤维型软性填料。生物接触氧化池构造见图 2-77。

池体的形状有圆形或方形（矩形）两种，构筑材料有钢板（池容积较小时）或钢筋混凝土（池容积较大时）。池体厚度由结构强度要求计算，池体高度由填料、布水布气层和稳定水层的高度确定，一般的填料高度为 3.0～3.5m、底部布气布水层高度为 0.6～0.7m。为了填料的拆卸方便，一般将支

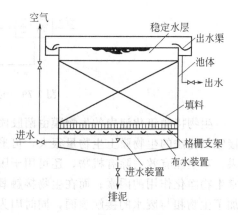

图 2-77 生物接触氧化池构造示意图

架做成拼装式，或者将支架连同填料一起做成单元框架式。支架的材料可以是圆钢、扁钢或塑料管，要求其断面不要太尖锐（以免割裂填料）。

生物接触氧化池填料的选择对生物接触氧化法至关重要，一般要求填料的表面有一定的粗糙度和亲水性能；填料有一定的孔隙率、比表面积和填充率。填料的形状有多种，可以是蜂窝管状、束状、波纹状、网状，也可以是中空球状或不规则粒状等。其硬度有硬性、半软性、软性三种。

常用填料一般有软性填料和网状填料两种。软性填料如图 2-78(a)，它由纵向安设的纤维绳上绑扎一束束的人造纤维丝，形成巨大的生物膜支承面积，具有安装方便、检修容易、成本低廉等优点，耐腐蚀、耐生物降解，不堵塞，造价低，体积小，质量轻（约 2～3kg/m³）等特点。填料摆动时生物膜与废水产生相对运动，强化了生物板面的紊流，提高了生物膜活性，强化了废水处理效果，在生产中应用较多。这种填料在运行过程中应注意避免填料相互缠绕问题。在氧化池停止工作时，会形成纤维束结块，清洗较困难。图 2-78(b) 为网状填料示意图，在网状填料中水流可以四面八方连通，相当于经过多次再分布，从而防止了由于水气分布不均匀而形成的堵塞现象。缺点是填料表面较光滑，挂膜缓慢，稍有冲击，就易于脱落。

2. 生物接触氧化法的工作原理与工艺流程

生物接触氧化法净化废水的工作原理与一般生物膜法相同，就是以生物膜吸附废水中的有机物，在有氧的条件下，有机物由微生物氧化分解，废水得到净化。微生物所需氧由鼓风

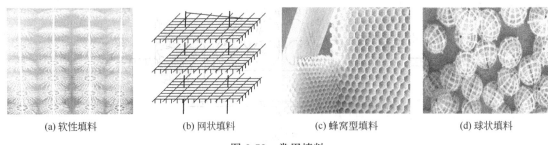

(a) 软性填料　　　　(b) 网状填料　　　　(c) 蜂窝型填料　　　　(d) 球状填料

图 2-78　常用填料

曝气供给,生物膜生长至一定厚度后,填料壁的微生物会因缺氧而进行厌氧代谢,产生的气体及曝气形成的冲刷作用会造成生物膜的脱落,并促进新生物膜的生长,此时,脱落的生物膜将随出水流出池外。从接触氧化池脱落下来的生物污泥在二沉池中沉淀,也可采用气浮法分离。生物接触氧化池工艺流程见图 2-79。

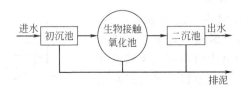

图 2-79　生物接触氧化池工艺流程

生物接触氧化池内的生物膜由菌胶团、丝状菌、真菌、原生动物和后生动物组成。生物接触氧化法的生物膜上生物量很大,可形成一个密集而稳定的生态系,因而有较高的净化效果,不但能有效去除有机物,还可用于脱氮和脱磷。在活性污泥法中,丝状菌常常是影响正常生物净化作用的因素;而在生物接触氧化池中,丝状菌在填料空隙间呈立体结构,大大增加了生物相与废水的接触表面,同时因为丝状菌对多数有机物具有较强的氧化能力,对水质负荷变化有较大的适应性,所以是提高净化能力的有利因素。

一般废水在接触氧化池内停留时间为 0.5～1.5h,填料负荷为 $3\sim6kgBOD_5/(m^3\cdot d)$。由于氧化池内生物浓度高(折算成 MLSS 达 10g/L 以上),故耗氧速度比活性污泥快,需要保持较高的溶解氧,一般为 2.5～3.5mg/L,空气与废水体积比为 (10～15):1。

生物接触氧化法抗冲击负荷能力强,污泥生成量小,不存在污泥膨胀问题,无需污泥回流,易管理,出水水质稳定,是一种很有发展前途的处理方法。

三、厌氧生物处理法

厌氧生物处理(又称厌氧生化处理,简称厌氧生化法)是在无氧的情况下,利用兼性菌和厌氧菌的代谢作用,分解有机物的一种生化处理法。它是一种低成本的废水处理技术,能在处理废水过程中回收能源。目前,厌氧生化法不仅可用于处理有机污泥和高浓度有机废水,也用于处理中、低浓度有机废水,包括城市污水。

1. 厌氧生物处理的基本原理

废水厌氧生物处理是指在无分子氧条件下通过厌氧微生物(包括兼氧微生物)的作用,将废水的各种复杂有机物分解转化成甲烷和二氧化碳等物质的过程,也称为厌氧消化。

厌氧生物处理是一个复杂的微生物化学过程,依靠三大主要类群的细菌,即水解产酸细菌、产氢产乙酸细菌和产甲烷细菌的联合作用完成。因而粗略地将厌氧消化过程划分为三个连续的阶段,即水解酸化阶段、产氢产乙酸阶段和产甲烷阶段,如图 2-80 所示。

(1) 水解阶段　废水中的不溶性大分子有机物(如蛋白质、多糖类、脂类等)经发酵细

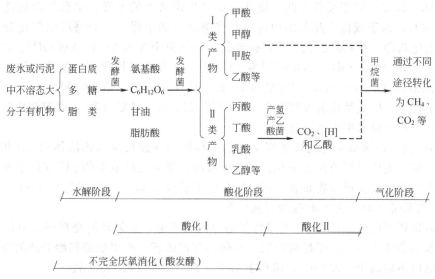

图 2-80 废水厌氧消化的三个阶段

菌水解后,转化为氨基酸、葡萄糖和甘油等水溶性的小分子有机物。水解过程通常较缓慢,因此被认为是含高分子有机物或悬浮物废液厌氧降解的限速阶段。

由于简单碳水化合物的分解产酸作用,要比含氮有机物的分解产氨作用迅速,故蛋白质的分解在碳水化合物分解后产生。

(2) 酸化阶段　将水解阶段的产物在产氢产乙酸细菌的作用下,分解转化成乙酸和 H_2,在降解奇数碳素有机酸时还形成 CO_2。

(3) 产甲烷阶段　产甲烷细菌将乙酸、乙酸盐、CO_2 和 H_2 等转化为甲烷。此过程由两组生理上不同的产甲烷菌完成,一组把氢和二氧化碳转化成甲烷,另一组从乙酸或乙酸盐脱羧产生甲烷,前者约占总量的 1/3,后者约占 2/3。

在厌氧反应器中,三个阶段是同时进行的,并保持某种程度的动态平衡,这种动态平衡一旦被 pH 值、温度、有机负荷等外加因素所破坏,则首先将使产甲烷阶段受到抑制,其结果会导致低级脂肪酸的积存和厌氧进程的异常变化,甚至会导致整个厌氧消化过程停滞。

废水中有机物的降解产物如果主要是有机酸,则此厌氧消化过程是不完全的,称为水解酸化,其目的是为进一步进行生化处理提供可被生物降解的基质。该工艺称为水解酸化工艺,常作为好氧生化处理前的预处理,如 A/O 工艺,就是以水解酸化作为活性污泥或生物接触氧化等的预处理,该法可提高废水的可生化性。

如果进一步将废水中有机物的降解产物——有机酸,转化为以甲烷为主的生物气,则此过程为完全的厌氧消化,简称为甲烷发酵或沼气发酵,甲烷发酵的目的是进一步降解有机物和生产气体燃料。完全的厌氧生物处理工艺因兼有降解有机物和生产气体燃料的双重功能,因而得到了广泛的发展和应用。

2. 厌氧生物处理的影响因素

厌氧生物处理对环境条件的要求比好氧生物处理更严格。一般认为,控制厌氧处理效率的基本因素有两类:一类是基础因素,包括微生物量(厌氧污泥浓度)、营养、搅拌状况、底物投配率等;另一类是环境因素,如温度、pH 值、氧化还原电位、有毒物质等。

(1) 温度　厌氧微生物按其适应的温度分为高温细菌和中温细菌两类。高温细菌适宜的温度区为50～53℃，高于或低于此范围均造成其代谢活力的下降；中温细菌最适宜的温度区为30～36℃，高于或低于此范围均造成其代谢活力的下降。一般将厌氧消化分为高温消化和中温消化两种。在高温消化下，消化池的容积负荷率为6.0～7.0kgCOD/(m³·d)，产气量约为3～4m³/(m³·d)，消化时间为10天左右；在中温消化下，消化池的容积负荷率为2.5～3.0kgCOD/(m³·d)，产气量为1～1.3m³/(m³·d)，消化时间为20天左右。

实际工程中，中温消化温度控制在30～38℃（以33～35℃为多），高温消化温度控制在50～55℃。工程中以采用中温消化居多。

(2) pH值 在厌氧消化处理过程中，如果料液会导致反应器内液体的pH值低于6.5或高于8.0时，则应对料液预先中和。当有机酸的积累而使反应液的pH值低于6.8～7时，应适当减小有机物负荷或毒物负荷，使pH值恢复到7.0以上（最好为7.2～7.4）。若pH低于6.5，应停止加料，并及时投加石灰中和。

(3) 氧化还原电位（ORP） 产甲烷菌是专性厌氧菌，无氧环境是严格厌氧的产甲烷菌繁殖的最基本条件之一，产甲烷菌对氧和氧化剂非常敏感。产甲烷菌初始繁殖的环境条件是氧化还原电位不能高于-330mV，相当于$2.36×10^{56}$L水中有1mol氧。

在厌氧消化全过程中，不产甲烷阶段可在兼氧条件下完成，氧化还原电位为$+0.1$～-0.1V，而在产甲烷阶段，氧化还原电位须控制为-0.3～-0.35V（中温消化）与-0.56～0.6V（高温消化），常温消化与中温相近。产甲烷阶段氧化还原电位的临界值为-0.2V。

就大多数生活污水的污泥及性质相近的高浓度有机废水而言，只要严密隔断与空气的接触，即可保证必要的ORP值。

(4) 营养 废水、污泥及废料中的有机物种类繁多，只要未达到抑制浓度，都可连续进行厌氧生物处理。对生物可降解性有机物的浓度并无严格限制，但若浓度太低，比耗热量高，经济上不合算，水力停留时间短，生物污泥易流失，难以实现稳定的运行。一般要求COD大于1000mg/L，COD:N:P为200:5:1。厌氧微生物对N、P的需求相对较少，但由于许多厌氧微生物自身缺乏合成必要的维生素与氨基酸的能力，因而必须进行人为的投加，以提高其酶活力。

在碳、氮、磷比例中，碳氮比例对厌氧消化的影响更为重要。在厌氧处理时提供氮源，除满足合成菌体所需之外，还有利于提高反应器的缓冲能力。若氮源不足，不仅厌氧菌增殖缓慢，而且消化液缓冲能力降低。相反，若氮源过剩，氮不能被充分利用，将导致系统中氨的过分积累，抑制产甲烷菌的生长繁殖，使消化效率降低。

(5) 有毒物质 有许多化学物质能抑制厌氧消化过程中微生物的生命活动，这类物质被称为抑制剂。抑制剂的种类也很多，包括部分气态物质、重金属离子、酸类、醇类、苯、氰化物及去垢剂等。表2-12列举了部分化学物质对厌氧消化的抑制浓度。

表2-12 一些化学物质的抑制浓度

抑制物质	浓度/(mg/L)	抑制物质	浓度/(mg/L)
挥发性脂肪酸	>2000	Na	3500～5500
氨氮	1500～3000	Fe	1710
溶解性硫化物	>200	Cr(Ⅵ)	3
Ca	2500～4500	Cr^{3+}	500
Mg	1000～1500	Cd	150
Al	50	CN^-	2～10
K	2500～4500	Cl	200

挥发性脂肪酸（VFA）是消化原料酸性消化的产物，同时也是甲烷菌的生长代谢的基质。一定的挥发性脂肪酸浓度是保证系统正常运行的必要条件，但过高的 VFA 会抑制甲烷菌的生长，从而破坏消化过程。

有毒物质的最高容许浓度与处理系统的运行方式、污泥驯化程度、废水特性、操作控制条件等因素有关。

(6) 底物投配率和污泥龄　底物投配率有两种表示方法：①日投加的原污水量占消化池容积的百分比，其倒数即为污泥龄；②单位消化池容积每日接纳的有机物量（也称有机负荷），用 $kgCOD/(m^3 \cdot d)$ 表示，底物投配率很高，可以减少消化池容积，但过高会引起有机酸积累，导致系统 pH 值下降，抑制甲烷菌活动；投配率过低会引起相反的情况。对于城市污水处理厂的污泥消化，其投配率一般取 5%～8%（相应地，污泥龄为 12d 左右）。在通常的情况下，常规厌氧消化工艺中温处理高浓度工业废水的有机负荷为 2～3$kgCOD/(m^3 \cdot d)$，在高温下为 4～6$kgCOD/(m^3 \cdot d)$。上流式厌氧污泥床反应器、厌氧滤池、厌氧流化床等新型厌氧工艺的有机负荷在中温下为 5～15$kgCOD/(m^3 \cdot d)$，可高达 30$kgCOD/(m^3 \cdot d)$。有机负荷值因工艺类型、运行条件以及废水废物的种类及其浓度而异，在处理具体废水时，最好通过试验来确定其最适宜的有机负荷，试验的一个重要原则是：在两个转化（酸化和气化）速率保持稳定平衡的条件下，求得最大的处理目标（最大处理量或最大产气量）。

(7) 搅拌　混合搅拌是提高消化效率的工艺条件之一。消化池在不搅拌的情况下，消化料液明显地分成结壳层、清液层、沉渣层，严重影响消化效果。因此，要保证消化系统高效运行，则在消化池中应有适当的搅拌。通过搅拌使得各种物质相互混合，有利于反应的有效进行和沼气的释放；均衡消化池中的 pH 值，防止局部有机酸积累；同时，搅拌可使池内温度均匀，加快消化速度，提高产气量。搅拌的方法有：①机械搅拌器搅拌法；②消化液循环搅拌法；③沼气循环搅拌法等。

(8) 厌氧活性污泥　厌氧处理时，厌氧活性污泥浓度愈高，厌氧消化的效率也愈高。但达到一定程度后，效率的提高不再明显。这主要因为：①厌氧污泥的生长率低、增长速度慢，积累时间过长后，污泥中无机成分比例增高，活性降低；②厌氧污泥浓度过高有时易于引起堵塞而影响正常运行。各种反应器要求的污泥浓度不尽相同，一般介于 10～30gVSS/L 之间。

3. 普通厌氧消化池

普通消化池又称传统或常规消化池，消化池常用密闭的圆柱形池，废水定期或连续进入池中，经消化的污泥和废水分别由消化池底和上部排出，所产沼气从顶部排出。

(1) 结构　消化池的构造见图 2-81，消化池一般由池顶、池底和池体三部分组成。消化池的池顶有两种形式，即固定盖和浮动盖，池顶一般还兼作集气罩，以保证良好的厌氧条件，收集消化过程中所产生的沼气和保持池内温度，并减少池面的蒸发。池径从几米至三四十米，柱体部分的高度约为直径的 1/2，池底呈圆锥形，有利于排放熟污泥。为了使进料和厌氧污泥充分接触，使所产的沼气气泡及时逸出而设有搅拌装置。进行中温和高温消化时，常需对消化液进行加热。普通消化池一般的负荷，中温为 2～3$kgCOD/(m^3 \cdot d)$，高温为 5～6$kgCOD/(m^3 \cdot d)$。

(2) 搅拌　常用搅拌方式有三种。①池内机械搅拌，机械搅拌又分为：a. 泵搅拌，从池底抽出消化污泥，用泵加压后送至浮渣层表面或其它部位，进行循环搅拌，一般与进料和池外加热合并一起进行；b. 螺旋桨搅拌，在一个竖向导流管中安装螺旋桨；c. 水射器搅拌，利用污泥泵从消化池中抽取污泥后通过水射器喷射进入消化池，可以起到循环搅拌的作用。②沼气搅拌，即用压缩机将沼气从池顶抽出，再从池底充入，循环沼气进行搅拌。③循环消

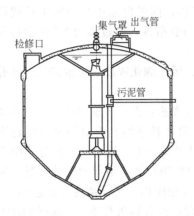 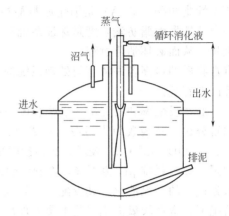

图 2-81 螺旋桨（机械）搅拌的消化池　　　　图 2-82 循环消化液搅拌式消化池

化液搅拌，即池内设有射流器，由池外水泵压送的循环消化液经射流器喷射，在喉管处造成真空，吸进一部分池中的消化液，形成较强烈的搅拌，如图 2-82 所示。一般情况下每隔 2～4h 搅拌一次。在排放消化液时，通常停止搅拌，经沉淀分离后排出上清液。

(3) 加热　在进行中温和高温消化时，常需对消化液进行加热。常用加热方式有三种：①废水在消化池外先经热交换器预热到规定温度再进入消化池；②热蒸汽直接在消化器内加热；③在消化池内部安装热交换管。

(4) 沼气的收集与利用　污泥和高浓度有机废水进行厌氧消化时均会产生大量沼气；沼气的热值很高（一般为 21000～25000kJ/m³，即 5000～6000kcal/m³），是一种可利用的生物能源。

① 污泥消化过程中沼气产量的估算。沼气成分：一般认为 CH_4 50%～70%，CO_2 20%～30%，H_2 2%～5%，N_2 约 10%，微量 H_2S 等；沼气产率是指每处理单位体积的生污泥所产生的沼气量，即 m³ 沼气/m³ 生污泥；产气率与污泥的性质、污泥投配率、污泥含水率、发酵温度等有关；当污泥来自城市污水处理厂，生污泥含水率为 96% 时：中温消化，投配率为 6%～8%，产气率可达 10～12m³ 沼气/m³ 生污泥；高温消化，投配率为 5%～8%，产气率可达 22～26m³ 沼气/m³ 生污泥；投配率为 13%～15%，产气率可达 13～15m³ 沼气/m³ 生污泥

② 沼气的收集。在沼气管道沿程上应设置凝结水罐，注意安全，设置阻火器。为防止在冬季结冰引起堵塞，有时在沼气管上还应采取保温措施。

③ 沼气的贮存与利用。一般需要采用沼气柜来调节产气量与用气量之间的平衡；调节容积一般为日平均产气量的 25%～40%，即 6～10h 的产气量。注意防腐、防火。

普通厌氧消化池主要作用是：①将污泥中的一部分有机物转化为沼气；②将污泥中的一部分有机物转化成为稳定性良好的腐殖质；③提高污泥的脱水性能；④使得污泥的体积减少 1/2 以上；⑤使污泥中的致病微生物得到一定程度的灭活，有利于污泥的进一步处理和利用。普通厌氧消化池主要应用于处理城市污水厂的污泥，也可用于处理固体含量很高的有机废水。厌氧消化反应与固液分离在同一个池内实现，结构较简单。但缺乏持留或补充厌氧活性污泥的特殊装置，消化器中难以保持大量的微生物细胞；对无搅拌的消化器，还存在料液的分层现象严重，微生物不能与料液均匀接触，温度也不均匀，消化效率低等缺点。为了保持反应器生物量不致因流失而减少，需采用多种措施，如安装三相分离器、设置挂膜介质、降低水流速度和回流污泥量等。

4. 厌氧接触法

为了克服普通消化池不能持留或补充厌氧活性污泥的缺点,在消化池后设沉淀池,将沉淀污泥回流至消化池,形成了厌氧接触法,其工艺流程如图 2-83 所示。该系统能使污泥不流失、出水水质稳定,又可提高消化池内污泥浓度,从而提高设备的有机负荷和处理效率。

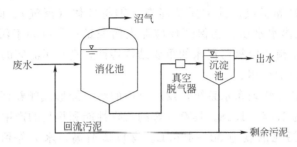

图 2-83　厌氧接触法的工艺流程

在厌氧接触法的工艺中,存在从消化池排出的混合液在沉淀池中固液难以分离的问题。这主要是由于混合液中污泥上附着大量的微小沼气泡,易于引起污泥上浮。此外混合液中的污泥仍具有产甲烷活性,在沉淀过程中继续产气,妨碍污泥颗粒的沉降和压缩。为提高沉淀池中混合液的固液分离效果,目前采用以下几种方法脱气:①真空脱气,由消化池排出的混合液经真空脱气器(真空应为 0.005MPa),将污泥絮体上的气泡除去,改善污泥的沉淀性能;②热交换器急冷法,将从消化池排出的混合液进行急速冷却,如中温消化液 35℃冷到 15~25℃,可以控制污泥继续产气,使厌氧污泥有效地沉淀;③絮凝沉淀,向混合液中投加絮凝剂,使厌氧污泥易凝聚成大颗粒,加速沉降;④用超滤器代替沉淀池,以改善固液分高效果。此外,为保证沉淀池分离效果,在设计时,沉淀池内表面负荷比一般废水沉淀池表面负荷应小,一般不大于 $1m^3/(m^2 \cdot h)$,混合液在沉淀池内停留时间比一般废水沉淀时间要长,可采用 4h。

5. 上流式厌氧污泥床反应器

(1) 上流式厌氧污泥床反应器(简称 UASB)的结构及原理　上流式厌氧污泥床反应器的结构,是一种悬浮生长型的消化器,其构造如图 2-84 所示。由反应区、沉淀区和气室三部分组成。在反应器的底部是浓度较高的污泥层,即污泥床,在污泥床上都是浓度较低的悬浮污泥层,通常把污泥层和悬浮层统称为反应区,在反应区上部设有气、液、固三相分离器。

废水从污泥床底部进入,与污泥床中的污泥进行混合接触,微生物分解废水中的有机物产生沼气,微小沼气泡在上升过程中,不断合并逐渐形成较大的气泡。由于气泡

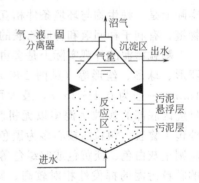

图 2-84　UASB 反应器示意图

上升产生较强烈的搅动,在污泥床上部形成悬浮污泥层。气、水、泥的混合液上升至三相分离器内,沼气气泡碰到分离器下部的反射板时,折向气室而被有效地分离排出;污泥和水则经孔道进入三相分离器的沉淀区,在重力作用下,水和泥分离,上清液从沉淀区上部排出,沉淀区下部的污泥沿着斜壁返回到反应区内。在一定的水力负荷下,绝大部分污泥颗粒能保留在反应区内,使反应区具有足够的污泥量。

反应区中污泥层高度约为反应区总高度的 1/3,但其污泥量约占全部污泥量的 2/3 以上。由于污泥层中的污泥量比悬浮层大,底物浓度高,酶的活性也高,有机物的代谢速度较

快，因此，大部分有机物在污泥层被去除。研究结果表明，废水通过污泥层已有80%以上的有机物被转化，余下的再通过污泥悬浮层处理，有机物总去除率达90%以上。虽然悬浮层去除的有机物量不大，但是其高度对混合程度、产气量和过程稳定性至关重要。因此，应保证适当悬浮层乃至反应区高度。

(2) UASB反应器特征 在反应器的上部设置了气、固、液三相分离器；三相分离器由沉淀区、回流缝和气封等组成；其主要功能有：①将气体（沼气）、固体（污泥）和液体（出水）分开；②保证出水水质；③保证反应器内污泥量；④有利于污泥颗粒化。设置气、液、固三相分离器是上流式厌氧污泥床的重要结构特性，它对污泥床的正常运行和获得良好的出水水质起十分重要的作用。

在反应器底部设置了均匀布水系统，反应器内的污泥能形成颗粒污泥，其直径为0.1~0.5cm，湿相对密度为1.04~1.08。具有良好的沉降性能和很高的产甲烷活性。反应器内污泥浓度高，一般平均污泥浓度为30~40g/L。有机负荷高，水力停留时间短，中温消化，COD容积负荷一般为10~20kgCOD/(m^3·d)。反应器内设三相分离器，被沉淀区分离的污泥能自动回流到反应区，一般无污泥回流设备。无混合搅拌设备。投产运行正常后，利用本身产生的沼气和进水来搅动。污泥床内不填载体，节省造价及避免堵塞问题。但反应器内有短流现象，影响处理能力。进水中的悬浮物应比普通消化池低得多，特别是难消化的有机物固体不宜太高；运行启动时间长，对水质和负荷变化比较敏感。

(3) UASB反应器中的颗粒污泥 能在反应器内形成沉降性能良好、活性高的颗粒污泥是UASB反应器的重要特征，颗粒污泥的形成与成熟，也是保证UASB反应器高效稳定运行的前提。

在颗粒污泥中主要包括：各类微生物、无机矿物以及有机的胞外多聚物等，其VSS/SS一般为70%~90%；颗粒污泥的主体是各类微生物，包括水解发酵菌、产氢产乙酸菌和产甲烷菌，有时还会有硫酸盐还原菌等，细菌总数为$(1~4)×10^{12}$个/gVSS。颗粒污泥中的细菌是成层分布的，即外层中占优势的细菌是水解发酵菌，而内层则是产甲烷菌。颗粒污泥实际上是一种生物与环境条件相互依存和优化的生态系统，各种细菌形成了一条很完整的食物链，有利于种间氢和种间乙酸的传递，因此其活性很高。

颗粒污泥的外观实际上是多种多样的，有呈卵形、球形、丝形等（见图2-85），平均直径为1mm，一般为0.1~2mm，最大可达3~5mm。反应区底部的颗粒污泥多以无机粒子作为核心，外包生物膜。颗粒的核心多为黑色，生物膜的表层则呈灰白色、淡黄色或暗绿色等。反应区上部的颗粒污泥的挥发性相对较高。颗粒污泥质软，有一定的韧性和黏性。

(4) 颗粒污泥的培养条件 在UASB反应器中培养出高浓度高活性的颗粒污泥，一般需要1~3个月；可以分为三个阶段：启动期、颗粒污泥形成期、颗粒污泥成熟期。

图2-85 厌氧污泥颗粒

影响颗粒污泥形成的主要因素有以下几种：①接种污泥的选择；②维持稳定的环境条件，如温度、pH值等；③初始污泥负荷一般为0.05~0.1kgCOD/(kgSS·d)，容积负荷一般应小于0.5kgCOD/(m^3·d)；④保持反应器中低的VFA浓度；⑤表面水力负荷应大于

$0.3m^3/(m^2 \cdot d)$，以保持较大的水力分级作用，冲走轻质的絮体污泥；⑥进水COD浓度不宜大于4000mg/L，否则可采取水回流或稀释等措施；⑦进水中可适当提供无机微粒，特别可以补充钙和铁，同时应补充微量元素（如Ni、Co、Mo）。

(5) UASB的机理和特点　在UASB反应区内存留大量的厌氧污泥，具有良好的凝聚和沉淀性能的污泥在反应器底部形成颗粒污泥，废水从反应器底部进入与颗粒污泥进行充分混合接触后被污泥中的微生物分解。UASB具有如下优点：①污泥床内生物量多，折合浓度计算可达20~30g/L；②容积负荷率高，在中温发酵条件下，一般可达$10kgCOD/(m^3 \cdot d)$，甚至能够高达$15~40kgCOD/(m^3 \cdot d)$，废水在反应器的水力停留时间短，可大大缩小反应器容积；③设备简单，不需要填料和机械搅拌装置，便于管理，不会发生堵塞问题。

(6) UASB的运用　为了使UASB能高效运行，形成颗粒污泥是关键问题，因此在系统建成后就应培养颗粒污泥，影响颗粒污泥形成的因素主要有：①温度；②接种污泥的质量与数量，如有条件采用已培养好的颗粒污泥，可大大缩短培养时间；③碱度，进水碱度应保持在750~1000mg/L之间；④废水性质；⑤水力负荷和有机负荷，启动时有机负荷不宜过高，一般以$0.1~0.3kgCOD/(kgMLVSS \cdot d)$为宜，随着颗粒污泥的形成，有机负荷可以逐步提高。

(7) 运行管理指标与水质管理指标　废水厌氧生物处理的运行管理指标主要有：COD去除率、有机容积负荷、有机污泥负荷、水力停留时间、剩余污泥产量、产气量等。

水质管理指标又称为监测项目，即通过水质监测，对厌氧反应器进行管理，使其达到运行要求；主要有：进水量、进出水水质（COD、BOD、SS、pH、VFA等）、污泥浓度、温度、产气量、气体成分等。

四、氮磷的去除

水体富营养化是指在人类活动的影响下，氮、磷等营养物质大量进入湖泊、河口、海湾等缓流水体，引起藻类及其它浮游生物迅速繁殖，水体溶解氧量下降，水质恶化，鱼类及其它生物大量死亡的现象。这种现象在河流湖泊中出现称为水华，在海洋中出现称为赤潮。

引起富营养化的营养元素有碳、磷、氮、钾、铁等，其中，氮和磷是引起藻类大量繁殖的主要因素。欲控制富营养化，必须限制氮、磷的排放。

1. 氮的去除

废水中的氮以有机氮、氨氮、亚硝酸氮和硝酸氮四种形式存在。在废水中，主要含有机氮和氨态氮，当废水中的有机物被生物降解氧化时，其中的有机氮被转化为氨氮。经活性污泥法处理的污水有相当数量的氨氮排入水体，可导致水体富营养化。水体若为水源，将增加给水处理的难度和成本。因此二级处理的出水有时需进行脱氮处理，脱氮常用生物法。

生物脱氮是在微生物的作用下，将有机氮和氨态氮转化为N_2和N_2O气体的过程。其中包括硝化和反硝化两个反应过程。

硝化反应是在好氧条件下，将NH_4^+转化为NO_2^-和NO_3^-的过程。此作用是由亚硝酸菌和硝酸菌两种菌共同完成的。这两种菌属于化能自养型微生物。其反应如下：

$$NH_4^+ + 2O_2 \longrightarrow NO_3^- + 2H^+ + H_2O$$

反硝化反应是指在无氧条件下，反硝化菌将硝酸盐氮（NO_3^-）和亚硝酸盐氮（NO_2^-）还原为氮气的过程。反应如下：

$$6NO_3^- + 5CH_3OH \longrightarrow 5CO_2 + 3N_2 + 7H_2O + 6OH^-$$

缺氧-好氧生物脱氮工艺（见图2-86）是20世纪80年代初开发。该工艺将反硝化段设置在系统的前面,又称为前置式反硝化生物脱氮系统,是目前较为广泛采用的一种脱氮工艺。反硝化反应以污水中的有机物为碳源,曝气池中含有大量硝酸盐的回流混合液,在缺氧池中进行反硝化脱氮。在反硝化反应中产生的碱度可补偿硝化反应中所消耗的碱度的50%左右。该工艺流程简单,无需外加碳源,因而基建费用及运行费用较低,脱氮效率一般在70%左右;但由于出水中含有一定浓度的硝酸盐,在二沉池中,有可能进行反硝化反应,造成污泥上浮,影响出水水质。

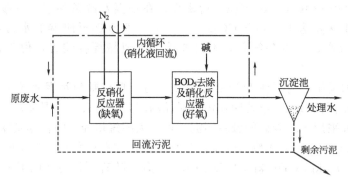

图 2-86 缺氧-好氧生物脱氮工艺

2. 磷的去除

工业废水中的磷以正磷酸盐、聚磷酸盐和有机磷等形式溶解于水中。一般仅能通过物理、化学或生物方法使溶解的磷化合物转化为固体形态后予以分离。除磷的方法主要分为物理法、化学法及生物法三大类,常采用化学法及生物法。

(1) 化学法除磷 化学沉淀法是通过向废水中投加某些化学药剂(如铝盐、铁盐、石灰等),使之与废水中磷酸盐发生反应,形成难溶盐沉淀下来,从而降低水中溶解性污染物浓度的方法。其基本原理:向含氨氮废水中投加 Mg^{2+} 和 PO_4^{3-},三者反应生成 $MgNH_4PO_4 \cdot 6H_2O$(简称MAP)沉淀。其反应式为:

$$Mg^{2+} + NH_4^+ + PO_4^{3-} + 6H_2O \rightleftharpoons MgNH_4PO_4 \cdot 6H_2O(s)$$

化学法的特点是磷的去除率较高,处理结果稳定,污泥在处理和处置过程中不会重新释放磷而造成二次污染,但药剂的投加量和污泥的产量比较大。

(2) 生物法除磷 生物法除磷是利用微生物在好氧条件下对污水中溶解性磷酸盐的过量吸收作用,然后沉淀分离而除磷。含有过量磷的污泥部分以剩余污泥的形式排出系统,大部分和污水一起进入厌氧状态,此时污水中的有机物在厌氧发酵产酸菌的作用下转化为乙酸苷;而活性污泥中的聚磷菌在厌氧的不利状态下,将体内积聚的聚磷分解,分解产生的能量部分供聚磷菌生存。另一部分能量供聚磷菌主动吸收乙酸苷转化为PHB的形态贮藏于体内。聚磷分解形成的无机磷释放回污水中,这就是厌氧放磷。进入好氧状态后,聚磷菌将贮存于体内的PHB进行好氧分解并释出大量能量供聚磷菌增殖,部分供其主动吸收污水中的磷酸盐,以聚磷的形式积聚于体内,这就是好氧吸磷。由于活性污泥在运行中不断增殖,为了系统的稳定运行,必须从系统中排除和增殖量相当的活性污泥,也就是剩余污泥。剩余污泥中包含过量吸收磷的聚磷菌,也就是从污水中去除的含磷物质。这就是厌氧和好氧交替的生物处理系统除磷的本质。

在厌氧状态下放磷愈多,合成的PHB愈多,则在好氧状态下合成的聚磷量愈多,除磷的效果也就愈好。合成PHB的量和碳源的性质密切相关,乙酸等低级脂肪酸易被聚磷菌吸收转化为PHB,因而在厌氧区加入消化池上清液可提高放磷速率。硝酸盐对厌氧放磷不利,它有助于反硝化菌的增长,从而和聚磷菌争夺碳源,抑制其生长和放磷。温度对放磷也有重要的影响。当温度从10℃上升到30℃时,放磷速率可提高5倍。图2-87为缺氧-好氧除磷工艺流程。

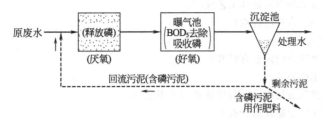

图 2-87　缺氧-好氧除磷工艺流程

3. 生物脱氮除磷

为了达到在一个处理系统中同时去除氮、磷的目的,近年来,各种脱氮除磷工艺应运而生。生物脱氮除磷常用 A^2/O 工艺,它在原来 A/O 工艺的基础上,嵌入一个缺氧池,并将好氧池中的混合液回流到缺氧池中,达到反硝化脱氮的目的,这样厌氧-缺氧-好氧相串联的系统能同时除磷脱氮。图 2-88 为 A^2/O 生物脱氮除磷工艺流程。

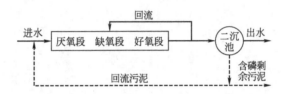

图 2-88　A^2/O 生物脱氮除磷工艺流程

小　　结

本章介绍了化工废水的来源及其污染特征,重点介绍了化工废水的物理处理法、化学处理法、物化处理法、生物处理法等内容。通过对各处理法的基本概念、基本原理、工艺流程和影响因素的阐述,要求学生基本掌握废水处理中涉及的基本概念和基本原理,能解决废水处理过程中常见故障的解决方法,并结合所学知识,提出特定废水的处理方案。提高分析问题和解决问题的能力。要求在掌握单一的废水处理工艺的基础上,能够初步应用组合工艺进行化工废水的处理。

复习思考题

1. 化学混凝法的基本原理是什么?
2. 膜分离法主要有哪几种类型?
3. 什么是活性污泥法?活性污泥的活性表现在哪些方面?
4. 什么是曝气?曝气的方法有几种?
5. 物理法、化学法处理废水的原理有何不同?
6. 自由沉降、絮凝沉降、拥挤沉降和压缩沉降有何特点?其有何内在联系?
7. 试简述浅池沉淀原理。
8. 试简述过滤的机理。
9. 试简述气浮的基本原理,适用于哪些废水?
10. 试简述混凝剂的作用机理。
11. 电化学处理废水有哪几种方法,适用于哪些范围?

12. 吸附剂有何特性？
13. 简述离子交换树脂的结构和特点及其主要处理原理。
14. 影响好氧生物处理法的因素有哪些？
15. 说明活性污泥法的基本原理和工艺流程。
16. 生物滤池有几种？各有何特点？
17. 简述 SBR 法的工作机理。
18. 影响厌氧生物处理法的因素有哪些？
19. 试述膜处理废水的原理。
20. 试述厌氧法和好氧法处理废水的优缺点和适用范围。
21. 生物法除氮和除磷的原理是什么？

第三章 化工废气污染控制

【学习指南】

掌握大气污染、大气污染物、大气污染源、大气等概念，掌握化工废气中的主要污染物种类及主要治理技术，熟悉大气环境质量标准。

熟悉气态污染物净化的一般方法，如吸收法、吸附法、燃烧法、冷凝法等。掌握常用的各种除尘技术、脱除硫氧化物技术、净化氮氧化物的技术。了解化工废气中的特殊类型，如挥发性有机废气、含氟废气、含汞废气、含酸雾废气等的净化技术。

学习时应注意区分普通大气污染与化工废气污染的来源、特点、污染控制的几种主要技术等。

第一节 化工废气概况

化学工业是对多种资源进行化学处理和转化加工的生产部门，在国民经济中占重要地位。建国以来，化学工业得到迅速发展，该工业已建成包括 20 多个行业的基本完整的化工生产体系，其中氮肥、磷肥、无机盐、氯碱、有机原料及合成材料、农药、燃料、涂料、炼焦等行业的废气排放量大，组成复杂，对大气环境造成较严重的污染。

一、化工废气的来源及特点

大气污染有两个来源，自然界的污染和人为污染。来自自然界的大气污染，往往产生于尘暴、火山爆发、森林火灾等，这时进入大气的有气体也有固体物质。人为污染是由人类的实践活动所造成的。向大气排放有害物质最多的是燃烧各种燃料（固体、气体、液体燃料）的热电厂，其次是黑色和有色金属冶炼厂，以及各种酸类、烧碱、化肥、水泥、纯碱、人造纤维、氨、农药、染料、橡胶制品、有机溶剂等的化工类生产厂。现在已经鉴定的大气污染物有一百多种，其中量最大的是 SO_2、CO、NO_x、各种烃类化合物和粉尘，这些污染物要占排入大气中的有害物质总量的 80%～85%。

化工企业排入大气的排放物数量较少，但往往毒性大得多。这些排放物主要是有机溶剂、胺、醛、氯及其衍生物、氮氧化物、氢氰酸、氟化物、二氧化硫、磷、汞、硫化氢、二硫化碳、金属有机化合物等。

各种化工产品在每个生产环节都会产生并排出废气，造成对环境的污染。其来源有以下几个方面：

① 化学反应中产生的副反应和反应进行不完全所产生的废气；
② 产品加工和使用过程产生的废气，以及破碎、筛分及包装过程中产生的粉尘等；
③ 生产技术路线及设备陈旧落后，造成反应不完全，生产过程不稳定，产生不合格的产品或造成的物料跑、冒、滴、漏；
④ 因操作失误，指挥不当，管理不善造成废气的排放；
⑤ 化工生产中排放的某些气体，在光或雨的作用下产生的有害气体。

据统计，近年来我国每年排出的化工废气约 7000 亿立方米。化工废气，按所含污染物性质可分为三大类，第一类为含无机污染物的废气，主要来自氮肥、磷肥（含硫酸）、无机盐等行业；第二类为含有机污染物的废气，主要来自有机原料及合成材料、农药、燃料、涂料等行业；第三类为既含无机污染物又含有机污染物的废气，主要来自氯碱、炼焦等行业。各化学行业废气来源及主要污染物见表 3-1。

表 3-1 化学工业主要行业废气来源及主要污染物排放

行　业	主要化工产品/工艺	废气中主要污染物
氮肥	合成氨、尿素、碳酸氢铵、硝酸铵、硝酸	NO_x、尿酸粉尘、CO、Ar、NH_3、SO_2、CH_4、粉尘
磷肥	磷矿加工、普通过磷酸钙、钙镁磷肥、重过磷酸钙、磷酸铵类氮磷复合肥、磷酸、硫酸	氟化物、粉尘、SO_2、酸雾、NH_3
无机盐	铬盐、二硫化碳、钡盐、过氧化氢、黄磷	SO_2、P_2O_5、HCl、H_2S、CO、CS_2、As、F、S、氯化铬酰、重芳烃
氯碱	烧碱、氯气、氯产品	Cl_2、HCl、氯乙烯、汞、乙炔
有机原料及合成材料	烯类、苯类、含氧化合物、含氮化合物、卤化物、含硫化合物、芳香烃衍生物、合成树脂	SO_2、Cl_2、HCl、H_2S、NH_3、NO_x、CO、有机气体、烟尘、烃类化合物
农药	有机磷类、氨基钾酸酯类、菊酯类、有机氯类等	HCl、Cl_2、氯乙烷、氯甲烷、有机气体、H_2S、光气、硫醇、三甲醇、二硫酯、氨、硫代磷酸酯农药
染料	染料中间体、原染料、商品染料	H_2S、SO_2、NO_x、Cl_2、HCl、有机气体苯、苯类、醇类、醛类、烷烃、硫酸雾、SO_3
涂料	涂料：树脂漆、油脂漆；无机颜料：钛白粉、立德粉、铬黄、氧化锌、氧化铁、红丹、黄丹、金属粉、华蓝	芳烃
炼焦	炼焦、煤气净化及化学产品加工	CO、SO_2、NO_x、H_2S、芳烃、尘、苯并[a]芘

化工废气的排出具有以下特点。

(1) 种类繁多　化学工业行业多，每个行业所用原料不同，工艺路线也有差异，生产过程化学反应繁杂，因此造成化工废气种类繁多。

(2) 组成复杂　化工废气中常含有多种有毒成分。例如，农药、燃料、氯碱等行业废气中，既含有多种无机化合物，又含有多种有机化合物。此外，从原料到产品，由于经过许多复杂的化学反应，产生多种副产物，致使某些废气的组成非常复杂。

(3) 污染物含量高　不少化工企业工艺设备陈旧，原材料流失严重，废气中污染物含量高。如国内常压吸收法硝酸生产，尾气中 NO_x 含量高达 $3000mL/m^3$ 以上，而采用先进的高压吸收法，尾气中 NO_x 含量仅为 $200mL/m^3$。涂料工业中油性涂料仍占很大比重，生产排放大量含有机物废气。此外，由于受生产原料限制，如硫酸生产主要采用硫铁矿为原料，个别的甚至使用含砷、氟量较多的矿石，使我国化工生产中废气排放量大，污染物含量高。

(4) 污染面广，危害性大　我国有很多化工企业，中小型企业占相当大的比例。这些中小型企业生产每吨产品的原料、能源消耗都很高，排放的污染物大大超过大中型企业的排放量，而得到治理的很少。

为减少排入大气的有害物质，可以采用先进的新工艺流程，使现有工艺设备密闭化，提高生产机组的单机生产能力，研制新型催化剂和吸附剂，设计新型传质设备等措施。

二、化工废气的主要污染物及影响

人的一生平均要吸气 6 亿次，需要 60 万立方米空气。显然，空气即使稍受污染，也会使人的健康受到严重损害。大气污染对人的伤害首先是对人的呼吸器官的伤害。上呼吸道黏膜炎，肺气肿、咽喉炎、咽炎、肺炎、支气管炎、气喘、扁桃体炎、肺结核和肺癌等，都是与大气污染有关的常见疾病。

大气污染除了对人体健康有危害之外,还对植物生长有影响。污染物对植物的直接影响机制表现为有的污染物可直接作用于植物调节机能活动的器官。这类污染物能渗入植物细胞,与植物的某些组分发生化学反应。这些影响会有不同的后果——从植物稍有病变到局部或整个死亡。硫化合物、氟化合物、乙烯、臭氧、一氧化碳、氯气、烃类化合物均属于这一类污染物。

在毒害植物的各种大气污染物中,危害最大的有四种,即二氧化硫、氮氧化物、含氟化合物和烟雾。表 3-2 为常见污染物及其危害。

表 3-2 常见污染物及其危害

污染物种类	危 害
NO_x	①刺激人的眼、鼻、喉和肺,增加病毒感染的发病率;②形成城市的烟雾,影响能见度;③破坏树叶的组织,抑制植物生长;④在空气中形成硝酸,产生酸雨
SO_2	①形成工业烟雾,高浓度时使人呼吸困难;②进入大气层后,氧化为硫酸在云中形成酸雨,对建筑、森林、湖泊、土壤危害大;③形成悬浮颗粒物,随着人的呼吸进入肺部,对肺有直接损伤
含氟化合物	①对植物有毒性,危害嫩叶、幼म幼芽生长;②对于人和动物也具有毒性,易导致人畜中毒;③易导致人的氟斑牙、类似风湿病的病痛、颈椎和腰椎疼痛及僵硬感;以后发生四肢疼痛及感觉迟钝,而后出现活动不便、关节畸形、景晕、耳鸣、恶心、厌食、便秘等症状
颗粒物/烟雾	①随呼吸进入肺,可沉积于肺,引起呼吸系统的疾病;②沉积在绿色植物叶面,干扰植物吸收阳光和二氧化碳以及放出氧气、水分的过程;③颗粒物浓度较大时影响动物的呼吸系统;④杀伤微生物,引起食物链改变,进而影响整个生态系统;⑤遮挡阳光而可能改变气候,从而影响生态系统;⑥颗粒物中含重金属化合物时,可大大损害人体健康

三、化工废气中污染物的常用治理技术

化工部门是污染治理的重点部门之一,化工废气的治理又是化工企业重点治理对象之一。化工废气处理通常要达到以下要求:可有效地处理生产废气,达到国家标准规定的工作场所空气质量和污染物排放标准;应具有一定的操作灵活性,以适应生产多种类产品时废气处理的需要;操作简便,易于掌握;设备投资费用和操作费用较低。

1987 年,全国大中型化工企业工业废气净化率仅达到 41%。随后的 20 余年来,国家在加强环境管理和监督,改革落后工艺和设备,综合利用资源和能源,开发和推广环保新技术等各方面都采取了不少有效的措施,推出了一系列的节能减排和清洁生产政策、标准,使化工生产环境状况得到了很大的改善。

1. 硫酸生产中 SO_2 的治理

在硫酸工业中,国外普遍采用两转两吸法,该法比一转一吸法需增加投资 10%~15%,但 SO_2 排放可由 2000~4000mL/m³ 降低到 300~400mL/m³,总效率提高 2%左右。目前我国仅有部分工厂采用两转两吸法,较多的厂仍采用一转一吸法,排出的 SO_2 尾气用氨吸收法处理,处理后的尾气可达标排放。

氨吸收法是将吸收后生成的亚硫酸氢铵用浓硫酸分解,所得的副产品为硫铵。我国从 20 世纪 50 年代开始就在一些工厂使用该法,其优点是流程简单、吸收效率高,尾气中 SO_2 可降至 400~500mL/m³。缺点是排气湿度低,有白烟产生,且耗氨、硫酸较多。为了克服氨吸收法的缺点,后来开发成功二段氨酸法。该法对 SO_2 的吸收率较高,排空尾气中 SO_2 可降至 100~200mL/m³,在用酸分解时可节省酸的用量,氨的消耗亦有所减少,但电耗增加较多。

20 世纪 70 年代开发的氨-亚铵法,已有上百家小硫酸厂采用,此法不需耗酸,所得亚

硫酸铵可代替烧碱，用于造纸工业，其缺点是使用中有部分氨分解，并对设备有一定的腐蚀作用。

工业上使用的还有亚硫酸钠和石灰乳-亚硫酸钙，前者采用碱吸收，副产品为亚硫酸钠，吸收率在95%以上；后者采用电石渣吸收，吸收率在97%以上，产品可作钙塑制品。

2. 硝酸生产中NO_x的治理

在解决硝酸生产尾气排放污染技术方面，目前的趋势是将吸收压力提高到$0.9 \sim 1.5$MPa以上，使出口NO_x不经治理即可达到200mL/m³左右。我国近年来已有部分工厂采用此项技术，但绝大多数工厂仍采用常压吸收，排放的NO_x对工厂周围的大气造成污染。例如，在0.5MPa下吸收时，尾气中NO_x含量为$2000 \sim 4000$mL/m³；在常压下吸收时，尾气中NO_x含量虽经纯碱吸收后，仍高达$3000 \sim 5000$mL/m³。

对常压法硝酸尾气的处理，20世纪70年代盛行的催化还原法曾在我国几家大、中型硝酸厂使用。多数厂采用氨选择催化反应法，催化剂为国内自行开发的非贵金属系（Cu、Cr）催化剂，处理后尾气中NO_x含量可达$200 \sim 500$mL/m³左右。该法具有投资低、上马快等优点，但排放尾气中NO_x含量仍偏高，耗氨、耗能及运行费用都太高，不宜推广使用。

碱吸收法曾是国内外广泛使用的治理方法，但由于尾气中NO_x的氧化度（即NO_2/NO比率）低，吸收效率不高。针对这一问题，国内已成功开发"改良配气法碱吸收工艺"。在几家工厂使用后的效果证明，采用纯碱作吸收液时，尾气中氧化氮可降到$800 \sim 1000$mL/m³，排出的烟气外观为无色或微黄色，吸收母液可生产亚硝酸钠，有一定经济效益。如用烧碱代替纯碱，效果会更好一些。该法对我国现有的几十家常压吸收的硝酸工厂来说，不失为一种现实可行的处理技术。

3. 有机废气的治理

化工生产中排放的有机废气特点是数量较大，有机物含量时有波动，可燃，有一定毒性，有的还有恶臭。二氯氟烃的排放还会引起臭氧层的破坏。

目前，国内对有机废气的处理方法有吸收法、吸附法、燃烧及催化燃烧法、冷凝法、生物法等。处理方法的选择取决于废气的化学和物理性质、含量、排放量、排放标准以及回用做燃料或副产品的经济价值。

(1) 吸收法　在控制化工废气有机污染方面，化学吸收法采用较多，例如用水吸收以萘或邻二甲苯为原料，生成苯酐时产生含有苯酐、苯甲酸、萘醌等的废气；用水及碱溶液吸收氯醇法环氧丙烷生产中的次氯酸化塔尾气（酸性组分），并回收丙烷；用碱液循环法吸收磺化法苯酚生产中的含酚废气再用酸化吸收液回收苯酚，用水吸收合成树脂厂含甲醛尾气。此外，在农药及燃料生产中也使用碱液吸收尾气中的H_2S，用水吸收HCl等污染物。此项技术的主要问题是需解决设备的腐蚀。

(2) 吸附法　由于固体表面上存在着分子引力或化学键力，能吸附分子并使其浓集在固体表面上，这种现象称为吸附。将具有吸附作用的固体物质称为吸附剂，被吸附的物质称为吸附质。

吸附法可应用于净化涂料、塑料、橡胶等化工生产排放出的含溶剂或有机物的废气，通常用活性炭作吸附剂。活性炭吸附法最常见的是用于净化氯乙烯和四氯化碳生产中的废气，在涂料生产和喷漆、印刷上也被广泛应用。目前存在的问题是活性炭的再生技术尚不十分完善，处理成本较高，并且在某些行业中，由于解析回收的产品质量较差，销路受到影响。故活性炭吸附法只适用于处理某些高含量有机废气，回收的有机物或溶剂又可回用于生产，使处理费得到补偿。

(3) 燃烧及催化燃烧法　有机化工生产废气中的有机污染物或恶臭物质，可用直接燃烧法或催化燃烧法治理。要求燃烧必须完全，否则燃烧过程中形成的中间产物可能比原来的污染物危害更大。要使燃烧完全，必须很好地掌握燃烧时间、温度和湍动这三个重要参数。

直接燃烧可采用火炬或焚烧炉。火炬燃烧法用于处理含有足够可燃物的废气，废气的热值须在 $1925kJ/m^3$ 以上，火炬为常压燃烧器，燃烧效率较低。如使用与锅炉或工业炉类似的强制送风燃烧炉，燃烧效果比火炬好。直接燃烧通常在 1000℃ 左右进行，完全燃烧产物为 CO_2、N_2 和水蒸气等。

由于直接燃烧法耗费燃料较多，目前国内只限于处理热值较高的废气，如炭黑及丙烯腈生产尾气、维尼纶厂和溶剂厂废气等，或在有廉价燃料来源的情况下应用。

催化燃烧法是借助固体催化剂、使废气在较低温度下（200～500℃）焚烧完全。目前，国内有些有机化工、漆包线及油漆生产厂家，采用催化燃烧法处理含溶剂废气，回收的热量自给有余。此外，进行过工业规模处理及试验的有苯酐尾气及异丙苯生产苯酚、丙酮时排放的氧化尾气。

(4) 冷凝法　冷凝法净化废气是工业废气治理的另一类重要方法，它是利用气态污染物在不同温度及压力下具有不同饱和蒸汽压，在降低温度和加大压力时，某些污染物凝结出来，以达到净化或回收的目的。该法多用于有机废气的回收，特别适合于高浓度的有机蒸气废气，但不适宜处理低浓度废气，故其常作为吸附、燃烧等净化高浓度废气的前处理，回收有价值物质，并减轻这些方法的负荷。例如氧化沥青废气先冷凝回收馏出油及大量水分，再送去燃烧净化等。

(5) 生物法　废气的生物法净化是指利用微生物的生命活动把废气中气态污染物转化成少害甚至无害物质的一类废气净化法。生物净化与其它治理法相比较，具有处理处理效果好，投资与运行费用低、设备简单、易于管理等优点。它最早应用于污水和固体废物的处理，现已逐渐应用于废气治理与控制中，特别是微生物降解挥发性有机气体、除臭、煤炭脱硫控制燃烧产生的 SO_2 量等方面取得了可喜的进展。日本、德国、荷兰等国成功地将生物法治理含挥发性有机废气的技术，用于工业生产有机废气的控制中，其控制效率达 90% 以上，具有对污染物浓度变化适应性强，低能耗并已避免了污染物交叉介质的转移等优点。但生物法目前还只适用于组成较简单的工业废气。

4. 颗粒物污染物的净化

颗粒污染物净化技术主要就是利用除尘器去除气流中的粉尘颗粒。按照除尘器分离捕集粉尘的主要机理，可将其分为如下四类。

(1) 机械式除尘器　它是利用质量力（重力、惯性力和离心力等）的作用使粉尘与气流分离沉降的装置。

(2) 湿式除尘器　亦称湿式洗涤器，它是利用液滴或液膜洗涤含尘气流，使粉尘与气流分离沉降的装置。湿式洗涤器既可用于气体除尘，亦可用于气体吸收。

(3) 过滤式除尘器　它是使含尘气流通过织物或多孔的填料层进行过滤分离的装置。

(4) 静电除尘器　它是利用高压电场使尘粒荷电，在库仑力作用下使粉尘与气流分离沉降的装置。

四、大气环境质量控制标准

大气环境质量标准时为了贯彻《中华人民共和国环境保护法》等法规制定的，是进行环境影响评价、实施大气环境管理，防治大气污染的科学依据。

大气环境质量控制标准按用途分为：大气环境质量标准、大气污染物排放标准、大气污染控制技术标准及大气污染警报标准等。按其使用范围分为国家标准、地方标准和行业标准。

大气环境质量标准是以保障人体健康和一定的生态环境为目标，而对大气环境中各种污染的允许含量所作的限制规定。它是最基本的大气环境标准，是进行大气环境科学管理，制定大污染防治规划和大气污染物排放标准的依据，是环境管理部门的执法依据。

大气污染物排放标准是为实现大气环境质量标准，对污染源排入大气的污染物允许含量的限制规定。它是控制大气污染源的污染物排放量和选择设计净化装置的重要依据，也是环境管理部门的执法依据。大气污染物排放标准可分为国家标准、地方标准和行业标准。

根据大气污染物排放标准，可以制定大气污染控制技术标准，如燃料和原材料使用标准，净化装置选用标准，排气筒高度标准及卫生防护带标准等。这类标准都是为保证达到污染物排放标准或大气环境质量标准做出的具体技术规定，目的是便于生产、设计和管理人员掌握和执行。

大气污染警报标准是为保护大气环境不致恶化，或根据大气污染发展趋势预防发生污染事故而规定的空气中污染物含量的极限值。超过这一限值就应发出警报，以便采取必要的预防措施，尽量减少对人们的危害。

目前世界上一些主要国家在判断大气质量时，多依照世界卫生组织（WHO）1963年提出的四级标准作为基本依据。

第一级——对人和动物看不到有什么直接或间接影响的浓度和接触时间。

第二级——开始对人体感觉器官有刺激、对植物有害、对人的视距有影响时的浓度和接触时间。

第三级——开始对人能引起慢性疾病，使人的生理机能发生障碍或衰退而导致寿命缩短时的浓度和接触时间。

第四级——开始对污染敏感的人能起急性症状或导致死亡时的浓度和接触时间。

我国的大气质量标准在此一级、二级之间。制定大气质量标准时还应考虑：①标准应低于为保障人类福利健康而制定的多种大气标准阈值；②要合理地协调与平衡实现标准所需的代价和效益之间的关系。

目前我国常用的大气环境质量标准有三个：《室内空气质量标准》（GB/T 18883—2002）、《环境空气质量标准》（GB 3095—1996）、《保护农作物的大气污染物最高允许浓度》（GB 9137—1998）。

第二节　消烟除尘技术

在燃料燃烧或工业生产中会向空气中排放大量的含尘气体，这些含尘气体如果不经净化处理直接排放，就会对大气环境造成严重的污染。从废气中将颗粒物分离出来并加以捕集、回收的过程称为除尘，实现除尘过程的设备称为除尘装置。

粉尘具有以下性质，直接影响到除尘技术的选择。

(1) 粉尘的粒径　除尘器的设计和运行效果，与所处理的粉尘的大小——粉尘的粒径有关，粉尘的粒径是在除尘技术中主要考虑的特性之一。粉尘的粒径分为单颗颗粒粒径和颗粒群的平均粒径，其单位多用 μm 来表示。

(2) 粉尘的密度　粉尘的密度定义为单位体积粉尘的质量。以粉尘的真实体积所求得的密度称为粉尘的真密度，用符号 ρ_p 表示，单位为 kg/m^3。以粉尘堆积体积求得的密度称为粉尘的堆积密度，用符号 ρ_b 表示。粉尘的真密度与堆积密度之间的关系为 $\rho_b = (1-\varepsilon)\rho_p$。式中 ε 为粉尘的空隙率，即粉尘粒子间空隙体积与堆积体积之比值。

(3) 粉尘的安息角与滑动角　粉尘自漏斗连续落到水平面上，堆积成圆锥体。圆锥体的母线同水平面的夹角称为粉尘的安息角，也叫休止角或堆积角。粉尘的滑动角是指自然堆放在光滑平面上的粉尘，随光滑平板做倾斜运动时，平板上粉尘开始发生滑动的平板倾斜角。粉尘的安息角和滑动角是设计除尘器灰斗（或料仓）锥度、除尘管路或输送管路倾斜度的重要依据。

(4) 粉尘的比表面积　粉尘的比表面积 α 定义为单位体积（或质量）粉尘所具有的表面积。粉尘比表面积越大，其物理和化学活性增强。在除尘技术中，对同一粉尘来说，比表面积越大越难捕集。

(5) 粉尘的润湿性　粉尘粒子与液体附着的难易程度称为粉尘的润湿性。一般根据粉尘能被液体润湿的程度将粉尘大致分为容易被润湿的亲水性粉尘和难以被润湿的疏水性粉尘。粉尘的润湿性是选择除尘器的重要依据之一，亲水性粉尘可选用湿式除尘器，疏水性粉尘则不宜采用湿式除尘器。

(6) 粉尘的黏附性　粉尘颗粒附着在固体表面上，或尘粒彼此相互附着的现象称为黏附性。克服附着现象所需要（垂直作用在尘粒重心上）的力，称为黏附力。许多除尘捕集机制依赖于粉尘在捕集面上的黏附。但在含尘气流管道和某些设备中，又要防止粉尘在壁面上的黏附，以免造成堵塞。

(7) 粉尘的荷电性　粉尘在产生及运动过程中，由于相互碰撞、摩擦、放射线照射、电晕放电及接触带电体等原因，几乎总是带有一定量的电荷。粉尘荷电后将改变某些物理性质。粉尘荷电量的大小及极性，除取决于粉尘的化学组成、表面积和含水率外，还取决于粉尘外部的荷电条件。

(8) 粉尘的比电阻　粉尘导电性与金属导线类似，也用电阻率表示，单位用 $\Omega \cdot cm$。粉尘的电阻率仅是一种可以相互比较的表观电阻率，常简称为比电阻。它对电除尘器的除尘性能有重要影响，适宜电除尘器处理的粉尘比电阻范围是 $10^4 \sim 2 \times 10^{10} \Omega \cdot cm$。

(9) 粉尘的爆炸性　可燃性悬浮粉尘在可能引起爆炸的浓度范围与空气混合，当有能量足够的火源时，就会发生爆炸。能够引起爆炸的最低浓度叫做爆炸下限，最高浓度叫做爆炸上限。低于爆炸下限或高于爆炸上限均无爆炸危险。此外，有些粉尘与水接触后会引起自燃或爆炸，如镁粉、氧化钙等。有些粉尘互相接触或混合后也会引起爆炸，如溴与磷，锌粉与镁粉等。在实际工作中应根据粉尘的性质选择适当的除尘器，防止爆炸。

按照除尘器分离捕集粉尘的主要机理，可将其分为如下四类。

(1) 机械式除尘器　它是利用质量力（重力、惯性力和离心力等）的作用使粉尘与气流分离沉降的装置。它包括重力沉降室、惯性除尘器和旋风除尘器等。

(2) 湿式除尘器　亦称湿式洗涤器，它是利用液滴或液膜洗涤含尘气流，使粉尘与气流分离沉降的装置。湿式洗涤器既可用于气体除尘，亦可用于气体吸收。包括重力喷雾塔、自激式喷雾塔、文丘里除尘器、填料床洗涤器、旋风水膜除尘器、泡沫洗涤器等。

(3) 过滤式除尘器　它是使含尘气流通过织物或多孔的填料层进行过滤分离的装置，它包括袋式除尘器、颗粒层除尘器等。

(4) 静电除尘器　它是利用高压电场使尘粒荷电，在库仑力作用下使粉尘与气流分离沉降的装置。

一、机械式除尘器

1. 重力沉降室

重力沉降室也称重力除尘器，它是利用尘粒与气体的密度不同，通过重力作用使尘粒从气流中自然沉降分离的除尘设备，其基本结构如图 3-1 所示。当含尘气体进入重力沉降室后，由于突然扩大了过流面积，而使气体流速迅速下降，在流经沉降室的过程中，较大的尘粒在自身重力作用下缓慢向灰斗沉降，而气体则沿水平方向继续前进，从而达到除尘的目的。

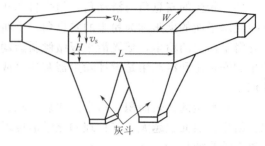

图 3-1　重力沉降室

在重力沉降室中，存在一个最小直径 $d_{\min}$：

$$d_{\min} = \sqrt{\frac{18\mu v_0 H}{(\rho_p - \rho_g)gL}}$$

理论上只要直径大于 $d_{\min}$ 的尘粒都可以捕集下来，但在实际情况下，由于气流的运动状况以及浓度分布等因素的影响，沉降效率会有所下降。由上式可知，提高重力沉降室的捕集效率可以采用的措施有：①降低沉降室内气流速度 v_0；②降低沉降室的高度 H；③增大沉降室的长度 L。但应注意，v_0 过小或 L 过长，都会使得沉降室体积庞大，因此在实际工作中可以采用多层沉降室，在室内沿水平方向设置多层（n 个）隔板，使其沉降高度将为原来的 $H/(n+1)$。沉降室分层越多，效果越好，所以每层高度 ΔH 有小至 25mm 的。但若 ΔH 过小，也会带来清灰困难、各隔板间气流难以均匀分布、高温时金属隔板易变形等缺点。

沉降室适用于净化密度大、颗粒粗的粉尘，特别是磨损性很强的粉尘。经过精心设计，能有效捕集 50μm 以上的尘粒。占地面积大、除尘效率低是其主要缺点。但因其结构简单、投资少、维护管理容易及压力损失小（一般为 50~150Pa），仍得到了一定的应用。

2. 惯性除尘器

惯性除尘器是使含尘气体与挡板撞击或者急剧改变气流方向，利用惯性力分离并捕集粉尘的除尘设备。捕集过程如图 3-2 所示，冲击到挡板 B_1 上的尘粒中，惯性力大的粗大尘粒（粒径为 d_1）首先被分离下来，而被气流带走的尘粒（如粒径为 d_2，且 $d_2 < d_1$），由于挡板 B_2 使得气流方向转变，借离心力作用又被分离下来。可见，这类除尘器的除尘过程是由除尘室惯性力、离心力和重力共同作用的结果。

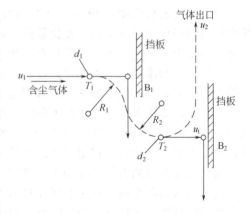

图 3-2　惯性除尘器的分离原理

惯性除尘器分为冲击式和反转式两种。冲击式惯性除尘器一般是在气流流动的通道内增设挡板构成的，当含尘气流流经挡板时，尘粒借助惯性力撞击在挡板上，失去动能后的尘粒在重力的作用下沿挡板下落，进入灰斗。挡板可以是单级，也可以是多级。反转式惯性除尘器又分为弯管型、百叶窗型和多层隔板型三种，它使含尘气体多次改变运动方向，在转向过程中把粉尘分离出来。

一般惯性除尘器，气流速度愈高，气流方向转变角度愈大，转变次数愈多，净化效率愈高，但压力损失也愈大。惯性除尘器适宜于净化密度和粒径较大的金属或矿物性粉尘，而不宜用于黏结性和纤维性粉尘的净化。由于这类除尘器净化效率低，一般常作为多级除尘中的第一级，用以捕集 10~20μm 以上的粗尘粒。其压力损失因结构形式不同而差异很大，范围约为 100~1000Pa。

3. 旋风除尘器

旋风除尘器是利用气流在旋转运动中产生的离心力来清除气流中尘粒的设备。旋风除尘器具有结构简单，制造容易，造价和运行费用较低，压力损失中等，动力消耗不大，对大于 $10\mu m$ 的粉尘有较高的分离效率等优点，可用各种材料制造，适用于粉尘负荷变化大的含尘气体，性能较好，能用于高温、高压及腐蚀性气体的除尘，可直接回收干粉尘，无运动部件，运行管理方便，所以在工业企业中有着广泛的应用。但旋风除尘器的内部流态复杂，很难准确测定有关参数，并且对小于 $5\mu m$ 尘粒的捕集效率不高。因此，对除尘效果要求不太高的场所，旋风除尘器应用非常普遍；对除尘效果要求较高的场所，常把它作为多级除尘系统的第一级。

旋风除尘器由筒体、锥体和进气管、排气管等组成，其结构及除尘机理如图3-3所示。

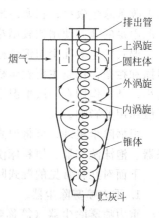

图3-3 普通旋风除尘器的结构及内部气流

含尘气体在由进口沿切线进入后，形成向下旋转的外旋流，到达底部后，在中心区域转而向上旋转，形成内旋流，最后由排气管排出。这股气流在作向上旋转运动的同时，也进行着径向的离心运动。内旋流与外旋流两者旋转方向相同，在整个流场中起主导作用。气流作旋转运动时，尘粒在离心力作用下，逐渐向外壁移动。到达外壁的尘粒，在外旋流的推力和重力的共同作用下，沿器壁落至灰斗中，实现了与气流的分离。

粉尘所受到的离心力的大小与粉尘的粒径有关，粒径越大，粉尘获得的离心力越大。当粉尘的粒径为某一特定粒径时，粉尘在旋转过程中，所受到的离心力和向心力相等，此时就会在内外旋转的交界面上旋转。在各种随机因素的影响下，或被分离排出，或被内旋气体流带出，其概率均为50%。因此把这种能够被旋风除尘器除掉50%的尘粒粒径称为分割粒径，用 d_c 来表示。粒径大于 d_c 的尘粒，所受离心力大于向心力，就会被甩至内壁，沿壁落下；粒径小于 d_c 的尘粒，所受离心力小于向心力，就会被带到内旋流中，随气体排出。因此，一个旋风除尘器的 d_c 越小，它的除尘效率就越高。

另外，当尘粒的密度越大，气体进口的切向速度越大，排出管直径越小，除尘器的除尘效率也越高。对平均粒径为 d_i 的尘粒，其分级效率可通过分割粒径求得：

$$\eta_i = 1 - \exp\left[-0.163\left(\frac{d_i}{d_c}\right)\right]$$

由分级效率可计算得到旋风除尘器总效率 $\eta = \sum g_i \eta_i$。式中 g_i 表示平均粒径为 d_i 的尘粒的频率。

影响旋风除尘器的因素有：进出口型式、除尘器的结构尺寸、入口风速、粉尘的浓度和密度、除尘器内部结构等。

旋风除尘器的压力损失与旋风除尘器结构形式和运行条件等因素有关，其数值难以通过理论计算精确求得。依据实验，压力损失与进口气流速度的平方成正比，可用进口气流动压的倍数形式表示，即 $\Delta p = \xi \dfrac{\rho u^2}{2}$。

式中 ρ——进口气体密度，kg/m^3；

u——进口气体平均速度，m/s；

ξ——旋风除尘器阻力系数，可看成为除进口气流动压以外其它因素的综合影响，一般由实验确定。旋风除尘器的压力损失一般为 $1\sim 2kPa$。

二、湿式除尘器

湿式除尘器也叫洗涤式除尘器，是通过含尘气体与液滴或液膜的接触、撞击等作用，使尘粒从气流中分离出来的设备。

湿式除尘器既能净化废气中的固体颗粒污染物，也能脱除气态污染物（气体吸收），同时还能起到气体降温的作用。湿式除尘器还具有设备投资少，构造简单，净化效率高的特点。设备本身一般没有可动部件，适用于净化非纤维性和不与水发生化学反应、不发生黏结现象的各类粉尘，尤其适宜净化高温、易燃、易爆及有害气体。湿式除尘器的缺点是容易受酸碱性气体腐蚀，管道设备必须防腐；排出的废水和泥浆会造成二次污染，粉尘回收困难，污水和污泥要进行处理；遇到疏水性粉尘，单纯用清水往往除尘效率不高，通常需要加净化剂来改善除尘效率；在寒冷地区要考虑设备的防冻等问题。另外，湿式除尘器耗水量较大，水源不足的地方使用比较困难。

湿式除尘器除尘与惯性碰撞、拦截作用、扩散效应、热泳和静电作用等有关。其中惯性碰撞和拦截作用是主要除尘机制。惯性碰撞主要取决于尘粒质量，拦截作用主要取决于粒径大小。其它作用在一般情况下是次要的，只有在捕集很小的尘粒时，才受到布朗运动引起的扩散作用的影响。

根据除尘机理，可将湿式除尘器分为重力喷雾洗涤器、旋风洗涤除尘器、自激式喷雾洗涤器、泡沫洗涤器、填料床洗涤器、文丘里洗涤器及机械诱导喷雾洗涤器。

下面对几种常见的湿式除尘器分别进行介绍。

1. 重力喷雾除尘器

重力喷雾除尘器（简称喷雾塔或洗涤塔，如图3-4所示）是湿式除尘装置中最简单的一种，为空心塔结构。在空心塔中装有一排或数排雾化洗涤液的喷雾器，含尘气体由塔底向上运动，液滴由喷嘴喷出向下运动。因尘粒和液滴之间的惯性碰撞、拦截和凝聚等作用，使较大的粒子被液滴捕集。重力喷雾除尘器具有压力损失小（一般小于0.25kPa）、操作稳定方便等优点，广泛应用于净化粒径大于$50\mu m$的粉尘，对粒径小于$10\mu m$的粉尘的净化效率较低；很少用于脱除气态污染物，通常与高效洗涤器联用，起预净化、降温和增湿等作用。

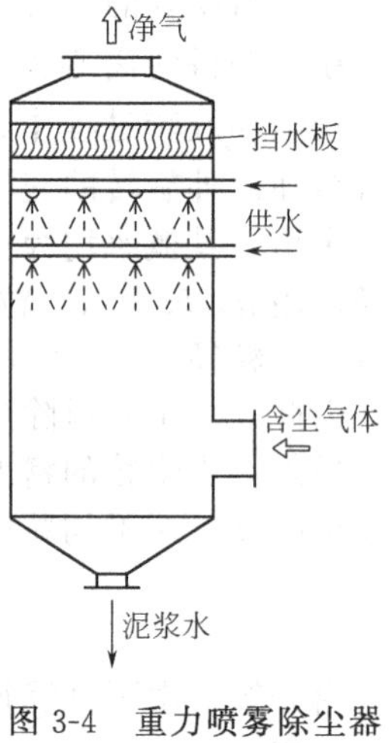

该类型除尘器按其内截面形状，可分为圆形和方形两种；根据除尘器中含尘气体与捕集粉尘粒子的洗涤液运动方向的不同，可分为逆流、顺流和错流三种。

图3-4 重力喷雾除尘器（喷雾塔）

2. 湿式旋风除尘器

湿式旋风除尘器（即旋风洗涤器）与干式旋风除尘器的区别在于，在分离器内部装喷嘴，将水喷出形成雾状水滴，对尘粒进行捕集，除尘效率明显提高。在旋风洗涤器中，喷嘴喷出的水滴比喷雾塔更细，且喷雾作用发生在外涡旋区，气体螺旋运动所产生的离心力，将携带尘粒的液滴甩向旋风洗涤器的湿壁上，然后沿器壁落入灰斗。进水喷嘴也可安装在旋风洗涤器入口，出口处通常需要安装除雾器。理论估算的最佳水滴直径为$100\mu m$左右，实际采用水滴直径为$100\sim 200\mu m$。

旋风洗涤器中气体采用切向进气，且以较高的入口速度，一般为$15\sim 45m/s$，而水滴从逆向或横向对螺旋气体喷雾，以便增大气液间的相对运动速度，借以增加有效惯性碰撞，提高旋风洗涤器的除尘效率。这种离心洗涤器适用于净化大于$5\mu m$的尘粒。对小于$5\mu m$的尘粒，可把这种洗涤器串联在文丘里洗涤器之后，作为凝聚水滴的脱水器。旋风洗涤器的除尘效率一般可达90%以上，压力损失为$0.25\sim 1kPa$，特别适用于处理气量大和含尘浓度高的气体。

旋风洗涤器的类型是依据其结构、喷雾方式等划分的，现介绍三种常用的旋风洗涤器。

(1) 旋风水膜除尘器 这种除尘器（如图 3-5 所示）在内部以环形方式安装一排喷嘴，喷雾沿切向喷向筒壁，使壁面形成一层很薄的不断下沉的水膜。含尘气体由筒体下部切向导入，旋转上升，靠离心力作用甩向壁面的尘粒被水膜黏附。这种除尘器净化效率一般可达 90% 以上，是该类除尘器中结构最简单的一种。按其规格不同设有 3~6 个喷嘴，喷水压力为 30~50kPa，耗水量为 0.1~0.3L/m³（气），压力损失为 0.5~0.75kPa。

(2) 旋筒式水膜除尘器 该除尘器由内筒、外筒、螺旋型导流板、集尘水箱和供排水装置等组成。旋筒式水膜除尘器亦称鼓形除尘器。由图 3-6 可知，内外筒间装设螺旋型导流板，使其内部形成一个螺旋形气流通道，在通道内形成多圈均匀的水膜，而含尘气体在通道内作螺旋运动。其主要除尘机理包括：高速气流依靠螺旋运动向水膜冲击，喷雾水滴与尘粒的惯性碰撞，旋转气流的离心力和甩向外筒形成水膜的黏附作用等。这种除尘器对各种粉尘的净化效率一般都在 90% 以上，有的可达 98%。

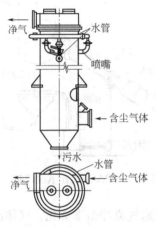

图 3-5 旋风水膜除尘器

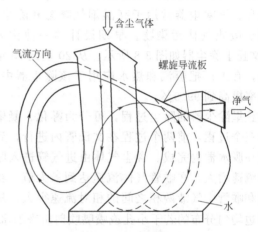

图 3-6 旋筒式水膜除尘器

(3) 中心喷雾旋风除尘器 如图 3-7 所示。含尘气体由筒体下部切向导入，筒体中心设一喷雾用的多头喷嘴，由喷嘴喷出的水雾与螺旋旋转气流相碰使尘粒捕集。与旋风水膜除尘器相比，该除尘器除尘发生在中心区，即内旋流区；其除尘机理有水滴碰撞、离心力和水膜的黏附作用。对于粒径大于 $0.5\mu m$ 的粉尘的除尘效率可达到 95%~98%。

中心喷雾旋风除尘器的入口速度通常在 15m/s 以上，断面速度一般为 1.2~2.4m/s，压力损失为 0.5kPa，耗水量为 0.5~0.7L/m³ 气。该除尘器可用于吸收锅炉烟气中的二氧化硫，当用弱碱溶液喷雾时，吸收率在 94% 以上。也可作文丘里除尘器的脱水器。

中心喷雾旋风除尘器的操作比较简单，可通过入口管上的导流调节板调节含尘气流入口速度；通过供水中心管的多头喷嘴调节喷雾水滴大小和流量，以控制除尘效率和压力损失。

3. 泡沫除尘器

泡沫除尘器又称泡沫洗涤器，简称泡沫塔。一般做成塔的形式，根据允许压力降和除尘效率，在塔内设置单层或多层塔板。塔板一般为筛板，通过顶部喷淋（无溢流）或侧部供水（有溢流）的方式，保持塔板上具有一定高度的液面。含尘气流

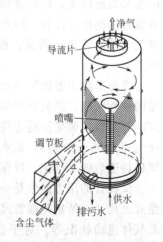

图 3-7 中心喷雾旋风洗涤器

由塔下部导入,均匀通过筛板上的小孔而分散于液相中,同时产生大量的泡沫,增加了两相接触的表面积,使尘粒被液体捕集。被捕集下来的尘粒,随水流从除尘器下部排出。泡沫除尘器一般分为无溢流泡沫除尘器和有溢流泡沫除尘器两类。

无溢流泡沫除尘器采用顶部喷淋供水,筛板上无溢流堰,筛板孔径 5~10mm,开孔率为 20%~30%。气流的空塔速度为 1.5~3.0m/s。有溢流泡沫除尘器利用供水管向筛板供水。通过溢流堰维持塔板上的液面高度,液体横穿塔板经溢流堰和溢流管排出。筛孔直径为 4~8mm,开孔率 20%~25%,气流的空塔速度为 1.5~3.0m/s。

4. 文丘里除尘器

文丘里除尘器,又称文氏管除尘器。它是一种高效湿式除尘器。这种除尘器结构简单,对 0.5~5.0μm 的细尘粒除尘效率可达 99% 以上,体积小,布置灵活,投资费用低,缺点是压力损失大,运转费用较高。该除尘器常用于高温烟气降温和除尘,也可用于吸收气体污染物。早期设计的一种称为 PA 型文丘里除尘器如图 3-8 所示。从 20 世纪 70 年代开始,有工厂把蒸汽和热水应用于该除尘器中,除尘效率提高到 99.9%。

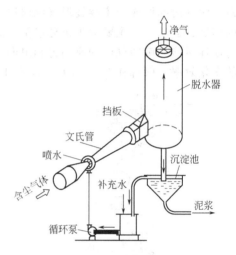

图 3-8　PA 型文丘里洗涤器

文丘里除尘器的除尘过程,可分为雾化、凝聚和脱水三个过程,前两个过程在文氏管内进行,后一过程在脱水器内完成。含尘气体由进气管进入收缩管后流速增大,在喉管气体流速达到最大值。在收缩管和喉管中气液两相之间的相对流速很大。从喉管周边均匀分布的若干小孔或喷嘴喷射出来的水滴,在高速气流冲击下雾化,气体湿度达到饱和,尘粒表面附着的气膜被击破,使尘粒被水湿润。尘粒与水滴,或尘粒与尘粒之间发生激烈的碰撞和凝聚。在扩散管中,气流速度降低,压力回升,以尘粒为凝结核的凝聚作用加快,凝聚成较大的含尘水滴,更易于被捕集。粒径较大的含尘水滴进入脱水器后,在重力、离心力等作用下,尘粒与水分离,达到除尘的目的。

文氏管的结构型式是除尘效率高低的关键。文氏管结构形式有多种。从断面形状分,有圆形和矩形两类。按喉管构造分,有喉口部分无调节装置的定径文氏管,有喉口部分装有调节装置的调径文氏管。按水雾化方式分,有预雾化(用喷嘴喷成水滴)和不预雾化(供助高速气流使水雾化)两类。按供水方式分,有径向内喷、径向外喷、轴向喷雾和溢流供水四类。

文丘里除尘器的除尘效率还取决于文氏管的凝聚效应和脱水器的脱水效率。凝聚效应系指因惯性碰撞、拦截和凝聚等作用,使尘粒被水滴捕集的百分率。脱水效率是指尘粒与水分离的百分数。要想提高尘粒与水面的碰撞效率,喉部的气体速度必须较大,在工程上一般保证气速为 50~80m/s,而水的喷射速度应控制在 6m/s。除尘效率还与水气比有关,运行中要保持适当的水气比,以保证高的除尘效率。

文氏管的压力损失是一个很重要的参数,影响其压力损失的因素很多,如文氏管的结构型式及尺寸,特别是喉管尺寸、各管道加工安装精度、喷雾方式和喷水压力、水气比、气速及气体流动状况等。对于已正常运行的文氏管,则可准确地测出某一操作状态下的压力损失。

三、过滤式除尘器

过滤式除尘器是使含尘气体通过滤材或滤层,将粉尘分离和捕集的装置。

过滤式除尘器主要有两类,一类是以填料层(玻璃纤维、硅石、矿石、煤粒等)作滤材的内部过滤器,如颗粒层除尘器;另一类是以纤维织物为滤材的表面过滤器,如袋式除尘器。

袋式除尘器(bag filter)广泛应用于各种工业生产的除尘过程,属于高效除尘器,用以净化含细微粉尘($d_p > 0.1\mu m$)的气体,除尘效率一般可达99%以上。随着新技术、新工艺、新材料的发展和对大气环境质量的更高要求,袋式除尘器将有更广阔的应用前景。

1. 袋式除尘器的工作原理

简单袋式除尘器的结构如图3-9所示。含尘气流从下部进入筒形滤袋,在通过滤料的空隙时,粉尘被捕集于滤料上,透过滤料的相对清洁气体由排出口排出。沉积在滤料上的粉尘,达到一定的厚度时,在机械振动的作用下,从滤料的表面脱落下来,落入灰斗中。常用的袋式除尘器是利用棉、毛、人造纤维等制成的滤料进行过滤的,自身网孔较大,一般为$20 \sim 50\mu m$,表面起绒的滤料为$5 \sim 10\mu m$,因此新滤料最初使用时除尘效率较低。

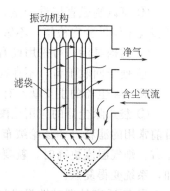

图3-9 机械振动袋式除尘器

袋式除尘器的除尘机制包括截留、惯性碰撞、筛滤、扩散、静电作用等,几种除尘机制的作用原理如下。

(1) 粉尘截留效应 是指当含尘气体接近滤袋纤维时,如果靠近纤维的尘粒部分突入纤维边缘,尘粒就会被纤维边缘钩住。

(2) 惯性碰撞效应 是指当含尘气体靠近滤袋纤维时,气流绕纤维而过,其中较大的尘粒由于其惯性作用而偏离流线碰撞到纤维上从而被阻留下来。粒径$1\mu m$以上的尘粒主要靠惯性碰撞。

(3) 筛滤效应 是指当粉尘的粒径大于滤袋纤维间隙或滤袋上已黏附的粉尘层的孔隙时,尘粒无法通过滤袋,就被阻留下来。

(4) 扩散效应 指当尘粒的粒径在$0.3\mu m$以下时,由于受到气体分子不断碰撞而偏离流线,像气体分子一样做不规则的布朗运动,这就增加了尘粒与滤袋纤维的接触机会,从而使尘粒被捕集。尘粒越小,不规则的运动就越剧烈,尘粒因扩散作用被捕集的机会也越多。

(5) 静电效应 指尘粒和滤料可能因某种原因而带有静电,当尘粒与滤料纤维所带电荷电性相同时,滤袋就排斥尘粒,使除尘效率降低;当尘粒与滤料所带电荷电性相反时,尘粒就会吸附在滤袋上。

随着过滤的进行,由于截留碰撞、惯性碰撞、扩散、静电等作用,粗尘粒首先被阻留,并在网孔之间产生架桥现象,逐渐在滤袋表面形成粉尘层,常称为粉尘初层。新滤料最初使用时由于滤袋上没有粉尘初层阻挡尘粒,因而除尘效率较低。粉尘初层形成后成为袋式除尘器的主要过滤层,提高了除尘效率,滤布只不过起着形成粉尘初层和支撑它的骨架作用。但随着粉尘在滤袋上积聚,滤袋两侧的压力差增大,会把一些已附着在滤料上的细小粉尘挤压过去,使除尘效率下降。另外,若除尘器阻力过高,还会使除尘系统的处理气体量显著下降,影响生产工艺系统的排风效果。因此,除尘器阻力达到一定数值后,要及时进行清灰,但清灰时不能破坏粉尘初层,以免降低除尘效率。

2. 袋式除尘器的优缺点

自1881年设计的第一台机械抖动清灰袋式除尘器在德国取得专利权以来,袋式除尘器得到了不断完善和发展,特别是20世纪50年代,脉冲喷吹清灰方式以及合成纤维滤料的应用,为袋式除尘器的进一步发展提供了有利条件。

袋式除尘器的主要优点有:

① 除尘效率高,特别是对微细粉尘也有较高的效率,一般可达90%以上。如果设计合理,使用得当,维护管理得好,除尘效率不难达到99%以上。

② 适应性强,可以捕集不同性质的粉尘。此外,进口含尘浓度在相当大范围内变化时,对除尘效率和阻力影响都不大。

③ 处理风量范围大,可由每小时数百立方米到每小时数百万立方米。

④ 可以制成直接设于室内、机床附近的小型除尘机组,也可以做成大型的除尘器室,可实现不停机分室检修,不影响机组的工作。

⑤ 结构灵活,可采用设有振打机构的所谓土布袋除尘器和脉冲喷吹袋式除尘器。

⑥ 便于回收干料,不存在水污染问题和泥浆处理问题。

袋式除尘器的主要缺点有:

① 袋式除尘器的应用范围主要受滤料的耐温和耐腐蚀性能的限制,特别是耐高温性能。目前常用的滤料(如涤纶绒布)一般适用于120~130℃范围,而玻璃纤维等滤料可耐250℃左右。烟气温度更高时,就要采用价格昂贵的特殊滤料,或者采取冷却措施,这会使造价增加,系统变得复杂。

② 不适宜处理黏性强或吸湿性强的粉尘,特别是烟气温度不能低于露点,否则会产生结露,堵塞滤袋,造成"糊袋"。

3. 影响滤尘效率的主要因素

(1) 滤布的积尘状态　清洁滤料(新的或清洗后的)滤尘效率最低,积尘后效率最高,振打清灰后效率有所降低。当滤布上的粉尘负荷(每单位滤布面积上的黏附粉尘量)增大时,除尘效率提高。粒径为$0.3\mu m$左右的粉尘,在不同的积尘状态下的过滤效率皆最低。这是因为这一粒径范围的尘粒正处于惯性与拦截捕集作用的下限,扩散捕集作用范围的上限。

(2) 滤料结构　不同结构的滤料滤尘效率不同。素布结构的滤料滤尘效率最低,且清灰后效率急剧下降;而起绒滤布的滤尘效率较高,清灰后效率降低不多。采用由羊毛或其它纤维制成毛毡作滤料时,过滤是在毛毡的内部进行的,由于在毛毡的整个厚度上容尘均匀,且永久性容尘量大,所以即使在清灰后也能保持较高的滤尘效率。

滤料的种类很多,常用滤料按所用的材质可分为天然滤料(如棉毛织物)、合成纤维滤料(如尼龙、涤纶等)、无机纤维滤料(如玻璃纤维、耐热金属纤维等)和毛毡滤料等。几种常见滤料的特性见表3-3中。

表3-3　常见滤料性能表

滤料名称	耐温性能/℃		吸湿度/%	耐酸性	耐碱性	强度
	长期	最高				
棉织品	74~85	95	8	不行	稍好	1
羊毛	80~90	100	10~15	稍好	不行	0.4
聚酰胺纤维(尼龙)	75~85	95	4.0~4.5	稍好	好	2.5
聚丙烯腈纤维(奥纶)	125~135	150	6	好	不好	1.6
聚酯纤维(涤纶)	140	160	6.5	好	不好	1.6
玻璃纤维(用硅酮树脂处理)	250	—	0	好	不好	1
芳香族聚酰胺(诺梅克斯)	220	260	4.5~5.0	不好	好	2.5
聚四氟乙烯(特氟纶)	220~250	—	0	非常好	非常好	2.5

(3) 过滤速度　袋式除尘器的过滤速度是指气体通过滤料的平均速度（cm/s 或 m/min），即烟气实际体积流量与滤布面积之比，也称气布比。工程上还常用比负荷 q_F 的概念，它指每单位过滤面积、单位时间内所过滤的气体量。过滤速度 V_F（或比负荷 q_F）是表征袋式除尘器处理气体能力的重要技术经济指标。过滤速度的选择要考虑经济性和滤尘效率的要求等各方面因素。

4. 袋式除尘器的压力损失

通过滤袋的压力损失是重要的技术经济指标，不仅决定着除尘器的能量消耗，而且决定着除尘效率和清灰时间间隔等。

初次使用的滤袋的压力损失很小，约为 200～500Pa，随着粉尘在滤袋上的积累，除尘器的压力损失也相应的增加。当滤袋两侧压力差很大时，将会造成能量消耗过大和捕尘效率降低。正常工作的袋式除尘器的压力损失应控制在 1500～2000Pa 左右。当除尘器的阻力达到预定值，就需要对滤袋进行清灰。清灰后，压力损失会降低一定的数值，而后随着灰尘的继续积累，压力损失增大，直至下一次清灰。

滤袋的总压力损失 Δp 是由清洁滤袋的压力损失 Δp_0 和黏附粉尘层的压力损失 Δp_d 两部分所组成。即压力损失为

$$\Delta p = \Delta p_0 + \Delta p_d = (\xi_0 + am)\mu V_F$$

式中　ξ_0——清洁滤料的阻力系数，m^{-1}；
　　　a——粉尘层的平均比阻力，m/kg；
　　　m——滤料上的粉尘负荷，kg/m^2；
　　　μ——气体黏度，Pa·s。

由此可知，袋式除尘器的压力损失与过滤速度和气体黏度成正比，而与气体密度无关。

四、静电除尘器

电除尘器是使含尘气体在通过高压电场（20～100kV）进行电离的过程中，使粉尘荷电，并在电场力的作用下，使粉尘沉积于电极上，将粉尘从含尘气体中分离出来的一种除尘设备。它能有效地回收气体中的粉尘，以净化气体。在合适的条件下使用电除尘器，其除尘效率可达 99% 或更高。目前在化工、发电、水泥、冶金、造纸等工业部门都已广泛使用。

电除尘器具有如下的优点：

① 电除尘器的除尘效率高。目前，工业上应用的电除尘器，除尘效率达到 99% 以上已属多见。电除尘器对气体净化的程度，可根据生产工艺条件及国家规定的排放标准来确定。

② 可以净化气量较大的废气。在工业上净化 10^5～$10^8 m^3$（标）/h 烟气的电除尘器已得到普遍应用。

③ 电除尘器能够除下的粒子粒径范围较宽，对于 $0.1\mu m$ 的粉尘粒子仍有较高的除尘效率。

④ 可净化温度较高的含尘废气。当用于净化 350℃ 以下的烟气时，可长期连续运行，用于净化更高温度烟气时，需要特殊设计。

⑤ 电除尘器结构简单，气流速度低，压力损失小，干式电除尘器的压力损失大约为 100～200Pa，湿式电除尘的压力损失稍高些，通常为 200～300Pa。

⑥ 电除尘器的能量消耗比其它类型除尘器低。

⑦ 电除尘器可以实现微机控制，远距离操作。

电除尘器具有如下缺点：

① 建造电除尘器一次性投资费用高。

② 电除尘器的除尘效率受粉尘比电阻的影响较为突出。电除尘器最适宜捕集比电阻为

$10^4 \sim 10^{10}\ \Omega \cdot cm$ 的粉尘粒子，对于比电阻小于 $10^4\ \Omega \cdot cm$ 或大于 $10^{10}\ \Omega \cdot cm$ 的粉尘粒子，除尘效率是很低的。

③ 电除尘器不适宜直接净化高浓度含尘气体。

④ 电除尘器对制造和安装质量要求较高。

⑤ 需要高压变电及整流控制设备。

⑥ 占地面积较大。

（一）电除尘器的工作原理

虽然电除尘器的类型和结构比较繁多，但都基于相同的工作原理。电除尘器除尘过程可分为四个基本阶段：①气体的电离与电晕的产生；②粉尘粒子的荷电；③荷电粒子在电场中的运动和捕集；④清灰过程。

1. 气体的电离与电晕的产生

空气在通常情况下含有极其微量的自由电子和气体离子，一般可认为是绝缘体。在电除尘过程中，当除尘器的两电极施加直流电压时，两极间形成一非均匀电场。当电压达到一定值时，电晕极和收尘极之间的气体将发生电离和导电，是气体由绝缘状态转变为导电状态，随后产生电晕放电、辉光放电、火花放电及电弧放电等。

电除尘器中气体随着电压的升高，而逐渐产生导电现象。当电压增大到一定值，此时在放电极周围的电离区可以看见淡蓝色的光点或光环，也能听见咝咝声和噼啪的爆裂声，这一现象称为电晕放电。开始发生电晕放电时的电压称为起始电晕电压，此时通过的气体的电离电流，称为电晕电流。电除尘器就是利用两极间的电晕放电工作的。电晕放电实际上是一种不完全的电击穿，空气层被击穿的范围距放电极表面只有 2～3mm，称为电晕区，其余称为电晕外区，在电晕外区不允许有任何击穿现象产生，只作为离子的输送。

如果两极间的电压继续升高，由于电晕区扩大，致使电极间产生火花或电弧，此时电极间的气体介质全部被击穿，火花放电的特性是使极间电压急剧下降，同时在极短的时间内通过大量电流。出现火花放电时的电压称为火花放电电压。电除尘器运行时应经常保持在两电极间的气体处于不完全被击穿的电晕放电状态，尽量避免产生短路现象。

电除尘器中能够形成电晕放电的基本条件是在正负电极间的电位差，能保证形成使气体电离发生电晕放电的非均匀电场。形成非均匀电场的电极组合有线状电极与板状电极或线状与管状电极两大类，即所谓的板式和管式电除尘器；此外电负性气体的存在也是基本条件之一。

根据电晕电极的极性不同，电晕可分为正电晕和负电晕。当电晕电极与高压直流电源的阳极连接，就产生正电晕；当电晕电极与高压直流电源的阴极连接，就产生负电晕。负电晕的特点是对气体成分非常敏感，可以产生十分稳定的电晕，与正电晕相比，起始电压低，运行电压范围宽，且获得的电晕电流大。因此在工业除尘中广泛应用负电晕。由于正电晕在高场强区气体发生碰撞电离较少，产生的臭氧和氮氧化物比负电晕少得多（约为负电晕的十分之一），所以用于空气调节的小型电除尘器采用正电晕。

影响电晕放电的主要因素有气体的组成、温度、压力、含尘浓度等。

气体组成影响电晕放电，主要表现在不同气体对电子的亲和力不同，负电性不同，电子附着形成负离子的过程也不同。不同组成的气体，电晕放电时的伏安特性和火花电压也不同。气体的温度和压力既能改变起晕电压，又能改变伏安特性。气体中的含尘浓度也会影响电晕放电。荷电粉尘形成的空间电荷会对电晕极产生屏蔽作用，从而抑制了电晕放电。随着含尘浓度的提高，电晕电流逐渐减小，这种效应称为电晕阻止效应。当含尘浓度增加到某一数值时，电晕电流基本为零，这种现象被称为电晕闭塞。此时电除尘器失去除尘能力。为了避免产生电晕闭塞,进入电除尘器气体的含尘浓度应小于 20g/m³。当含尘浓度过高时,除了选用曲率大的芒刺型电晕电极外,还可以在电除尘器前串接除尘效率较低的机械除尘器,进行预除尘。

还有些因素影响电晕放电,包括电极形状,电极间距离,气流中要捕集的粉尘的粒度、比电阻以及它们在电晕极和积尘极上的沉积等。

2. 粉尘粒子的荷电

粉尘粒子荷电是电除尘的重要过程。粒子荷电一般有两种方式,粒径 $d_p>1.0\mu m$ 的粒子,以电场荷电为主;粒径 $d_p<0.2\mu m$ 的粒子,以扩散荷电为主;粒径介于两者之间的例子,则两种荷电方式都起一定作用。

(1) 电场荷电 离子在电场力作用下,沿电力线做有规律的运动并与尘粒碰撞将电荷传给微粒使其荷电。尘粒荷电后,对后来的离子产生斥力。因此,尘粒的荷电率逐渐下降,最终荷电产生的电场与外加电场刚好平衡,这时尘粒荷电达到饱和。粉尘颗粒的荷电量主要取决于电场强度和颗粒的粒径。电场强度越高,颗粒越大,饱和荷电量的数值越大。

(2) 扩散荷电 不规则热运动引起的离子附着也能使粒子荷电,称之为扩散荷电。扩散荷电过程中,粉尘粒子上的荷电量与离子热运动强度、碰撞概率、运动速度、粉尘粒子的大小和在电场中的停留时间等因素有关。

3. 荷电粒子在电场中的运动和捕集

电除尘器中的荷电粒子在电场力和空气阻力的支配下所达到的最终电力沉降速度,即粒子驱进速度 ω:

$$\omega=\frac{qE}{3\pi\mu d_p}$$

上式中的 E 一般指集尘集表面附近的电场强度。粒子驱进速度 ω 的大小与荷电量、场强、粒径及气体黏度有关。其方向与电场方向一致,即垂直于集尘板表面。

4. 被捕集尘粒的清灰

被捕集的粉尘沉积在电晕极和集尘板上,粉尘厚度达几毫米甚至几厘米。粉尘沉积在电晕极上会影响电晕电流的大小和均匀性。集尘极上粉尘厚度较厚时会导致火花电压降低,电晕电流减小,而且被捕集的粉尘易被气流卷起,重新回到气流中,从而影响除尘效率。因此,对捕集下来的粉尘必须给予及时清除。集尘极的清灰方式有湿式和干式两种不同方式。

干式清灰是通过振打的方式使电极上的积尘落入灰斗中。这种清灰方式简单,便于粉尘的综合利用,但易造成二次扬尘,降低除尘效率。目前,工业上应用的电除尘器多为干式清灰。

湿式清灰是采用溢流或均匀喷雾的方式使集尘极表面经常保持一层水膜,用以清除被捕集的粉尘。这种方式不仅除尘效率高,而且避免了二次扬尘。此外由于没有振打装置,运行比较稳定。主要缺点是对设备有腐蚀,泥浆的后处理较为复杂。

(二) 影响电除尘器除尘效率的因素

影响电除尘效率的因素除了影响电晕放电的主要因素外,主要有粉尘的粒径、比电阻、除尘器结构和操作参数等。

(1) 粉尘粒径的影响 粉尘颗粒的粒径对电除尘效率有很大的影响。大于 $1.0\mu m$ 的颗粒,随着粒径的减小,除尘效率降低;粒径为 $0.1\sim 1.0\mu m$ 的颗粒,除尘效率几乎不受颗粒粒径的影响。

(2) 粉尘比电阻的影响 比电阻在 $10^4\sim 2\times 10^{10}\Omega\cdot cm$ 之间时,除尘效率较高,电流消耗比较稳定。粉尘的比电阻小于 $10^4\Omega\cdot cm$ 或大于 $2\times 10^{10}\Omega\cdot cm$ 时,除尘效率较差。因

此，粉尘的比电阻过高或过低均不利于电除尘，最适合于电除尘器捕集的粉尘，其比电阻的范围大约是 $10^4 \sim 10^{10} \Omega \cdot cm$ 之间。气体的温度和湿度是影响粉尘比电阻的主要因素。

(3) 除尘器结构的影响　比集尘面积 A/Q 对除尘效率有明显影响。比集尘面积增大，颗粒被捕集的机会就会增加，除尘效率就相应提高。当粒径一定时，随着比集尘面积 A/Q 的增大，除尘效率 η 增加。

极间距对除尘效率的影响表现为：当气体流速、驱进速度一定的情况下，极间距越小，颗粒到达集尘板的时间越短，颗粒越容易被捕集。但极间距过小易造成尘粒的二次飞扬。

集尘板有效长度与高度之比直接影响振打清灰时二次扬尘的多少。与集尘板高度相比，如集尘板不够长，部分下落灰尘到达灰斗之前可能被烟气带出除尘器，从而降低了除尘效率。

(4) 操作参数的影响　除尘器内气流速度过高，已沉积的尘粒有可能脱离极板重新回到气流中，即产生二次飞扬；振打清灰时从极板上剥落下来的尘粒也可能被高速气流卷走。因此，气流速度过大会导致除尘效率降低。从经济性考虑，气速也不能太低，一般断面风速取 $0.6 \sim 1.5 m/s$ 为宜。

电除尘器中气流分布不均对除尘效率的影响，不亚于电场作用于颗粒上的静电力对除尘效率的影响。若气流分布不均匀，流速低处增加的除尘效率远不能弥补流速高处效率的降低，因而总效率下降。因此，电除尘器进口箱和出口箱处均设有气流分布板。

第三节　硫氧化物的净化技术

国外硫酸尾气较多采用氨法、石灰法及钠法处理。我国硫酸尾气多数采用氨法处理。一段氨法可将一转一吸尾气总 SO_2 浓度降到 $500 \sim 800 mg/L$，二段氨法可降到 $200 mg/L$ 以下，同时可以得到硫铵或亚硫酸铵副产品。目前，我国还有一些未加尾气回收的一转一吸的硫酸厂，应逐步加以改造。

我国对化工企业排放的 SO_2 废气所采用的治理方法主要分为两大类，即液体吸收法和活性炭吸附法。

一、吸收法净化生产工艺含硫尾气

生产工艺含硫尾气与锅炉烟气比较，主要特点是 SO_2 浓度较高，粉尘等杂质较少，故含硫尾气经处理后均可回收硫资源，并且能得到纯度较高的产品。处理硫酸厂尾气、冶炼烟气、钢厂尾气、及造纸、纺织食品工业尾气等典型生产工艺含硫尾气，常用的吸收法有：钠吸收法、氨-酸法、碱性硫酸铝-石膏法、氧化锌、氧化镁法、稀硫酸法等，详见表 3-4。实际应用中，应根据原料来源、产品销路、环境效益、经济效益来选择含硫尾气的处理方法。

表 3-4　几种主要污染装置和行业常用的脱硫方法

火电厂烟气	燃煤锅炉	硫酸厂	冶炼厂	钢厂	造纸、纺织、食品
钠吸收法； 石灰/石灰石-石膏法； 氧化镁法； 活性炭吸附法	钠吸收法(双碱法)； 氨-石膏法； 石灰/石灰石-石膏法； 氧化镁法	钠吸收法； 亚硫酸钠、硫酸钠法； 二段氨-酸法、亚铵法； 稀硫酸催化氧化法； 活性炭吸附法	亚硫酸钠、硫酸钠法； 氨-酸法、二段氨-酸法、亚铵法	碱性硫酸铝-石膏法； 氨-石膏法	钠碱吸收法； 氨-酸法、氨-亚硫酸铵法； 石灰-亚硫酸钙法； 钠盐-酸分解法； 氧化锌法、氧化锰法等

(一) 碱式硫酸铝法治理钢厂尾气

早在20世纪30年代，英国ICI公司就用碱式硫酸铝吸收SO_2，后来日本同和矿业公司经改进开发了碱式硫酸铝-石膏法，又称同和法。

本法用碱性硫酸铝溶液吸收废气中SO_2，然后将吸收液氧化，用石灰石再生为碱性硫酸铝循环使用，并得到副产品——石膏。

1. 原理

(1) 吸收剂的制备　碱式硫酸铝水溶液的制备可用粉末硫酸铝即$Al_2(SO_4)_3 \cdot (16\sim18)H_2O$溶于水，添加石灰石或石灰粉中和，沉淀出石膏，除去一部分硫酸根，即得到所需碱度的碱式硫酸铝。其主要反应如下：

$$2Al_2(SO_4)_3 + 3CaCO_3 + 6H_2O \longrightarrow Al_2(SO_4)_3 \cdot Al_2O_3 + 3CaSO_4 \cdot 2H_2O + 3CO_2$$

碱式硫酸铝可用$(1-x)Al_2(SO_4)_3 \cdot xAl_2O_3$表示。以$100x$称为碱度（用%表示），例如$0.8Al_2(SO_4)_3 \cdot 0.2Al_2O_3$的碱度为20%；$Al_2(SO_4)_3$的碱度为0；$Al_2(SO_4)_3 \cdot Al_2O_3$的碱度为50%；$Al(OH)_3$的碱度为100%。

(2) 吸收　碱式硫酸铝溶液吸收SO_2的反应式为：

$$Al_2(SO_4)_3 \cdot Al_2O_3 + 3SO_2 \longrightarrow Al_2(SO_4)_3 \cdot Al_2(SO_3)_3$$

在这里，碱度越高，吸收率就越高，但铝沉淀率随碱度增加而加大，但碱度达60%以上时，会生成絮状物，将妨碍吸收操作。碱度常常控制在20%～30%范围内。

温度对吸收效率的影响较显著，温度愈低吸收效率愈好。

(3) 氧化　利用压缩空气按下面的化学反应氧化。

$$Al_2(SO_4)_3 \cdot Al_2(SO_3)_3 + \frac{3}{2}O_2 \longrightarrow 2Al_2(SO_4)_3$$

氧化塔需要的空气量为理论量的2倍，为加快氧化速度常加入少量催化剂，如$MnSO_4$，其加入量为$1\sim 2g/L$。

(4) (中和) 再生　以石灰石为中和剂，其反应如下：

$$2Al_2(SO_4)_3 + 3CaCO_3 + 6H_2O \longrightarrow Al_2(SO_4)_3 \cdot Al_2O_3 + 3CaSO_4 \cdot 2H_2O \downarrow + 3CO_2 \uparrow$$

吸收液吸收SO_2后，经氧化中和及固液分离后，固体以石膏形式作为副产品排出系统，滤液返回吸收系统循环使用。

2. 工艺流程

工艺流程图3-10。吸收SO_2后的吸收液送入氧化塔，塔底鼓入压缩空气，使$Al_2(SO_4)_3$氧化。氧化后的吸收液大部分返回吸收塔循环使用，只引出小部分送出中和槽，加入石灰石再生，并副产石膏。

碱式硫酸铝法的优点是：处理效率高、液气比较小、氧化塔的空气利用率较高、设备材料较易解决。

(二) 氨-酸法

氨-酸法是将吸收SO_2后的吸收液用酸分解，可副产二氧化硫气体和化肥。氨-酸法于20世纪30年代用于生产，工艺成熟、设备简单、操作方便、可副产化肥。目前我国化工系统广泛应用此法处理硫酸尾气，如南京化学工业公司氮肥厂、上海硫酸厂、大连化工厂等。该法需消耗大量的氨和硫酸，对不具备这些原料的冶金、电厂等部门，应用有一定困难。

氨-酸法最常见的是采用H_2SO_4分解吸收液，可得硫酸铵溶液，或加工成固体硫酸铵作为肥料出售，这种肥料，仅铵有肥效，硫酸根在土壤中无用，其游离态在非碱性土壤中还有害处，因而发展了也能得到SO_2及相应的副产品的其它酸分解吸收液，如硝酸酸化得硝酸铵，磷酸酸化得磷酸二氢铵等。下面以硫酸分解为例加以介绍。

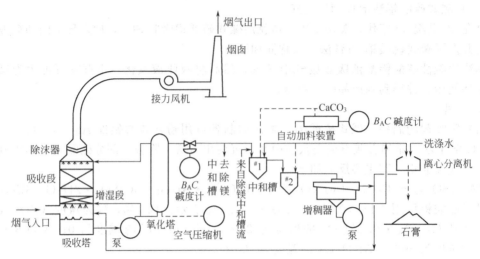

图 3-10　同和碱性硫酸铝-石膏法工艺流程

氨-酸法可分为吸收、分解及中和三个主要工序。

(1) 吸收　含有二氧化硫的尾气与氨水溶液接触，二氧化硫即被吸收，反应式如下：

$$2NH_4OH + SO_2 \longrightarrow (NH_4)_2SO_3 + H_2O$$

$$(NH_4)_2SO_3 + SO_2 + H_2O \longrightarrow 2NH_4HSO_3$$

$$NH_4OH + SO_2 \longrightarrow NH_4HSO_3$$

实际上，进行 SO_2 吸收的循环的 $(NH_4)_2SO_3$-NH_4HSO_3 水溶液，随着吸收过程的进行，循环液中 NH_4HSO_3 增多，吸收能力下降，需补充氨使部分 NH_4HSO_3 转变为 $(NH_4)_2SO_3$：

$$NH_4HSO_3 + NH_3 \longrightarrow (NH_4)_2SO_3$$

若烟气中有 O_2 和 SO_2 存在，可能发生如下副反应：

$$(NH_4)_2SO_3 + \frac{1}{2}O_2 \longrightarrow (NH_4)_2SO_4$$

$$NH_4HSO_3 + \frac{1}{2}O_2 \longrightarrow NH_4HSO_4$$

$$2NH_4OH + SO_3 \longrightarrow (NH_4)_2SO_4 + H_2O$$

(2) 分解　含有亚硫酸氢铵和硫酸铵的循环吸收液，当其达到一定的浓度（相对密度 1.17～1.18）时，可自循环系统中倒出一部分，送到分解塔中用浓硫酸进行分解，得到二氧化硫气体和硫酸铵溶液。分解反应如下：

$$NH_4HSO_3 + H_2SO_4 \longrightarrow (NH_4)_2SO_4 + 2SO_2\uparrow + 2H_2O$$

$$(NH_4)_2SO_3 + H_2SO_4 \longrightarrow (NH_4)_2SO_4 + SO_2\uparrow + H_2O$$

提高硫酸浓度可加速反应的进行，因此一般采用 93% 或 98% 的硫酸进行分解。为了提高分解效率，硫酸用量应达到理论量的 1.15 倍，分解后的酸性溶液需要氨进行中和。

(3) 工艺流程和主要设备　工艺流程如图 3-11 所示。含 SO_2 的烟气由吸收塔 1 下部进入，含氨母液或氨水由循环泵 3 打至塔顶喷淋，与塔底进入的尾气逆流相遇。吸收了 SO_2 的母液由塔底流入循环槽 2 中，并在此补充氨水和水，以维持循环液原有的浓度，使吸收液得到部分再生，保持 $(NH_4)_2SO_3/NH_4HSO_3$ 比值稳定。吸收 SO_2 后的烟气经除沫器除沫后由高烟囱排放。当循环吸收液中亚硫酸氢铵含量达到一定值（$S/C=0.9$）时，可引出一部分送至高位槽 4，再送至混合槽 6，同时从硫酸高位槽 5 引硫酸至混合槽 6，在混合槽内经折流板作用均匀混合后,再从分解塔顶进入分解塔 7。在混合槽内,母液与硫酸作用可分解出 100%SO_2 气体,送至液体 SO_2 工序。在分解塔内,母液在硫酸作用下继续分解并放出 SO_2 气体,由底部通入空气将 SO_2 气体吹出,这部分气体约含 7%SO_2,可送往制酸系统。

经分解塔分解的母液呈酸性,进入中和槽 8 后,通入氨水中和,中和后的母液呈中性,比重约为 1.2 左右,用母液泵 9 送至蒸发结晶工序,制造固体硫酸铵。若不设蒸发结晶工序,则中和后的母液直接出售。

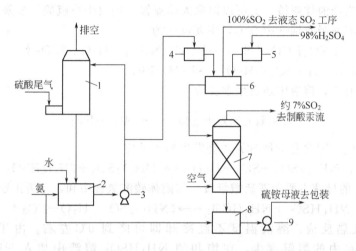

图 3-11 氨-酸法回收 SO_2 工艺流程
1—吸收塔;2—循环槽;3—循环泵;4—母液高位槽;5—硫酸高位槽;
6—混合槽;7—分解塔;8—中和槽;9—硫铵母液泵

上述流程为一段氨吸收法,其特点是单塔吸收,高酸度(分解液酸度 40~50 滴度)空气解吸分解,操作简单,不消耗蒸汽,但是氨、酸消耗量大,分解放出的 SO_2 中 85% 为纯 SO_2,15% 为体积分数为 7% 左右的 SO_2,SO_2 吸收率只有 88%。

若进一步提高 SO_2 吸收率,需降低吸收液面上 SO_2 的平衡分压,即选择低浓度、高碱度(S/C 低)的吸收液,但会使氨、酸等的消耗增加,而且副产的硫酸铵母液浓度也较低。这是单塔吸收存在的吸收率与消耗指标之间的矛盾,为了解决这一问题,吸收系统宜采用两段吸收法(见图 3-12)。

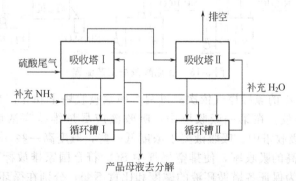

图 3-12 两段氨吸收法流程

两段氨吸收法的特点是,第一吸收段的循环吸收液浓度高一些,碱度低一些,使引出的母液含有较多的 NH_4HSO_3,从而降低分解时的酸耗,并提供较浓的硫铵母液副产品;第二吸收段采用的循环吸收液,浓度低一些,碱度高一些,以保证较高的 SO_2 吸收效率。因此,第一段叫产品段,第二段叫除害段,氨在实际生产过程中,为了减轻除害段的负荷,保证一定的吸收率,避免排放尾气中有大量的铵雾,两段母液的碱度都应维持在中等或较低水平。

(三) 氨-亚硫酸铵法

氨-亚硫酸铵法是直接将吸收 SO_2 后的母液加工成产品——亚硫酸铵(简称亚铵)。亚铵可代替烧碱用于制浆造纸,既可解决烧碱来源紧张问题,又使造纸工业长期感到"头痛"的有害废液(黑液)变成肥料。该法流程简单,可减少硫酸和氨的消耗,且气氨、氨水和固体碳酸氢铵均可生产液体亚铵,又可以制取固体亚铵,国内中小硫酸厂多采用此流程。

用碳酸氢铵溶液吸收烟气中 SO_2,主要反应为

$$2NH_4HCO_3 + SO_2 \longrightarrow (NH_4)_2SO_3 + H_2O + 2CO_2 \uparrow$$
$$(NH_4)_2SO_3 + SO_2 + H_2O \longrightarrow 2NH_4HSO_3$$

若烟气中含有氧,溶液中还发生副反应

$$(NH_4)_2SO_3 + \frac{1}{2}O_2 \longrightarrow (NH_4)_2SO_4$$

对于硫酸尾气,因含有少量 SO_2,会发生如下反应

$$2(NH_4)_2SO_4 + SO_2 + H_2O \longrightarrow (NH_4)_2SO_3 + 2NH_4HSO_4$$

吸收 SO_2 后的母液主要含亚硫酸氢铵,加固体碳酸氢铵中和,可析出亚铵晶体。

$$NH_4HSO_3 + NH_4HCO_3 \longrightarrow (NH_4)_2SO_3 + H_2O + CO_2 \uparrow$$

此反应是吸热反应,溶液温度不经冷却即可降到 0℃ 左右。由于 NH_4HSO_3 比 $(NH_4)_2SO_3$ 在水中的溶解度大,在饱和的 NH_4HSO_3 溶液中加入 NH_4HSO_3,则使 NH_4HSO_3 转化为 $(NH_4)_2SO_3$,而 $(NH_4)_2SO_3$ 的溶解度小,即可结晶析出。

氨-亚铵法工艺流程见图 3-13,可分为吸收、中和、分离三部分。

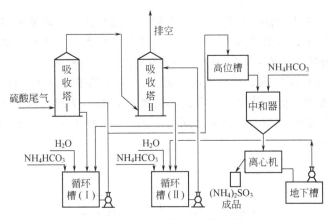

图 3-13 亚硫酸铵法工艺流程

(1) 吸收 含 SO_2 的硫酸尾气依次经过两个串联吸收塔 I 和 II,在塔内 SO_2 被循环喷淋的吸收液吸收后排放。在第一吸收塔中,吸收液应尽量维持高浓度,以便得到较多的 NH_4HSO_3。在第二吸收塔中,吸收液要求浓度低一些,碱度高一些,使 $(NH_4)_2SO_3$ 含量高一些,以保证有较高的吸收率,使排空尾气中 SO_2 符合国家排放标准,同时引出部分溶液串入第一吸收塔。为保证各塔循环液的碱度和比重不变,分别在循环槽 I 和 II 内不断补充固体碳酸氢铵和水。

(2) 中和 由第一吸收塔引出的高浓度 NH_4HSO_3 溶液,在中和器内与加入的固体 NH_4HCO_3 在搅拌下进行反应。反应后的 NH_4HSO_3 变成 $(NH_4)_2SO_3$,由于过饱和而有大量结晶析出,溶液呈黏稠悬浮状,终温可达 0℃ 左右。

(3) 分离　由中和器底部引出的含 $(NH_4)_2SO_3 \cdot H_2O$ 晶体的悬浮液进入离心机，分离出白色的固体 $(NH_4)_2SO_3 \cdot H_2O$ 产品，滤液进入地下槽，送回第二吸收塔循环槽Ⅱ，循环吸收 SO_2。

(4) 氧化及其处理　由于烟气中存在 O_2，会使吸收液中部分 $(NH_4)_2SO_3$ 氧化成 $(NH_4)_2SO_4$，氧化率随吸收方式与操作条件不同而异，一般可达 5%～14%。当系统中 $(NH_4)_2SO_4$ 含量积累到一定浓度时，若不除去，不仅会影响 SO_2 的吸收效率，而且使 $(NH_4)_2SO_4$ 结晶析出而堵塞设备与塔器。为此，必须采取措施抑制吸收液的氧化，常在溶液中加入阻氧剂，如对苯二胺、对苯二酚等。加入阻氧剂后，氧化产物硫铵仍有累积上升趋势，必须设法将其从溶液中排出。

亚铵结晶 $(NH_4)_2SO_3 \cdot H_2O$ 暴露在空气中容易氧化，特别在空气湿度较高时，氧化更为显著，固体亚铵氧化为硫铵的氧化率一般为 0.3%～7%，最高可达 50%。

为保证产品质量和纯度，必须强化中和离心操作，缩短中和操作时间，并且将潮湿的亚铵干燥，制成无水亚硫酸铵。

二、活性炭吸附法净化 SO_2 废气

吸附法净化 SO_2 是用固体吸附剂吸附废气中的 SO_2，然后再用一定的方法把吸附的 SO_2 释放出，并使吸附剂再生供循环使用。目前应用最多的吸附剂是活性炭，在工业上已有较成熟的应用。

活性炭是应用最早、用途较为广泛的一种优良吸附剂。它是由各种含炭原料如木炭、煤、果壳、果核等经炭化后，再用水蒸气或化学试剂进行活化处理，制成孔穴十分丰富的吸附剂。活性炭具有不规则的石墨结构，比表面积非常大，有的甚至超过 $2000 m^2/g$，是一种优良的吸附剂。活性炭的主要缺点是具有可燃性，使用温度一般不超过 200℃。在实际工作中，对活性炭的技术指标有一定的要求（见表 3-5）。

表 3-5　活性炭的技术指标范围

堆密度 /(kg/m³)	灰分 /%	水分 /%	孔容 /(cm³/g)	比表面积 /(m²/g)	平均孔径 /nm	比热容 /[kJ/(kg·℃)]	着火点 /℃
200～600	0.5～80	0.5～2.05	0.01～0.1	600～1700	0.7～1.7	0.84	300

活性炭吸附特性为：容易吸附临界温度及沸点较高的物质；容易吸附分子链较长的物质；有利于在低温下吸附；相对来说，蒸汽压较大的物质容易吸附。

1. 活性炭吸附 SO_2 的反应原理

活性炭对烟气中的 SO_2 的吸附，既有物理吸附，又有化学吸附，特别是当废气中存在着氧气和水蒸气时，化学反应表现得尤为明显。这是因为在此条件下，活性炭表面对 SO_2 和 O_2 的反应具有催化作用，使烟气中的 SO_2 氧化成 SO_3，SO_3 再和水蒸气反应生成硫酸。

物理吸附：　　　　　$SO_2 \longrightarrow SO_2^* \quad O_2 \longrightarrow O_2^*$

$$H_2O \longrightarrow H_2O^*$$

化学吸附：　　　　　$2SO_2^* + O_2^* \longrightarrow 2SO_3^*$

$$SO_3^* + H_2O \longrightarrow H_2SO_4^*$$

$$H_2SO_4^* + nH_2O \longrightarrow H_2SO_4 \cdot nH_2O$$

总反应：　　　　　$2SO_2 + 2H_2O + O_2 \longrightarrow 2H_2SO_4$

注：*代表吸附态。

当活性炭吸附的硫酸存在于活性炭的微孔中，降低了其吸附能力。可通过水洗或加热放出 SO_2，使活性炭得到再生。水洗再生是用水洗出活性炭微孔中的硫酸。加热再生是对吸

附有 SO_2 的活性炭加热，使炭与硫酸发生反应，硫酸被还原成 SO_2，反应如下：

$$2H_2SO_4 + C \longrightarrow 2SO_2\uparrow + 2H_2O + CO_2\uparrow$$

2. 工艺流程

(1) 水洗再生法　德国鲁奇活性炭制酸法采用卧式固定床吸附流程见图 3-14 所示，可用于硫酸厂、钛白厂的尾气的处理，得到稀硫酸。

含 SO_2 尾气先在文丘里洗涤器内被来自循环槽的稀硫酸冷却并除尘。洗涤后的气体进入固定床活性炭吸附器，经活性炭吸附净化后的气体排空。在气流连续流动的情况下，从吸附器顶部间歇喷水，洗去在吸附剂上生成的硫酸，此时得到 10%～15% 的稀酸。此稀酸在文丘里洗涤器冷却尾气时，被蒸浓到 25%～30%，再经浸没式燃烧器等的进一步提浓，最终浓度可达 70%，可用来生产化肥。该流程脱硫效率达 90%。如吸附剂采用浸了碘的含碘活性炭，脱硫效率超过 90%。

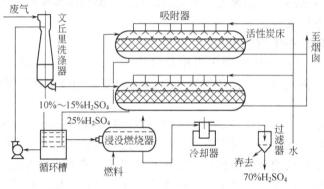

图 3-14　固定床吸附流程

(2) 加热再生法　图 3-15 所示是活性炭移动床吸附脱除烟气中的 SO_2 工艺流程。烟气送入吸附塔与活性炭逆流接触，SO_2 被活性炭吸附而脱除，净化气经烟囱排入大气。吸附了 SO_2 的活性炭被送入吸附塔，先在废气热交换器内预热至 300℃，再与 300℃ 的过热水蒸气接触，活性炭上的硫酸被还原成 SO_2 放出。脱硫后的活性炭与冷空气进行热交换而被冷却至 150℃ 后，送至空气处理槽，与预热过的空气接触，进一步脱除 SO_2，然后送入吸附塔循环使用。从脱附塔产生的 SO_2、CO_2 和水蒸气经过换热器除去水蒸气后，送入硫酸厂。此法脱硫率为 85% 左右。

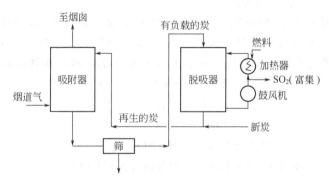

图 3-15　移动床吸附脱除 SO_2 工艺流程

3. 影响因素

(1) 温度　在用活性炭吸附 SO_2 时，物理吸附及化学吸附的吸附量均受到温度的影响，随着温度的升高，吸附量下降。在实际操作中，因工艺条件不同，实际吸附温度有低温、中温和高温吸附。

(2) 氧和水分　氧和水分的存在导致化学吸附的进行，使总吸附量大大增加，当含量低于3%时，反应效率下降，氧含量高于5%时，反应效率明显提高。一般废气中氧的含量若能达到5%~10%，就能满足脱硫反应要求。而水蒸气的浓度影响到活性炭表面上生成的稀硫酸浓度。

(3) 吸附时间　在吸附过程中，吸附增量随吸附时间的增加而减小。在生成硫酸量达30%之前，吸附进行得很快，吸附量与吸附时间成正比；当大于30%以后，吸附速度减慢。

第四节　氮氧化物净化技术

氮氧化物种类很多，有NO、N_2O、NO_2、N_2O_3、N_2O_4、N_2O_5等，总称NO_x。造成大气污染的主要是NO和NO_2。在生产硝酸、硝化法生产硫酸、生产草酸、生产复合肥料、生产己内酰胺、生产催化剂等化工过程中，常常会产生氮氧化物（NO_x）废气。氮氧化物废气是一种重要的大气污染源，给生态环境和人类生产、生活带来极大的危害，所以含NO_x废气治理已经成为环境保护的重要组成部分，也是相关化工企业投产运行的首要条件。

我国是发展中国家，小型氮肥厂、硝酸厂有数千家，这些厂在工农业生产中占有重要地位，但由于这些小厂经济基础薄弱、技术落后，没有能力采用成熟工艺净化尾气，使得尾气中NO_x未能达标排放，有些厂被责令停产整顿，使企业蒙受巨大的经济损失。经过净化后的尾气应该达到国家和地方规定的排放标准《大气污染物综合排放标准》（GB 16297—1996）。表3-6为现有污染源大气污染排放限值（1997年1月1日前），表3-7为新污染源大气污染物排放限值（1997年1月1日起）。

表3-6　现有污染源大气污染排放限值（1997年1月1日前）

污染物	最高允许排放浓度 /(mg/m³)	最高允许排放速率/(kg/h)			
		排气筒高度/m	一级	二级	三级
氮氧化物	1700 硝酸,氮肥和火炸药生产	40	4.6	8.9	14
		60	9.9	19	29

表3-7　新污染源大气污染物排放限值（1997年1月1日起）

污染物	最高允许排放浓度/(mg/m³)	最高允许排放速率/(kg/h)		
		排气筒高度/m	二级	三级
氮氧化物	1400 硝酸,氮肥和火炸药生产	40	7.5	11
		60	16	25

由于各排放源的废气量、氮氧化物含量、NO的氧化率、压力、温度等都不尽相同。因此，对这些种类的氮氧化物废气要各自寻求合适有效的净化方法。目前，应用于脱除化工废气中氮氧化物的方法可分为：还原法、液体吸收法、吸附法、生物法和其它方法。

我国硝酸尾气治理目前实际采用的方法是氨选择性催化还原法和碱吸收法。氨法是目前唯一可以把综合法或全中压法硝酸尾气中NO_x排放浓度降到较低水平的方法，但氨耗量大，经济上不合理。碱吸收法制取亚硝酸盐是唯一有经济效益的方法。但排放的NO_x不能达到排放标准。我国目前综合法和全中压法硝酸尾气的处理多采用氨选择性催化还原法,常压和全低压法硝酸尾气的处理多采用碱液吸收法。

总的来说,改革生产工艺,使气态污染物 NO_x 消失在工艺改革之中,才是根本解决 NO_x 污染问题的方法,会收到事半功倍的效果,也是解决 NO_x 污染的重要途径。

一、还原法

还原法中以氨选择性催化还原法为主。其反应原理是:以氨为还原剂,在较低温度和催化剂作用下,使氨有选择性地将废气中的 NO_x 还原为 N_2,不与尾气中的 O_2 反应,因而还原剂用量少,NH_3 还原 NO_x 的主要反应如下:

$$8NH_3 + 6NO_2 \longrightarrow 7N_2 + 12H_2O + 2735.4kJ \tag{1}$$

$$4NH_3 + 6NO \longrightarrow 5N_2 + 6H_2O + 1810kJ \tag{2}$$

还可能发生副反应:

$$4NH_3 + 3O_2 \longrightarrow 2N_2 + 6H_2O + 1267.1kJ \tag{3}$$

当反应温度超过 350℃ 时,可能还会发生如下反应:

$$2NH_3 \longrightarrow N_2 + 3H_2 - 91.95kJ \tag{4}$$

$$4NH_3 + 5O_2 \longrightarrow 4NO + 6H_2O + 907.3kJ \tag{5}$$

因此一般生产实践中,反应温度控制在 300℃ 以下,因此仅有副反应(3)发生。

NH_3 选择性催化还原法净化硝酸尾气总的 NO_x 的工艺流程,取决于硝酸生产工艺。综合法硝酸尾气净化系统一般设在透平膨胀机之后,其流程如图 3-16 所示。硝酸尾气首先经除尘脱硫干燥后进入热交换器与反应后的热净化气进行热交换,升温后再与燃烧炉产生的高温烟气混合升温到反应温度,加 NH_3 后进入反应器,反应后的热净化气预热尾气后经水封排空。也有的在反应器后未设置换热器预热尾气,而是设置废热锅炉回收净化气的热量。全中压法硝酸尾气的净化系统一般设在透平膨胀机之前。硝酸吸收塔来的尾气经两级预热器逆流预热后,与 NH_3 混合进入反应器,最后经透平膨胀机回收能量后排入大气。这种流程采用生产工艺过程中的高温氧化氮气体将硝酸尾气预热到需要的反应温度,因而不需要燃料气。

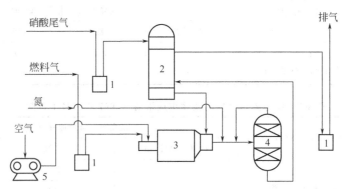

图 3-16 综合法 NO_x 尾气治理工艺流程图

1—水封;2—热交换器;3—燃烧炉;4—反应器;5—罗茨鼓风机

NH_3 对 NO_x 催化还原是容易进行的,除可以用铂、钯贵金属外,用非贵金属 Cu、Fe、V、Mn、Cr 等作催化剂就能达到满意的还原效果。含铂 0.2%~0.5% 的催化剂有很好的活性。含铂 0.5% 的催化剂在 190~300℃ 时,NO_x 的转化率可达 90% 以上。非贵金属催化剂的亚铬酸铜具有很高的活性,含 10% 亚铬酸铜的催化剂在 230~260℃ 范围内,NO_x 的转化率可达 99%,即使在 385℃ 时,NO_x 的转化率仍有 93%,因此操作温度范围比铂催化剂宽，含有23%氧化铜的催化剂和含20%氧化铁与2%氧化亚铬的催化剂也有较高的活性。

我国目前全部使用自己研究的非贵金属催化剂，已经过中试并用于生产中的非贵金属催化剂的种类及特性列于表3-8，它们都具有较好的活性和稳定性，使用寿命长。

表 3-8　国内几种 NO_x 催化剂的特性

项目/型号	75014	8209	81084	8013
形状	圆柱型	球粒	圆柱体	球粒
粒度/mm	$\phi 5\times(7\sim 8)$	$\phi 3\sim 6$	$\phi 4.5\times(6\sim 8)$	$\phi 5\sim 6$
比表面积/(m^3/g)	150	150		$180\sim 200$
孔容/(mL/g)	$0.4\sim 0.5$	0.3		
组分	25% Cu_2CrO_5	10% Cu_2CrO_5	钒锰催化剂	
机械强度	侧压 $6\sim 8$kg/颗 正压 $40\sim 50$kg/颗	总压 $2\sim 3$kg/颗	侧压 12.5kg/cm³	总压 5.5kg/颗
反应温度/℃	$250\sim 330$	$230\sim 330$	$190\sim 250$	$190\sim 230$
进气温度/℃	$220\sim 240$	$210\sim 220$	$190\sim 250$	$192\sim 230$
NH_3/NO_x	$1.0\sim 1.4$	$1.4\sim 1.5$	$0.9\sim 1.0$	$0.9\sim 1.0$
空速/h^{-1}	5000	$10000\sim 14000$	500	10000
转化率/%	≥90	≥95	≥95	>95

影响脱硝效果的因素主要有催化剂种类、反应温度、空间速度、还原剂用量以及尾气中的其它成分。

（1）催化剂种类　由于不同的催化剂种类，其活性不同，反应温度和脱硝效果也不同。

（2）反应温度　铜铬催化剂在300～350℃以下时，随着反应温度的提高，NO_x 的转化率增加，当超过350℃时，由于副反应增加，一部分 NH_3 被氧化成 NO_x 而使转化率反而下降。实际应用中应尽量在较低温度下操作，在保证所需的转化率下减少燃料的消耗。

（3）空间速度　简称空速，指单位时间、单位体积催化剂上通过的标准状态下反应器气体的体积。空速过大，使气体和催化剂接触时间变短，反应不充分，转化率下降。空速过小，催化剂和设备不能充分利用，不经济。

（4）还原剂用量　还原剂 NH_3 的用量一般用 NH_3/NO_x 物质的量比来衡量。各种催化剂活性达到一定转化率的所需的 NH_3/NO_x 比值不同，见表3-8。各种催化剂都有一定的 NH_3/NO_x 比范围。当 NH_3/NO_x 比值小时，反应不完全，转化率低。但当超过某一定值后，转化率不再增加，并且过量的 NH_3 排入大气造成二次污染，且又增加 NH_3 的消耗。

（5）尾气中其它成分的影响　NO_x 和 O_2 对净化效率没有影响，但粉尘和 SO_2 可使催化剂产生中毒，因此，应作适当的前处理。

二、液体吸收法

液体吸收法由于吸收剂种类较多，来源亦广，适应性强，可因地制宜，综合利用，故为中小型化工企业广泛使用。可作为氮氧化物吸收剂的种类很多，如水吸收、稀硝酸吸收、氨-碱溶液吸收、亚硫酸铵-亚硫酸氢铵溶液吸收等。

1. 水吸收法

NO_x 能溶于水，生成硝酸和亚硝酸，亚硝酸在通常情况下很不稳定，很快发生分解，放出 NO 和 NO_2，其化学反应式如下：

$$2NO_2+H_2O\longrightarrow HNO_2+HNO_3$$

$$2HNO_2 \longrightarrow NO + H_2O + NO_2$$
$$2NO + O_2 \longrightarrow 2NO_2$$

由于反应是放热反应，而温度的升高会影响物理吸收和化学反应的进行，所以在采用水吸收时，应考虑反应热的转移。从上述反应式也可看出，水对 NO_x 吸收效率的高低，主要取决于 NO_x 中 NO_2 所占比例的多少。但 NO 氧化为 NO_2 的过程是较缓慢的，而燃烧后的烟气中大约有 90%～95% 的 NO_x 仍然以 NO 形式存在，效率再高的吸收塔对 NO_x 的吸收效率也很难超过 50%。

为提高水对 NO_x 的吸收能力，可采用增加压力、降低温度、补充氧气（空气）的办法，通常采用的操作压力为 0.7～1MPa，温度为 10～20℃，此法可使脱除效率提高到 70% 以上。

2. 酸吸收法

常用酸吸收剂为浓硫酸和稀硝酸，用浓硫酸吸收 NO_x 时生成亚硝基硫酸，反应式为：
$$NO_2 + NO + 2H_2SO_4 \longrightarrow 2NOHSO_4 + H_2O$$

采用稀硝酸吸收 NO_x 是因为 NO_x 中的 NO 在稀硝酸中的溶解度比在水中大得多。由于吸收为物理过程，所以低温高压将有利于吸收。表 3-9 为 25℃ 时 NO 在硝酸中的溶解系数 β 与硝酸浓度的关系。

表 3-9 NO 在不同浓度硝酸中的溶解度

硝酸浓度/%	0	0.5	1.0	2	4	6	12	65	99
β 值	0.041	0.7	1.0	1.48	2.16	3.19	4.20	9.22	12.5

注：β 为标准 $1m^3$ 硝酸所溶解的 NO 的体积（m^3）。

由表 3-9 可知，随着硝酸浓度的增加，其吸收效率显著提高，考虑工业应用的需要，实际操作中所用的硝酸浓度一般控制在 15%～30% 的范围内。稀硝酸吸收 NO_x 的效率除了与本身的浓度有关外，还与吸收温度和压力有关，实际操作中的温度一般控制在 10～20℃，压力为常压。

稀硝酸吸收含 NO_x 的工艺流程见图 3-17。吸收液采用的是"漂白硝酸"，即脱除了 NO_x 以后的硝酸。从硝酸吸收塔出来的含 NO_x 尾气由尾气吸收塔下部进入，与吸收液逆流接触，进行物理吸收。经过净化的尾气进入尾气透平，回收能量后排空。吸收了 NO_x 后的硝酸经加热器加热后进入漂白塔，利用二次空气进行漂白，再经冷却器降温到 20℃，循环使用。吹出的 NO_x 则进入硝酸吸收塔进行吸收。

近年来，美国提出一种催化吸收法，即用硝酸在装满起催化作用的填料的填料塔中吸收 NO_x 的流程。尾气进入催化吸收塔中，与来自解析塔并经冷却后的漂白硝酸在起催化作用的填料上逆流接触，发生如下反应而将 NO_x 回收为 HNO_3。
$$2NO_x + H_2O + (2.5-x)O_2 \longrightarrow 2HNO_3$$

据报道，催化剂是由硅胶、硅酸钠、黏土等的混合物灼烧制成。此法不仅适用于硝酸尾气处理，也适用于含 3% NO_x 的硝化反应气体和其它任何 NO_x 废气的处理，可以在常压下回收 NO_x 为硝酸。

3. 碱液吸收法

常用的碱性溶液吸收剂有 NaOH、KOH、Na_2CO_3、氨水等，它们的反应式如下：
$$2NaOH + 2NO_2 \longrightarrow NaNO_2 + NaNO_3 + H_2O$$
$$2NaOH + NO + NO_2 \longrightarrow 2NaNO_2 + H_2O$$
$$2NH_3 + 2NO_2 \longrightarrow NH_4NO_3 + N_2 \uparrow + H_2O$$
$$2NO + O_2 + 2NH_3 \longrightarrow NH_4NO_3 + N_2 \uparrow + H_2O$$

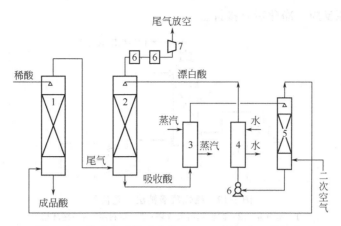

图 3-17 稀硝酸吸收法净化含 NO_x 尾气的工艺流程
1—硝酸吸收塔；2—尾气吸收塔；3—加热器；4—冷却器；5—漂白塔；
6—尾气预热器；7—尾气透平

上述各吸收反应中，氨的吸收效率最高。为进一步提高对 NO_x 的吸收效率，可采用氨-碱溶液两级吸收，由于这一工艺中没有使用催化剂，因此它也属于选择性无催化还原脱 NO_x 工艺，其流程示意见图 3-18。吸收液经多次循环，碱液耗尽之后，将含有硝酸盐和亚硝酸盐的溶液浓缩结晶作肥料使用。

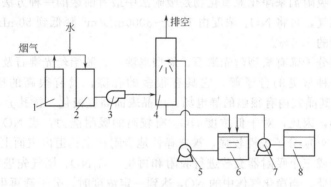

图 3-18 碱性溶液吸收法流程示意图
1—液氨贮罐；2—缓冲剂；3—引风机；4—吸收塔；5，7—循环泵；
6—碱液循环槽；8—碱液制备槽

使用氨-碱溶液吸收 NO_x 的效率可达 80% 左右。硝酸工厂中常用碳酸钠溶液吸收 NO_x 获得 $NaNO_2$，但溶液的吸收效率不如 $NaOH$ 高。这除了跟它们自身的反应活性有关外，还与 Na_2CO_3 和 NO_x 反应放出 CO_2 气体有关，反应放出的 CO_2 影响 NO_x 的溶解，从而影响 NO_x 脱除效率。

4. 液相还原吸收法

这是一种用液相还原剂将 NO_x 还原成 N_2 的方式，即湿式分解法。常用的还原剂有亚硫酸盐、硫化物、硫代硫酸盐、尿素水溶液等，下面简单介绍硫代硫酸钠法。

硫代硫酸钠在碱性溶液中是较强的还原剂，可将 NO_2 还原成 N_2，适于净化氧化度较高的含 NO_x 的尾气。主要化学反应是：

$$2NO_2 + Na_2S_2O_3 + 2NaOH \longrightarrow N_2\uparrow + 2Na_2SO_4 + H_2O$$

硫代硫酸钠净化 NO_x 的工艺流程见图 3-19。含 NO_x 的废气进入吸收塔，与吸收液逆流接触，发生还原反应，净化后直接排空。

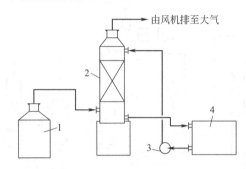

图 3-19 硫代硫酸钠法工艺流程
1—毒气柜；2—波纹填料吸收塔；3—塑料泵；4—循环槽

三、吸附法

用固体吸附剂吸附回收硝酸尾气中的 NO_x，可达到较高的净化程度，并将高浓度的 NO_x 加以回收利用，用热空气或蒸汽进行吹脱 NO_x，再生吸附剂。其优点是操作简便、易于控制，但当硝酸尾气中 NO_x 含量高时，吸附剂用量大，设备庞大。常用固体吸附剂有分子筛、硅胶、活性炭、含氨泥煤等。

1. 分子筛吸附法

利用分子筛作吸附剂来净化氮氧化物是吸附法中最有前途的一种方法，国外已有工业装置用于处理硝酸尾气，可将 NO_x 浓度由 $1500 \sim 3000 mL/m^3$ 降低到 $50 mL/m^3$。回收的硝酸量可达工厂生产量的 2.5%。

用作吸附剂的分子筛有氢型丝光沸石、氢型皂沸石、脱铝丝光沸石及 BX 型分子筛。

丝光沸石是一种常见的分子筛，它具有很多的孔隙，具有很高的比表面积，一般为 $500 \sim 1000 m^2/g$，其晶穴内有很强的静电场，内晶表面高度极化，微孔分布单一均匀，并具有普通分子般大小，因此，对于低浓度 NO_x 有较高的吸附能力，当 NO_x 尾气通过吸附床时，由于 H_2O 和 NO_2 分子极性较强，被选择性地吸附在主孔道内表面上。

一般采用两个或三个吸附器交替进行吸附和再生。含 NO_x 尾气先进行冷却和除雾，再经计量后进入吸附器。当净化气体中的 NO_x 达到一定浓度时，分子筛再生，将含 NO_x 的尾气通入另一吸附器，吸附后的净气排空。吸附器床层用冷却水间接冷却，以维持吸附温度。

再生时，按升温、解吸、干燥、冷却四个步骤进行。丝光沸石吸附法的工艺操作指标见表 3-10。

表 3-10 丝光沸石吸附 NO_x 工艺操作指标

温度值/℃					空间速度 /h^{-1}	解吸时间 /min	干燥时间 /h	切换时净气 NO_x 含量 ($\times 10^{-6}$)	干燥后干燥气中 H_2O 含量 /(g/m³)
入塔尾气	吸附温度	再生升温	再生解吸	再生干燥	干燥后床层冷却				
20~30	25~35	120	150~190	170~250	<30	<1000	20	1~47	<20	10

2. 活性炭吸附法

活性炭对低浓度 NO_x 有很高的吸附能力，其吸附量超过分子筛和硅胶。但由于活性炭在 300℃ 以上有自燃的可能，给吸附和再生造成相当大的困难。

法国氮素公司近年来发展了一种新的活性炭吸附法——考发士（COFAZ）法。该法是使硝酸尾气与喷淋过水或稀硝酸的活性炭相接触，尾气中 NO_x 被吸附，其中 NO 与尾气中

的 O_2 在活性炭表面催化氧化为 NO_2，进而再与水反应生成稀硝酸及 NO。其流程见图3-20。硝酸尾气进入吸附器的顶部，顺流而下经过活性炭层，同时水或稀硝酸经过流量控制装置由喷头均匀喷入活性炭层。净化后的气体会同吸附器底部的硝酸一起进入气液分离器。气体经分离后自分离器顶部逸出，送入尾气预热器，并经透平膨胀机回收能量后放空。分离器底部出来的硝酸分为两路：一路经流量计由塔顶进入到硝酸吸收塔；另一路经调节阀与工艺水掺和后经流量控制装置回吸附器。分离器中的液位用水自动补充，补充水用控制阀来调节。

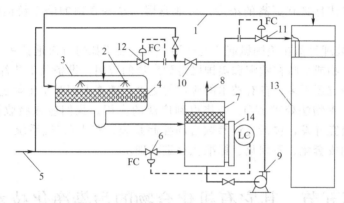

图 3-20　"考发士"法脱除 NO_x 流程示意图
1—硝酸吸收塔尾气；2—喷头；3—吸附器；4—活性炭；5—工艺水或稀硝酸；
6—液位控制阀；7—分离器；8—排空尾气；9—循环泵；10—循环阀；
11，12—流量控制阀；13—硝酸吸收器；14—液位计

这种方法能脱附 80% 以上的 NO_x，使排出气体变成无色，回收的硝酸约占总产量的 5%，此法在国外已应用于日产量 57t、60t、105t、175t 硝酸厂的 100% 尾气处理。

四、生物法

生物法处理含 NO_x 废气的实质是利用微生物的生命活动将 NO_x 转化为无害的无机物及微生物的细胞质。由于该过程难以在气相中进行，所以气态的污染物先经过从气相转移到液相或固相表面的液膜的传质过程，可生物降解的可/微溶性污染物从气相进入滤塔填料表面的生物膜中，并经扩散进入其中的微生物组织，然后，污染物作为微生物代谢所需的营养物，在液相或固相被微生物吸附净化。

生物法净化技术对于具有简单分子结构（降解时需要较少能量）、小分子量的气态有机化合物和臭味物质的净化处理研究已比较成熟，在欧美得到了广泛应用，并且特别适用于低污染物浓度、较大气量的废气净化过程。

目前，国内外有关生物法处理 NO_x 的报道主要均针对 NO_x 中不易溶于水的 NO。根据研究的进展情况，将生物法处理 NO 分为反硝化处理、硝化处理和真菌处理三类。

(1) 反硝化处理 NO　在反硝化过程中，NO 通过反硝化菌的同化反硝化（合成代谢）还原成有机氮化物，成为菌体的一部分；异化反硝化（分解代谢），将其最终转化为 N_2。由于反硝化菌是一种兼性厌氧菌，以 NO 作为电子受体进行厌氧呼吸，故它不像好氧呼吸那样释放出更多的 ATP，相应合成的细胞物质量也较少。在生物反硝化过程中，以异化反硝化为主。因此，生物法净化 NO 也主要是利用反硝化细菌的异化反硝化作用。该系统存在的缺点是要求额外提供微生物生长所需要的基质。

(2) 硝化处理 NO　硝化处理 NO 的生物滤器的研究首先是戴维斯加州大学提出的，他

们研究了利用以 NH_4^+ 为能源的自养菌氧化废气中的 NO,达到 70％的去除率(进气浓度为 $107mg/m^3$,停留时间为 $12\sim13min$),这主要是硝化菌和亚硝化菌的硝化作用。当进气浓度小于 $188mg/m^3$ 时,摄入的 NO 与进气浓度成正比。硝化反应符合一级动力学。

(3) 真菌处理 NO　Woertz 等研究了真菌生物反应器利用甲苯作为单一碳源和能源去除 NO,碳氮比即甲苯:NO-N=14:1。在有氧条件下,进气浓度为 $335mg/m^3$,停留时间为 1min 时,NO 的去除率为 93％。去除机理目前尚不能确定,但可能是反硝化。真菌能选择性地去除 NO(去除率 93％)而不是 O_2(去除率<2％)的原因尚不清楚,尤其是 O_2 是一个更强的电子受体且具有更高的浓度。可能是因为这些真菌的酶系统能同时攻击甲苯和 NO 而不是 O_2。

NO_x 生物法处理目前在美国掀起研究热潮,焦点在于如何有效地捕集 NO_x。生物过滤法处理挥发性有机物或臭味在欧洲和美国已得到广泛的应用,设备及工艺都较为成熟。而在我国,这方面的研究还不多,自有技术的应用就更少。随着人们对于生物过滤法的研究与开发的进一步深入,生物法处理 NO_x 必将得到广泛的应用。我们应在吸收国外成果的基础上,注重设备的研究开发,包括过程参数自动控制系统、布水/布气系统、填料等,为实现生物过滤器产品的成套化、系列化、标准化奠定基础。

第五节　其它有机化合物的污染净化技术

气态污染物种类很多,本节将分别介绍几种工业废气的净化技术,主要有工业有机废气、含氟废气、酸雾、含重金属废气以及一些有毒有害废气的净化技术。

一、挥发性有机废气净化技术

有机废气的种类很多,在石油加工、有机合成、炼焦、印染、塑料、喷涂等生产过程都会排出各种有机废气;在涂料、印刷、感光胶片等生产过程大量使用有机溶剂,如苯类、酯类、醇类及汽油等,溶剂的挥发产生了以有机溶剂蒸气为主要污染物的废气。有机废气的净化方法有冷凝法、燃烧净化法、吸附法、吸收法及生物处理法。

1. 燃烧净化法

烃类化合物和有机溶剂蒸气均为可燃气体,燃烧后生成二氧化碳和水,产生的热量可利用。燃烧法又分为直接燃烧法、焚烧法、催化燃烧法。

2. 吸附法

吸附法净化有机蒸气既能防止环境污染,又能回收有机物质。常用的吸附剂是活性炭,用它可从空气气流中吸收多种有机溶剂,包括汽油或石油醚之类的烃类;甲醇、乙醇、异丁醇、丁醇及其它醇类,二氯乙烷、二氯丙烷,酯类,酮类,醚类,芳香类,苯、甲苯、二甲苯等以及其它许多有机化合物,然后用高温蒸汽解析,活性炭再生后继续吸附。解析出来的有机气体和水蒸气通过冷凝法冷凝,最后将有机溶剂与水分离。在工艺上,普遍应用固定床净化流程。

3. 吸收法

在对有机废气进行治理的方法中,吸收法的应用不如燃烧(催化燃烧)法、吸附法等广泛,影响应用的主要原因是因为有机废气的吸附剂均为物理吸收,其吸收容量有限。

吸收法净化有机废气,最常见的是用于净化水溶性有机物。国内已有一些有机废气吸收的实际应用实例,但净化效率都不高。目前,在石油炼制及石油化工的生产及贮运中采用吸收法进行烃类气体的回收利用。

4. 冷凝法

冷凝法是脱除和回收挥发性有机废气较好的方法，但是要获得高的回收率，往往需要较低的温度或较高的压力，因而冷凝法常与压缩、吸附、吸收等过程联合使用，以达到既经济又能获得较高回收率的目的。

5. 生物法

生物法控制有机废气污染是近年来发展起来的空气污染控制技术，主要针对既无回收价值又有严重污染环境的工业废气的净化处理而研究开发的。该技术已在德国、荷兰得到规模化应用，有机物去除率大都在 90% 以上。有机废气生物净化过程的实质是附着在滤料中的微生物在适宜的环境条件下，利用废气中的有机成分作为碳源和能源，维持其生命活动，并将有机物分解为 CO_2、H_2O 的过程。气相主体中有机污染物首先经历由气相到固/液相的传质过程，然后才在固/液相中被微生物降解。

生物法可处理的有机物种类见表 3-11。

表 3-11 生物法适宜处理的有机物种类

有机物种类	有机物实例
烃类	乙烷,石脑油,环己烷,二氯甲烷,三氯甲烷,三氯乙烷,,四氯乙烯,三氯苯,四氯化碳,苯,甲苯,二甲苯
酮类	丙酮,环己酮
酯类	醋酸乙酯,醋酸丁酯
醇类	甲醇,乙醇,异丙醇,丁醇
聚合物单体	氯乙烯,丙烯酸,丙烯酸酯,苯乙烯,醋酸乙烯

二、含氟废气净化技术

含氟废气是指含有氟化氢、四氟化硅和氟化物粉尘的废气。主要来源于工业生产过程，如：化学工业的黄磷、磷肥生产过程；冶金工业的铝电解、炼钢和含氟矿石的高温煅烧和熔融过程；煤约含氟 0.001%~0.048%，在利用中可产生一部分氟化物。另外，玻璃制造、水泥生产、四氟乙烯等含氟塑料、冷冻剂氟里昂、火箭喷射剂及某些催化剂和助熔剂等生产，也存在含氟废气的污染问题。

含氟废气的净化处理，一般分为干法、湿法和其它方法。

干法净化处理是将含氟废气通过装填有固体吸附剂的吸附装置，使氟化氢与吸附剂发生反应，达到除氟的目的。常用氧化铝直接吸附。吸附氟化氢后的含氟氧化铝又可直接用于铝电解生产。

湿法净化处理系统采用液体来洗涤含氟废气，该法既能消除氟污染，又能回收一些产品，故应用较广。所用的吸附剂有水、氢氟酸溶液、氟硅酸溶液、碱性溶液（Na_2CO_3、NH_4OH、氟化铵等）、盐溶液（如 NaF、K_2SO_4 等）。

三、含汞废气净化技术

汞是银白色液体金属，熔点 234.26K，沸点 630K，蒸气压 0.1733Pa（293K 时），能溶解多种金属，并能与除铁、铂之外的各种金属生成多种汞剂。空气中的汞以蒸气形式存在。室内墙壁、地坪和家具都能吸收汞，但在高温条件下又会向空气中释放汞。含汞废气主要来自冶金、化工仪表灯工业生产过程，其它用汞的场合也会有汞蒸气散发。

汞经过呼吸道进入人体内，能引起植物神经功能紊乱，使人易怒、心悸、出汗、肌肉颤抖，颜面痉挛，伤害脑组织。

含汞废气的净化方法有很多种，下面主要介绍吸附法和高锰酸钾溶液吸收法两种流程。

1. 吸附法净化含汞废气

直接用活性炭或硅胶吸附汞蒸气，效果较差。若将活性炭用银浸渍过后，活性炭对空气中汞的吸附容量就会增大 100 倍，浸银活性炭吸附的汞质量可超过活性炭质量的 3%。浸渗银量为活性炭质量的 5%～50%。

吸附剂吸附汞达到饱和后，用加热法再生，加热再生的温度为 300℃。也可用蒸馏法回收纯汞。

2. 高锰酸钾溶液吸收法

高锰酸钾溶液与汞的化学反应式如下：

$$2KMnO_4 + 3Hg + H_2O \longrightarrow 2KOH + 2MnO_2 + 3HgO$$

$$MnO + 2Hg \longrightarrow Hg_2MnO_2$$

吸收前应先降温，因此废气先进入冷却塔，降温后再进入吸收塔。在塔内高锰酸钾溶液与汞蒸气进行吸收反应，吸收剂溶液经过多次循环使用后，其中汞含量不断增大，一般用絮凝剂使悬浮物沉淀分离。上清液加入高锰酸钾后返回吸收塔进行吸收。沉淀分离出来的汞废渣经处理后回收金属汞。

四、酸雾净化技术

酸雾主要来源于化工、冶金、轻工、纺织、机械制造业的制酸、酸洗、电镀、电解、酸蓄电池充电及各种用酸过程。常见的酸雾有硫酸雾、盐酸雾、铬酸雾等。

酸雾的形成一是因为酸溶液的表面蒸发，酸分子进入空气中，吸收水分而凝结成细小酸雾；另一原因是酸溶液内有化学反应，形成气泡，气泡浮至液面爆破，酸雾飞溅形成酸雾。

酸雾是液体气溶胶，可以用颗粒状污染物的净化方法来处理。但由于雾滴细，而且密度小，一般除尘技术不能奏效，需要高效分离装置（如静电沉积装置）。由于酸雾有较好的物理、化学活性，因此可以用吸收、吸附等净化方法来处理。一般多用液体吸收或过滤法处理。

1. 吸收法

由于一般酸均易溶于水，可以用水吸收，该法简单易行，但耗水量大、效率低。产生的含酸废液浓度低，利用价值小，一般是处理后排掉。

碱溶液吸收是用碱性溶液吸收中和。常用的吸收剂是 10% 的 Na_2CO_3 溶液，4%～6% 的 NaOH 和氨的水溶液。吸收液的 pH 值应保持在 8～9 以上。

酸雾吸收法常用的设备有喷淋塔、填料塔、筛板塔、文丘里洗涤器等。

2. 过滤法

若酸雾雾滴较大，可用过滤法来净化。酸雾过滤器的滤层由聚乙烯丝网或聚氯乙烯板网交错叠置而成，也可用其它填料（如鲍尔环）制作。酸雾在填料层中，因惯性碰撞和拦截等效应被截留，聚集到一定量，受重力作用向下流动进入集酸液槽中被捕集。铬酸雾，硫酸盐雾用过滤法净化效果都很好，铬酸雾的捕集效率可达 98%～99%，硫酸烟雾的捕集效率可达 90%～98%。

小　　结

本章主要对化学工业过程中产生的废气污染进行阐述，针对化工废气的形成过程和特点，主要讲述了颗粒污染物、硫氧化物、氮氧化物等污染的控制方法，将它与火电厂等的废气污染治理方法区别开来。另外还对化工过程中常见的挥发性有机废气、含氟废气、含汞废气等污染治理方法进行了简单的概述。

在对化工废气治理方法阐述时,主要是按照废气的几个主要治理方法,即吸收法、吸附法、生物法、燃烧法等,对各种不同成分废气的治理方法原理、设备、影响因素等进行阐述。各种方法既有共性,又有不同之处,学习时应注意比较。

复习思考题

1. 列举大气中主要的气态污染物及其来源。
2. 简述释放于大气中的硫氧化物、氮氧化物的来源和发生机制。
3. 我国制定的大气质量控制标准有哪几大类?
4. 简述我国环境控制质量标准的"三类区、三标准"的内容的意义。
5. 颗粒物的粒径分布有哪几种表示方法?每种方法的特点是什么?
6. 粉尘的导电机制有哪两种?温度对粉尘的比电阻有什么样的影响?
7. 总效率与分级除尘效率之间有什么关系?用公式表示。
8. 简述惯性碰撞、直接拦截和扩散沉降的机理;分析粒径对这三种沉降效果的影响。
9. 重力沉降室的除尘效率与哪些参数有关?它们之间的关系如何?
10. 在旋风除尘器中,何处(以径向位置表示)受到的离心力最大?为什么?
11. 影响旋风除尘器分隔粒径的主要因素有哪些?加大入口气速对其性能会产生哪些影响?
12. 电除尘器的主要优点有哪些?简述电除尘器的主要工作原理。
13. 粒子在电场中荷电有哪两种机制?如何计算?粒径变化对两种荷电机制的作用有什么影响?
14. 对于如下六种常见除尘装置,当气体处理量增大时,哪种除尘器的除尘效率可能升高?
    ①重力除尘器;②填料洗涤器;③文丘里洗涤器;④过滤式除尘器;⑤旋风除尘器;⑥电除尘器。
15. 与干式除尘装置相比,简述湿式除尘器的优缺点。湿式除尘器有哪几种重要分类方法?
16. 湿式除尘中,应用了哪几种捕集机理?
17. 文丘里洗涤器的主要缺点是什么?
18. 氨法脱除 SO_2 的原理是什么?试分析影响活性炭吸附 SO_2 的因素有哪些?
19. 简述袋式除尘器的应用条件及其特性。哪些因素会对选择滤料产生重要影响?
20. 袋式除尘器的清灰方式有哪几种?
21. 为了有效净化含尘气体中的粉尘,应正确选用适宜类型的除尘器,试问,在选用除尘器类型时,应首先考虑下述四种因素中的哪几种?
    ①排放浓度;②排放尘的粒径分布;③待净化气体的温度;④待净化气体的流量。
22. 对除尘器有如下五种叙述,试问其中哪一种叙述有误?
    ①电除尘器和布袋除尘器都是高效除尘器;②电除尘器的压力损失和操作费用都比布袋除尘器高;③一般来说,电除尘器的一次投资费用要比布袋除尘器高;④布袋除尘器的运行维护费用比电除尘器高;⑤旋风除尘器去除 $10\mu m$ 以下的粉尘,仍有较高的除尘效率。

第四章　化工废渣处理及资源化

【学习指南】

掌握化工废渣的概念和分类，了解化工废渣的主要来源，认识化工废渣造成的环境污染危害及其污染特点。

熟悉化工废渣防治原则，掌握化工废渣常见的处理技术。

掌握典型行业化工废渣的处理技术。

第一节　化工废渣来源及特点

一、化工废渣定义

2005 年 4 月 1 日起施行的《中华人民共和国固体废物污染环境防治法》第六章附则的第八十八条第（一）款中对固体废物进行了明确定义，即指在生产、生活和其它活动中产生的丧失原有利用价值或者虽未丧失利用价值但被抛弃或者放弃的固态、半固态和置于容器中的气态的物品、物质以及法律、行政法规规定纳入固体废物管理的物品、物质。

化工废渣是指化学工业生产过程中排出的各种工业废渣。由于化工生产过程中所用的原料种类、反应条件等的不同，使得产生的废渣的化学成分和矿物组成等均有较大差异。但总的来说，化工废渣中的主要成分为硅、铝、镁、铁、钙等化合物，同时还含有一些钾、钠、磷、硫等化合物，对于一些特定的化工废渣，如铬渣、汞渣、砷渣等则含有铬、汞、砷等有毒物质。因此，总体上化工废渣种类繁多、组分复杂、数量巨大、部分有毒。

二、化工废渣的分类

《中华人民共和国固体废物污染环境防治法》中将固体废物分为三大类，即生活垃圾、工业固体废物和危险废物。工业固体废物中有化工废渣，危险废物中也有化工废渣。

不同性质的化工废渣对环境造成危害的程度是不同的，不同性质的化工废渣其处理和处置的方法也是有差异的，为了对化工废渣进行合理的管理、处理和处置，应对化工废渣进行科学分类。国家经贸委发布的《资源综合利用目录》（2003 年修订）介绍的化工废渣包括：硫铁矿渣、硫铁矿烧渣、硫酸渣、硫石膏、磷石膏、磷矿煅烧渣、含氰废渣、电石渣、磷肥渣、硫黄渣、碱渣、含钡废渣、铬渣、盐泥、总溶剂渣、黄磷渣、柠檬酸渣、制糖废渣、脱硫石膏、氟石膏、废石膏模等。

化工废渣常见的分类方法有以下四种。

1. 按照化学性质进行分类

一般将化工废渣分为无机废渣和有机废渣。无机废渣主要指废物的化学成分是无机物的混合物，如铬盐生产排出的铬渣。有机废渣是指废物的化学成分主要是有机物的混合物，如高浓度的有机废渣，组成很复杂。

2. 按照化工废渣对人和环境的危害性不同进行分类

一般将化工废渣分为一般工业废渣和危险废渣。一般工业废渣通常指对人体健康或环境危害性较小的废物，如硫酸矿烧渣、合成氨造气炉渣等。危险废渣通常指具有毒性、腐蚀性、反应性、易燃易爆性等特性中的一种或几种的废渣，如铬盐生产过程中产生的铬渣、水银法烧碱生产过程中产生的含汞盐泥等。

3. 按照化工废渣产生的行业和生产的工艺过程进行分类

化工废渣可分为无机盐行业、氯碱工业、磷肥工业、氮肥工业、纯碱工业、硫酸工业、染料工业等。这种分类方法有利于进行化工废渣的管理和统计，便于有针对性地选择化工废渣的处理和处置方法。表 4-1 为化工废渣来源及主要污染物。

表 4-1 化工废渣来源及主要污染物

生产类型及产品	主要来源	主要污染物
无机盐行业		
重铬酸钾	氧化焙烧法	铬渣
氰化钠	氰钠法	氰渣
黄磷	电炉法	电炉炉渣、富磷泥
氯碱工业		
烧碱	水银法、隔膜法	含汞盐泥、盐泥、汞膏、废石棉隔膜、电石渣泥、废汞催化剂
聚氯乙烯	电石乙炔法	电石渣
磷肥工业		
黄磷	电炉法	电炉炉渣、泥磷
磷酸	湿法	磷石膏
氮肥工业		
合成氨	煤造气	炉渣、废催化剂、铜泥、氧化炉灰
纯碱工业		
纯碱	氨碱法	蒸馏废液、岩泥、苛化泥
硫酸工业		
硫酸	硫铁矿制硫酸	硫铁矿烧渣、水洗净化污泥、废催化剂
有机原料及合成材料		
季戊四醇	低温缩合法	高浓度废母液
环氧乙烷	乙烯氯化（钙法）	皂化废渣
聚甲醛	聚合法	稀醛液
聚四氟乙烯	高温裂解法	蒸馏高沸残液
聚丁橡胶	电石乙炔法	电石渣
钛白粉	硫酸法	废硫酸亚铁
染料工业		
还原艳绿 FFB	苯绕蒽酮缩合法	废硫酸
双倍硫化氰	二硝基氯苯法	氧化滤液
化学矿山		
硫铁矿	选矿	尾矿

4. 按照化工废渣的主要组成成分进行分类

化工废渣可分为废催化剂、硫铁矿烧渣、铬渣、氰渣、盐泥、各类炉渣、碱渣和各类废酸碱液等。

三、化工废渣来源

化学工业是对环境的各种资源进行化学处理和转化加工生产的部门。化工生产的特点是"四多"，即原料多、生产方法多、产品的品种多、产生的废物多。根据化工部门的统计，用于化学工业生产的各种原料最终约有 2/3 变成了废物。而这些废物中固体废物约占 2/1 以上，所以所用的各种原料中，最终有 1/3 变成了化工废渣，可见化工废渣产生量十分巨大，而且废渣也同样会对环境造成污染、危害。

化工废渣包括化工生产过程中排出的不合格的产品、副产物、废催化剂、废溶剂、蒸馏残液以及废水处理产生的污泥等。化工废渣的性质、数量、毒性与原料路线、生产工艺、操作条件有很多关系。例如硫酸生产过程中产生的硫铁矿烧渣，各种铬盐生产过程中产生的铬渣等。

由化工企业排放出的固体形式的废气物质，凡是具有毒性、易燃性、腐蚀性、放射性等各种废弃物都属于有害废渣。化工废渣除由生产过程中产生之外，还有非生产性的固体废物，如原料及产品的包装垃圾、工厂的生活垃圾等，这些垃圾中也会有很多有害的物质。

四、化工废渣的危害

化工废渣对人类环境的危害，主要表现在以下 6 个方面。

（1）侵占土地　2006 年全国化学原料及化学制品制造业的固体废物产生量达 10152 万吨，其中危险废物 350.1 万吨，扣除处理、处置和排放量外，尚有 1854 万吨贮存。化工废渣不加以利用时需占地堆放，堆积量越大，占地越多，侵占了大量农田，严重破坏地貌、植被和自然景观。

（2）污染土壤　化工废渣堆放和没有适当的防渗措施的填埋，有害成分很容易经过风化、雨淋、地表径流的侵蚀渗入土壤之中，使土壤毒化、酸化、碱化，从而改变了土壤的性质和土壤结构，影响土壤微生物的活动，妨碍植物根系的生长，甚至导致寸草不生。

（3）污染水体　化工废渣随天然降水和地表径流进入江河湖泊，或随风飘迁，落入水体使地表水污染；随渗流进入土壤则使地下水污染；直接排入河流、湖泊或海洋，又会造成更大的水体污染。

（4）污染空气　化工废渣在适宜的温度和湿度下被微生物分解，释放出有害气体；以细粒状存在的废渣和垃圾，会随风飘逸扩散到很远的地方，造成大气的粉尘污染；化工废渣在运输和处理过程中产生有害气体和粉尘；采用焚烧法处理化工废渣也会污染大气。

（5）传播疾病，危害人体健康　化工废渣，尤其是有害废渣，在堆存、处理、处置和利用过程中，其中的有害成分会通过水、大气、食物等途径被人体吸收，引发各种不适、疾病等。

（6）造成污染事故，导致人身伤亡和经济损失。

五、化工废渣的管理

1. 化工废渣的"三化"原则

"三化"原则，即指减量化、资源化和无害化。所谓"减量化"是指通过适当的方法和手段尽可能减少化工废渣产生量的过程。它是防止和减少化工废渣的最基础的预防性措施和方法。"资源化"是指对已经产生的化工废渣通过回收、加工、再利用，使其直接成为产品或转化为可供利用的再生资源的过程。"无害化"是指对已经产生和排放但又无法或暂时不能利用的化工废渣进行合理的管理和处置，使其减少以至避免对环境和人体健康造成危害的过程。这"三化"是一个统一整体，相辅相成。

2. 化工废渣的"全过程管理"

化工废渣的"全过程管理"是指对化工废渣的产生、收集、贮存、运输、利用、处置的所有环节进行污染防治管理。化工废渣对环境的污染，不限于某一个或某几个环节上，而是可以发生在化工废渣的产生、收集、贮存、运输、利用和处置的各个环节上，因此，必须进行化工废渣的全过程管理，即"从摇篮到坟墓"的管理。

3. 化工废渣的"分类管理"

化工废渣的"分类管理"是指对不同类别的化工废渣实行不同的污染防治措施。比如将化工废渣区分为一般工业废渣和危险废渣。对危险废渣的污染防治规定了更为严格的管理措施。

4. 化工废渣的"排污收费"

对露天堆存化工废渣的，要求设置专用的贮存设施、场所。贮存设施和场所须经环境保护行政主管部门验收合格后，方可投入生产或者使用。有符合规定的化工废渣贮存或者处置设施、场所的，就可不缴排污费。采取缴纳排污费措施的单位在限期内提前建成化工废渣贮存或者处置设施、场所或者经改造使其符合环境保护标准的，自建成或者改造完成之日起，不再缴纳排污费。对于危险废渣，以填埋方式处置而又不符合国务院环境保护行政主管部门的规定的，才缴纳危险废渣排污费。

5. 化工废渣的"资源化利用"

"废物"具有相对性，一种过程的废物往往可以成为另一种过程的原料，所以废物也有"放在错误地点的原料"之称。对于化工废渣，我国现有的利用途径主要是从废渣中提取纯碱、烧碱、硫酸、磷酸、硫黄、复合硫酸铁、铬铁等，并利用废渣生产水泥、砖等建材产品及肥料等。目前的应用主要以低层次、低技术含量的利用，废渣中的很多资源并没有得到高附加值的利用，如何开展综合利用成为一个亟需研究的课题。

六、危险废物管理方法

国家对危险废物实行"从摇篮到坟墓"的全过程管理制度，即对危险废物的产生、收集、贮存、包装、运输到处理处置进行全过程、全方位的跟踪管理，危险废物管理推行"减量化、资源化和无害化"的管理原则，其管理制度主要如下。

（1）危险废物申报登记制度 危险废物申报登记制度，是指危险废物产生单位按照国家有关规定向环保部门履行有关登记手续，提供有关危险废物情况资料的制度。危险废物的申报登记是整个管理过程的源头和基础，能够起到非常重要的作用，因此必须保证申报登记数据的全面、真实、准确、及时。

（2）危险废物转移联单管理制度 危险废物转移联单制度，是指为防止危险废物转移时产生污染的环境管理制度。即凡转移危险废物的，必须按照有关规定填写危险废物转移联单。

（3）危险废物经营许可证管理制度 指对从事危险废物经营活动的单位实行许可证管理制度，该制度对经营单位的要求是禁止无证或不按许可证规定的范围从事活动；对危险废物产生单位的规定是禁止将危险废物提供或委托给无证单位处置。

（4）危险废物行政代处置制度 是指为使产生危险废物的单位承担处置所产生危险废物的责任，在其违反规定不处置或处置不符合规定时，由环保部门指定其它单位代为处置，处置费由产生危险废物的单位承担的一种间接的行政强制执行措施。产生危险废物的单位不承担处置费用时，由环保部门处以一定数额的罚款。

第二节 化工废渣的常见处理技术

一、概述

化工废渣的处理与处置分处理和处置两个方面，其中处理是指通过一定方法，使化工废渣转化成为适于运输、贮存、资源化利用以及最终处置的一种过程；处置是指化工废渣的最终处置或安全处置，是化工废渣污染控制的末端环节。一些化工废渣经过处理和利用后，总还有部分很难加以利用的残渣存在，它们富集了大量有毒有害成分，或目前尚无法加以利用，需长期保留在环境中。

化工废渣的处理方法主要有物理处理、物化处理、化学处理、热处理、固化处理等方法；化工废渣的处置方法主要有海洋处置和陆地处置两种方法。海洋处置又分海洋倾倒和远洋焚烧；陆地处置主要有土地填埋、土地耕作和永久贮存，其中土地填埋处置技术应用最为广泛。

二、物理处理法

物理处理法是指通过浓缩或相变化改变化工废渣的结构，使其便于运输、贮存、利用和处置。物理处理法主要有压实、破碎、分选等。

1. 压实

化工废渣的压实，也称压缩，是指利用压实机械对松散的化工废渣施加压力，减少化工废渣颗粒间的空隙率，大幅度减少其堆积密度和体积，便于运输和最终处置。适用于处理压缩性能好、复原性小的化工废渣，不适用于高密度、高硬度的化工废渣处理，也不适用于焦油、污泥、易燃易爆的化工废渣处理。

常见的固定式压实器主要有水平压实器、三向垂直压实器和回转压实器等，如图 4-1 所示。

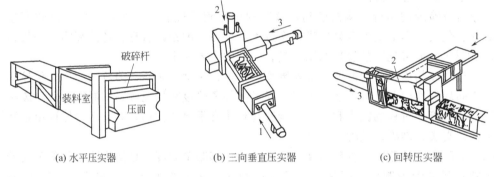

(a) 水平压实器　　(b) 三向垂直压实器　　(c) 回转压实器

图 4-1　常见固定式压实器
1—液压缸；2—装料室；3—容器部分

水平式压实器在使用时，先将废渣装入装料室后，具有压面的水平头做水平直线运动对装料室内的废渣进行压缩，使废渣达到定形和增加密度的压实效果。压实后的废渣由该压头从装料室推出。破碎杆的作用是将压缩后的废渣坯表面的杂乱物破碎，以利于废渣坯块的移出。

三向垂直压实器在使用时，由三个相互垂直的压头依次启动图中的 1、2、3 三个压头，逐渐使废渣的空间体积缩小，容重逐渐增大，最终就可把装入料斗的废渣压实成一块密实的块体。

回转式压实器在使用时，先将废渣装入容器单元后，按照图示的水平压头 1 的方向进行压缩，然后再按箭头运动方向驱动旋动式压头 2，使废渣致密化，最后按水平压头 3 的运动方向将废渣压缩到一定的尺寸后将成形的废渣块体排出压实器。

2. 破碎

破碎是指利用机械外力将废渣分裂成小块的过程，减少颗粒尺寸，有利于进一步加工或再处理，有利于运输、贮存、焚烧、热分解、熔融、压缩、磁选等。机械破碎方法可分为剪切破碎、冲击破碎、湿式破碎、半湿式破碎等方法。

剪切破碎机是利用安装在剪切式破碎机上的固定刀和可动刀之间的啮合产生的剪切作用完成对废渣破碎。适用于密度小的松散废渣的破碎。冲击式破碎机是利用冲击、摩擦、剪切的作用完成破碎工作。

湿式破碎机通常为一圆形立式转筒,底部设有多孔筛。初步分选的废渣由传送带送入,安装在筛板上的6个切割叶轮通过自身的选装作用,把废渣与水的混合物在水槽内选装、搅拌和破碎,最终将废渣制成泥浆状。浆液从破碎机底部筛孔流出,经过湿式旋风分离器去除浆液中的无机物后送到浆液回收工序洗涤、过筛与脱水。破碎机未能粉碎和未通过筛板的金属、陶瓷等物质从破碎机底部侧口压出,由提升机送到传输带,再由磁选器进行分离处理。

半湿式破碎机由三段具有不同尺寸筛孔的外旋圆筒筛和筛内与之反方向旋转的破碎板组成。废渣进入后沿筛壁上升,而后在重力作用下抛落,同时被反方向选装的破碎板撞击,脆性物料先被破碎,通过第一段筛网分离抛出;剩余的物料进入第二段,中等强度的物料在水喷射下被破碎板破碎,由第二段筛网排出;最后剩余的物料则由不设筛网的第三段排出,再进入后续的分选装置进行分选处理。

3. 分选

分选是指通过一定的方法将废渣中可以回收利用的物质和对后续处置工艺不利的物质分离开来,便于对废渣进行相应的处理和处置。分选的方法有手工分选和机械分选两种,以机械分选为主。机械分选又分为筛分、重力分选、磁力分选和电力分选等。

(1) 筛分 筛分是指利用筛子将废渣中不同粒度的物料分离开来,小于筛孔的细粒物料透过筛面,而大于筛孔的粗粒物料留在筛面上。固定筛、筒形筛和振动筛是应用较多的筛分设备,图4-2是筒形筛示意。

(2) 重力分选 重力分选是利用在流动或活动的介质中不同物料的密度差异进行分选的过程。重力分选可

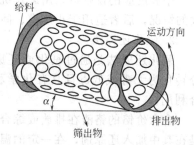

图 4-2 筒形筛示意

分为风力分选、重介质分选、跳汰分选等,其中风力分选是最常用的一种重力分选方法,图4-3(a)、图4-3(b) 分别为卧式风力分选机和立式风力分选机的示意。

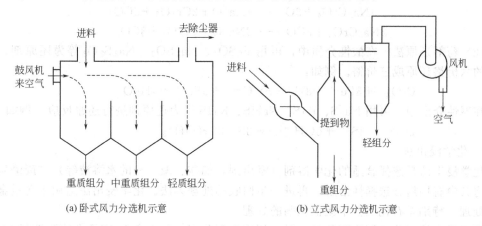

图 4-3 风力分选机

(3) 磁力分选 磁力分选是利用磁选设备将废渣中磁性不同的物质在不均匀磁场中进行分选的方法。当废渣通过磁选机时,其中磁性较强的物料被吸附在磁选设备上,并随着设备运到非磁性区的排料口排料,而磁性较弱或没有磁性的物料则留在废料中排出,完成分选过程。磁力分选只适用于磁性物质的分离。

(4) 电力分选 电力分选是利用废渣中各组分在高压电场中的电导率、带电作用等电性

差别进行物料分离的一种处理方法。尤其适用于导体、半导体和绝缘体之间的分离。

三、化学处理法

化学处理法是指采用化学方法使化工废渣中的有害成分发生无害化转化,便于进一步处理和处置。化学处理法主要有氧化还原、中和、化学浸出等。对于富含毒性成分的残渣,需进行解毒处理或安全处置。

1. 中和法

中和法是根据废渣的酸碱性,选用适当的中和剂,通过中和反应,将废渣中的有毒有害成分转化为无毒或低毒且具有化学稳定性的成分,减轻对环境的危害。中和法尤其适用于化工废渣的处理。对于酸性废渣,常用的中和剂为石灰,处理成本低,其它的氢氧化物、碳酸钠亦可以用作酸性废渣的中和剂。对于碱性废渣,常用的中和剂为硫酸或盐酸。

在条件许可的情况下,可直接用酸性废渣中和碱性废渣,也可以在距离较近、同时有酸性废渣和碱性废渣排出的不同企业之间合作,同时实现废渣的处理和综合循环利用,可取得较好的经济效益和环境效益。

中和反应的设备可采用罐式机械搅拌,也可以采用池式人工搅拌,前者适用于处理量较大的情况,后者适用于小规模、间隙式处理。

2. 氧化还原法

氧化还原法是通过氧化或还原化学反应,将废渣中可以发生价态变化的有毒有害成分转化为无毒或低毒且具有化学稳定性的成分,实现废渣的无害化处置或进行资源的综合利用。

含六价铬的铬渣在排放或综合利用前,一般需要进行解毒处理。铬渣解毒的基本原理就是在其中加入还原剂,在一定的温度条件下将有毒的六价铬还原为无毒的三价铬。

(1) 煤粉焙烧还原法　将铬渣与适量的煤粉或活性炭、锯末等含碳物质均匀混合,加入回转窑中,在缺氧的条件下进行高温焙烧(500~800℃),利用还原剂 C 和在焙烧中产生的 CO 的作用下,将铬渣中的六价铬还原成三价铬。

$$4Na_2CrO_4 + 3C \longrightarrow 4Na_2O + 2Cr_2O_3 + 3CO_2$$

$$2Na_2CrO_4 + 3CO \longrightarrow 2Na_2O + Cr_2O_3 + 3CO_2$$

(2) 药剂还原法　在酸性介质中,可用 $FeSO_4$、Na_2SO_3、$Na_2S_2O_3$ 等为还原剂,将铬渣中的六价铬还原成三价铬。例如:

$$CrO_4^{2-} + 3Fe^{2+} + 8H^+ \longrightarrow Cr^{3+} + 3Fe^{3+} + 4H_2O$$

在碱性介质中,可用 Na_2S、K_2S、$NaHS$、KHS 等为还原剂进行还原反应。例如:

$$2Cr^{6+} + 3S^{2-} + 6OH^- \longrightarrow 3S + 2Cr(OH)_3$$

3. 化学浸出法

化学浸出法是选择合适的化学溶剂(浸出剂,如酸、碱、盐的水溶液等)与废渣发生作用,将其中有用组分选择性溶解,再进一步回收的处理方法。化学浸出法适用于含重金属的废渣处理,特别是石化工业中废催化剂的处理。

用乙烯直接氧化法制取环氧乙烷时,须用银催化剂。每生产 1t 产品大约要消耗 18kg 的银催化剂。催化剂在使用一段时间后,就会失去活性,成为废催化剂。银废催化剂的回收可以采用化学浸出法,回收率可达到 95%。

(1) 选择浓 HNO_3 作化学浸出剂。

$$Ag + 2HNO_3 \longrightarrow AgNO_3 + NO_2 + H_2O$$

(2) 将上述反应液进行过滤,得到 $AgNO_3$ 溶液,加入 NaCl 溶液生产 AgCl 沉淀。

$$AgNO_3 + NaCl \longrightarrow AgCl\downarrow + NaNO_3$$

(3) 由 AgCl 沉淀制得产品 Ag。
$$6AgCl + Fe_2O_3 \longrightarrow 3Ag_2O \downarrow + 2FeCl_3$$
$$2Ag_2O \longrightarrow 4Ag + O_2$$

该法可使催化剂中的银回收率达到 95%，既消除了废催化剂对环境的污染，又取得了一定的经济效益。

四、热处理法

热处理是指通过高温破坏和改变化工废渣的组成和内部结构，达到减少体积、无害化和综合利用的目的。热处理法主要有焚烧、热解、湿式氧化、焙烧和烧结等。

1. 焚烧

焚烧法是将被处理的废渣放入焚烧炉内与空气进行氧化分解，废渣中的有毒有害物质在 800~1200℃ 的高温下氧化、热解而被破坏，属于高温热处理技术中的一种。

通过焚烧使其中的化学活性成分被充分氧化分解，留下的无机成分（灰渣）被排出；通过焚烧，可以迅速大幅度地减少可燃性废渣的体积，彻底消除有毒废物，回收焚烧产生的废热，实现废渣处理的减量化、无害化和资源化。在焚烧过程中应加强管理，否则会造成二次污染。焚烧过程中有可能会产生各种废气，如 CO、CO_2、H_2、醛、酮、多环芳烃化合物、SO_x、NO_x 等，还可能产生具有致癌性和致畸性的二噁英等。

(1) 焚烧的特点 焚烧法有许多独特的优点：

① 减容（量）效果好，占地面积小，基本无二次污染，且可以回收热量；

② 焚烧操作是全天候的，不易受气候条件所限制；

③ 焚烧是一种快速处理方法，使垃圾变成稳定状态，填埋需几个月；在传统的焚烧炉中，只需在炉中停留 1h 就可以达到要求；

④ 焚烧的适用面广，除可处理城市垃圾以外，还可处理许多种其它有毒废弃物。

焚烧法也存在一定的不足：①基建投资大，占用资金期较长；②对固体废物的热值有一定的要求；③要排放一些不能够从烟气中完全除去的污染气体，操作和管理要求较高。

(2) 焚烧设备 焚烧设备主要有流化床焚烧炉、多段炉、旋转窑焚烧炉、敞开式焚烧炉、双室焚烧炉等。

影响焚烧的主要因素包括燃烧反应（燃料特性，即影响传热、传质、传动的因素）、燃烧条件（燃烧设备的类型和其它物理条件），可归纳为 3T：time、temperature、turbulence，即时间、温度、湍流度之间的关系。

选择合适的焚烧炉，可以改善气固相的接触，可以提供燃烧效率，降低气相有毒有害物质的再合成。现代的固体废物焚烧系统在对固体废物的焚烧实现无害化和减量化的同时，对焚烧过程中释放的热能加以能源化利用，并降低焚烧炉的污染排放，减少污染物对环境的污染。因此，现代固体焚烧系统一般包括：预处理系统、焚烧系统、废气处理系统、余热利用系统、灰渣处理系统等。其中，预处理系统的作用为掺混、筛分、分选、破碎、预热、供料；焚烧系统的作用为有效地对固体废物进行焚烧；废气处理系统包括骤冷、热回收、烟气净化（除尘和洗涤）；余热利用系统的作用是将焚烧过程中产生的热能进行有效地利用，如发电和供热；烟气净化系统和灰渣处理系统的作用是对焚烧过程产生的烟气和灰渣进行净化和无害化处理，使其分别达到国家规定的相应排放标准。

① 流化床焚烧炉。这是近几年发展起来的高效焚烧炉，利用炉底分布板吹出的热风将废物悬浮起来呈沸腾状进行燃烧。一般采用中间媒体即载体进行流化，再将废物加入到流化床中与高温的砂子接触、传热进行燃烧。

② 立式多段炉。立式多段炉（又称多段竖炉、多层炉），自 19 世纪 50 年代起，多段炉

就用于化学工业作为焙烧炉,现在经常把它用于固体废物的焚烧处理中。多段炉由多段燃烧空间(炉膛)构成,是一个内衬耐火材料的钢制圆筒。按照各段的功能,可以把炉体分成三个操作区,最上部是干燥区,温度在310~540℃之间,用于蒸发废物中的水分;中部为焚烧区,温度在760~980℃之间,固体废物在该区燃烧;最下部为焚烧后灰渣的冷却区,温度为150~300℃之间。炉中心有一个顺时针旋转的中空中心轴。炉顶有固体废物加料口,炉底有排渣口,辅助燃烧器及废液喷嘴装置于垂直的炉壁上,每层炉壳外都有一环状空气管线以提供二次空气。

多段炉的操作弹性大,适应性强,可以长期连续运行,适用于处理含水率高、热值低的污泥和泥渣,几乎70%的污泥焚烧设备使用多段焚烧炉,这主要是由于污泥难以雾化,不能在一般的带有喷嘴雾化加料的液体焚烧炉内处理,而且污泥在点燃之后容易结成饼或灰覆盖在燃烧表面上,使火焰熄灭,所以需要连续不断地搅拌,反复更新燃烧面,使污泥得以充分氧化。多段炉可以使用多种燃料,利用任何一层的燃烧器以提高炉内温度。在多段焚烧炉内各段都设有搅拌杆,物料在炉体内的停留时间长,能挥发较多水分,但调节温度时较为迟缓。多段焚烧炉由于机械设备较多,需要较多的维修与保养。搅拌杆、搅拌齿、炉床、耐火材料均易受损。另外,通常需要设二次燃烧设备,以消除恶臭污染。此设备不适于处理含可熔性灰分的废物以及需要极高温度才能破坏的物质。

③ 旋转窑焚烧炉。旋转窑焚烧炉是一个略为倾斜并内衬耐火砖的钢制空心圆筒,窑体通常很长。大多数废物由燃烧过程中产生的气体以及窑壁传输的热量加热。固体废物可从前端或后端送入窑中进行焚烧,以定速旋转达到搅拌废物的目的。旋转时必须保持适当倾斜,以利于固体废物下移。

旋转窑焚烧炉的优点是比其它炉型操作弹性大,可以耐废物性状(黏度、水分)、发热量、加料量等条件变化的冲击,能处理多种混合固体废物。旋转窑焚烧炉机械结构简单,故障少,可以长期连续运转。旋转窑焚烧炉的缺点是热效率低,只有35%~40%左右,因此在处理较低热值的固体废物时,必须加入辅助燃料。高黏度污泥在干燥区容易在炉内黏附结块,也影响传热效率。由于从旋转窑体排出的尾气经常带有恶臭味,此时应加设高温后燃室,燃烧温度应在750~900℃,或者导入脱臭装置脱臭。由于窑身较长,占地面积较大。

旋转窑焚烧炉可处理多种物料,除污泥外,还能焚烧处理各种塑料、废树脂、硫酸沥青渣、城市生活垃圾等。

2. 热解

热解是利用废渣中有机物的热不稳定性,在无氧或缺氧的条件下对其进行加热使其分解的过程,把大分子的有机物转化成小分子的可燃气体、液体和固体。即有机固体废渣→气体(H_2、CH_4、CO、CO_2等)+有机液体(有机酸、芳烃、焦油等)+固体(炭黑、炉渣)。

热解和焚烧既有联系,又有区别。二者都是热化学转化过程。二者的区别如表4-2。

表4-2 焚烧与热解的区别

区别	焚 烧	热 解
主要产物	CO_2、H_2O	H_2、CH_4、CO、CO_2、有机酸、芳烃、焦油、炭黑、炉渣
反应热	放热过程	吸热过程
热能利用	发电、加热水、产生水蒸气,就近利用	燃料油、燃料气,贮藏、远距离输送

常用的热解反应器有固定床反应器、流化床反应炉、旋转炉反应器、双塔循环式反应器。

五、固化处理法

固化处理法是指利用固化基材将危险废物和放射性废物固定或包覆起来，降低其对环境的污染和破坏，达到安全运输和处置的目的。固化后的体积增大。

根据废渣的性质、形态和处理目的，常用的固化方法有水泥固化法、石灰固化法、沥青固化法和玻璃固化法等。其中水泥固化法是常用的一种固化方法，工艺简单。图 4-4 为水泥固化工艺的两种方法：均一固化法和非均一固化法。可用于处理电镀污泥和汞渣污泥等。

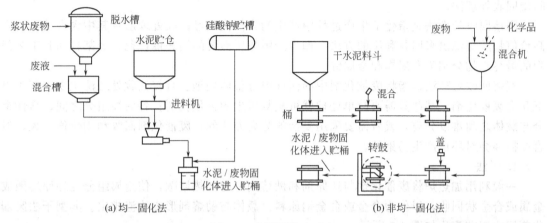

图 4-4　水泥固化法示意

第三节　废催化剂的处理技术

一、概述

废催化剂在化工废渣中占有重要地位。据统计，全世界每年消费的催化剂数量约为 80 万吨（不包括烷基化用的硫酸与氢氟酸催化剂），其中炼油催化剂约为 41.5 万吨（占 52%），化工催化剂 33.5 万吨（占 42%），环保催化剂约为 4.7 万吨（占 6%）。

催化剂在制备过程中，为确保其活性、选择性、耐毒性、强度和寿命等性能指标，常选择有色金属甚至贵金属（如金、银、铂、铑、钴、钼等）作为其主要成分。

催化剂在使用过程中，某些组分的形态、结构和数量会发生变化，但其中有色金属或贵金属的含量仍然会远高于贫矿中相应组分的含量。如冶炼金属镍的硅镍矿仅含 2.8% 的镍，而一般废催化剂中镍的含量可达 6%～20%；硫酸生产中产生的废钒催化剂中的钒的含量（以 V_2O_5 计）高达 5%～6%，而国内生产 V_2O_5 的小钒厂使用的含钒矿石仅含 0.8%～1.2% 的 V_2O_5。从废催化剂中回收贵金属和有色金属，与从矿石中提炼相比，不仅所得金属品位高，而且投资少、成本低、效益高。因此，将催化剂作为二次矿源来利用，不仅可以使企业变废为宝，实现无害化和清洁生产的目标，而且可以大大提高我国现有资源的利用率，有较好的社会效益、经济效益和环境效益，符合循环经济要求，有利于实现可持续发展的战略目标。

二、废催化剂的处置技术

相对于其它废渣，废催化剂产量较少，年产量基本在几千到上万吨。废催化剂中的骨料也主要以 SiO_2 和 Al_2O_3 为主，但其中的贵金属含量较高。因此，废催化剂的处理和处置的基本思路是在无害化基础上的资源化。首先是采用合理的方法对催化剂中的稀有贵金属进行回收利用，不能回收的物质再考虑作为其它的用途，如把化工裂解后的平衡剂和静电除尘催化剂等两种废催化剂经过预处理后，作为水泥生产中的黏结剂，符合相关标准，可成为再利用的二次资源。

各类废催化剂的常用回收方法一般分为间接回收处理法和直接回收处理法。其中间接回收处理法按照处理工艺的不同可分为干法、湿法和干湿法结合，直接回收处理法可分为分离法和不分离法。实际工程中，由于受各种条件制约和回收效益的影响，一般废催化剂多采用间接回收处理法。

间接回收处理法是指化工生产过程中产生的废催化剂经回收处理后将其中含有的金属和高价值物质提炼出来回收利用的方法。如生产甲醇所需要的铜锌催化剂，经某种回收工艺得到的最终产物分别为金属铜和金属锌。

直接回收处理法是指将废催化剂中的活性组分整体处理。直接回收处理法主要应用于以下几类废催化剂：某些只需要简单处理就可重复再生的废催化剂；各活性组分之间、活性组分与载体之间难以分离，或者需要采用复杂的分离方法的；废催化剂回收利用价值不大，但直接抛弃会对环境产生污染的。

1. 干法

一般利用加热炉将废催化剂与还原剂和助熔剂一起加热熔融，使金属组分经还原熔融成金属或合金状回收，以作为合金或合金钢原料，载体与助熔剂形成炉渣排出。典型干法废催化剂回收工艺流程如图 4-5 所示。

回收某些稀贵金属含量较少的废催化剂时，往往添加一些铁等贱金属作为捕集剂共同熔炼。干法通常有氧化焙烧法、升华法和氯化物挥发法，如 Co_2Mo/Al_2O_3、Ni_2Mo/Al_2O_3、Cu_2Ni 和 Ni_2Cr 等系催化剂均可采用此法回收。干法耗能较高，在熔融和熔炼过程中，释放的 SO_2 等气体，可用石灰水吸收。

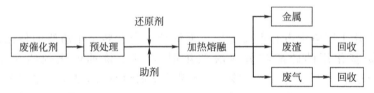

图 4-5　典型干法废催化剂回收工艺流程

2. 湿法

用酸、碱或其它溶剂溶解废工业催化剂的主要成分，滤液除杂纯化后，经分离，可得难溶于水的硫化物或金属氢氧化物，干燥后按需要进一步加工成最终产品。贵金属催化剂、加氢脱硫催化剂、铜系及镍系等废催化剂一般采用湿法回收。通常将电解法包括在湿法中。典型湿法废催化剂回收工艺流程如图 4-6 所示。

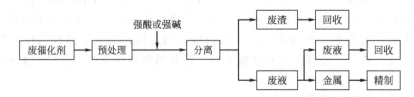

图 4-6　典型湿法废催化剂回收工艺流程

用湿法处理废催化剂，其载体往往以不溶残渣形式存在，如不适当处理，这些大量固体废物会造成二次公害。若载体随金属一起溶解，金属和载体的分离会产生大量废液，易造成二次污染。将废催化剂的主要组分溶解后,采用阴阳离子交换树脂吸附法,或采用萃取和反萃取的方法将浸液中不同组分分离、提纯是近几年湿法回收的研究重点。

3. 干湿结合法

含两种以上组分的废催化剂很难采用单一的干法或湿法进行回收,在实际工作中应根据需要将干法与湿法有机结合,才能够提高废催化剂的回收利用率。

某些废催化剂需要先进行焙烧或与某些助剂一起熔融后再用酸或碱溶解,然后再进一步提纯出金属,而有些是在精炼过程中需要采用焙烧或者熔融。如铂铼重整废催化剂回收时浸去铼后的含铂残渣,需经干法焙烧后再次浸渍才能将铂浸出。

4. 不分离法

不将废催化剂活性组分与载体分离,或不将其两种以上的活性组分分离处理,而是直接将废催化剂经过一定工艺进行回收处理的一种方法。此法因不需分离活性组分和载体,是一种能耗小、成本低、二次污染少的废催化剂回收利用的方法,经常被采用。如回收铁铬中温变换催化剂时不将浸液中的铁铬组分各自分离开来,直接回收用其重制新催化剂。此外,将某些含有微量元素的废催化剂经过简单处理后可作为农作物的肥料使用,如利用废甲醇合成催化剂生产锌铜复合微肥和利用废高变催化剂生产锌钼复合微肥等,这也是废催化剂回收利用的途径之一。典型的不分离法废催化剂回收工艺流程如图 4-7 所示。

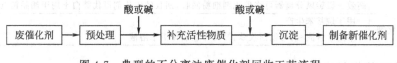

图 4-7 典型的不分离法废催化剂回收工艺流程

5. 分离法

分离法是近年来兴起的回收利用废催化剂的新方法。该法主要应用于炼油催化剂领域。分离法主要有磁分离法和膜分离法等。研究发现,沉积在催化剂表面的镍、铁、钒等元素都属于铁磁体,在磁场中会显示一定的磁性。催化剂中毒越重,磁性也越强;中毒越轻,则磁性也越弱。可用强磁场将不同磁性的物质分离出来,该方法称为磁分离技术。利用磁分离技术可将中毒轻、磁性弱的催化剂回收重新使用。据报道,中国石化武汉石油公司利用自己开发研制的催化剂磁分离机从重油催化裂化装置使用过的催化剂中回收可再利用的催化剂 40t 以上。使中国石化武汉石油公司一年回收利用催化剂 800t,价值 1000 多万元。此外中国石化洛阳石油化工工程公司也申请了和磁分离技术相关的专利。膜分离法主要用于需要对产物和催化剂进行分离的化工生产。与传统的沉降、板框过滤和离心分离不同的是,陶瓷膜在催化剂与反应产物的固液分离中主要采用错流过滤。需分离料液在循环侧不断循环,膜表面能够截留住分子筛催化剂,同时让反应产物透过膜孔渗出。应用该技术,反应中的催化剂可改用超细粉体催化剂,同样的催化效果催化剂使用量减少,催化剂损失率低,洗涤脱盐后再生效果好,延长催化剂使用寿命,并且可降低产品杂质含量,提高产品品质。典型的膜分离法废催化剂回收工艺流程如图 4-8 所示。

废催化剂的回收利用针对性非常强,所以,某一种废催化剂应选用哪一种方法进行回收,必须根据这种废催化剂的组成、含量和载体种类以及企业现有条件、回收物的价值、回收成本等经过技术经济比较后确定。如铂族废催化剂的回收利用方法可以有氧化焙烧法、氯化法、全溶-金属置换法、离子交换法等。

三、废催化剂的回收方案

废催化剂的种类繁多,应根据不同催化剂的特点设计各自的回收方案,表 4-3 为各种废

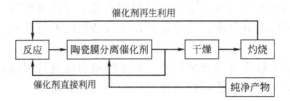

图 4-8 典型的膜分离法废催化剂回收工艺流程

催化剂的回收方案。

表 4-3 废催化剂的回收方案

废催化剂的种类	回 收 方 案
废铂催化剂	先经烧炭,后用盐酸同时溶解载体和金属。再用铝屑还原溶液中的贵金属离子形成微粒,然后进一步精制提纯
废钴锰催化剂	原用于产聚酯的生产装置。用水萃取,再经离子交换,解析回收金属钴、锰,最后制取醋酸钴、醋酸锰回用于生产
废雷尼镍催化剂	原用于生产锦纶的己二胺合成。采用水洗、干燥,再经电极电炉熔炼可回收金属镍
废银催化剂	采用硝酸溶解,氯化钠沉淀分离出氯化银,再用铁置换,最后经熔炼回收金属镍
催化裂化装置产生的废催化剂	在再生过程中有部分细粉催化剂(<40μm)由再生器出口排入大气,严重污染周围的环境,采取高效三级旋风分离器可将催化剂细粉回收,回收的催化剂可代替白土用于油品精制
废三氯化铝催化剂	用于烷基苯生产 采用水解流程,可以回收苯、烃类和三氯化铝水溶液

四、铂族废催化剂的回收利用

1. 氧化焙烧法

以细炭粉为载体的稀贵金属催化剂被广泛地应用于石油、化工及制药等行业。此类催化剂失去活性之后,因其载体极易燃烧而与稀贵金属有效分离,因此,可采用氧化焙烧法对该类催化剂进行回收利用。焙烧过程中因会冒出大量黑烟,引起稀贵金属的损失,通常采用添加熟石灰作为黏结剂、助燃剂和捕集剂的方法,杜绝黑烟的产生和稀贵金属的损失,降低炭的燃点和焙烧温度,有效地富集贵金属。焙烧过程主要发生如下化学反应:

$$C + H_2O \xrightarrow{OH^-} CO + H_2O$$
$$2CO + O_2 \longrightarrow 2CO_2$$
$$2H_2 + O_2 \longrightarrow 2H_2O$$
$$C + O_2 \longrightarrow CO_2$$
$$Ca(OH)_2 + CO_2 \longrightarrow CaCO_3 + H_2O$$

熟石灰的最佳加入量为:熟石灰:废料=1:4。加水混匀后制成块状(厚度不超过2cm)晾干后加入炉内,在 400~500℃ 焙烧约 3h。

2. 氯化法

铂族元素易于被氯化,可在一定温度下用氯、氧混合气体或氯、氧、二氧化碳的混合气体处理含铂族元素的废催化剂。其中,一部分铂族元素以气态氯化物形式随混合气体带出,可用回收塔进行回收,另一部分以氯化物形态留在载体中,可用弱酸溶解浸出。具体制备实例如下。

(1) 将 Al_2O_3-SiO_2 载有 0.4% 铂的废催化剂 30g,在 950℃ 用添加 10% CO_2 的氯气处理 3h。载体中残留的铂含量为 0.01%。从气相可回收 117mg 铂。

(2) 将 Al_2O_3-SiO_2 载有 0.4% 铂的废催化剂 30g,在 750℃ 用添加 5% O_2 的氯气处理

3h。载体中残留的铂含量为0.21%，可用3mol盐酸进一步处理，则气液两相共可回收112g铂。

（3）还可将经过粉碎后的废催化剂与粉煤混合制成块状，之后于800℃焙烧以除去挥发性组分而获得多孔结构物质。再用氯与碳酰氯、氯与四氯化碳或纯氯对多孔结构物质进行处理，这样可将99%以上的铂转入升华物内。

3. 全溶-金属置换法

废重整催化剂全溶法回收工艺是将废催化剂的载体连同组分全部溶解后再分离处理的一种方法。具体工艺流程见图4-9。

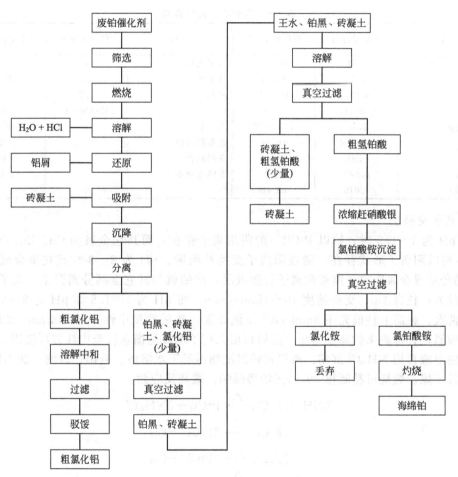

图4-9 全溶-金属置换法工艺流程图

将废铂催化剂先在500℃左右焙烧10~15h，然后冷却并粉碎至700目，用盐酸溶解，在80℃反应4h，再于110℃下反应12h。100kg废催化剂需加300L净水和650L工业盐酸。反应结束后冷却至70℃，用约8kg的铝屑还原溶液中的氯化铂形成铂黑微粒，使铂黑与载体三氧化二铝分离。然后在50℃左右加入2kg硅藻土，使铂黑吸附在硅藻土上，经分离、抽滤、洗涤，使含铂硅藻土与氯化铝溶液分离。用王水溶解铂黑使形成粗氯铂酸与硅藻土的混合液，经抽滤分离硅藻土后得到粗氯铂酸溶液，浓缩并使其转化成粗氯铂酸铵沉淀，分离后焙烧成海绵铂。再经精制等工序进行提纯则可得到符合试剂二级要求、纯度为99%的氯铂酸。该产品可用于重整催化剂的制备。

该工艺的主要设备见表4-4，主要技术经济指标见表4-5。

表 4-4 主要设备

名　称	规格型号	备　注
立式活化炉	$\phi 260 \times 400$	工业马弗炉或高温窑
盐酸罐	$\phi 1600 \times 1600$	塑料
溶解釜	2000L	耐酸搪瓷釜
沉降槽	$\phi 1000 \times 850$	有机玻璃
抽滤罐	2000L	搪瓷
抽滤漏斗	$\phi 600$	塑料
高温炉	8kW	碳硅棒电阻炉

表 4-5 主要技术经济指标

名　称	实际单耗/t	单位成本/元	名称	实际单耗/t	单位成本/元
工业盐酸	2.62	364.55	过氧化氢	0.0001	1.09
铝屑	0.024	79.44	自来水	18	23.40
氯化铵	0.027	160.10	蒸汽	0.7	9.13
乙醇	0.00142	8.90	电	245(kW·h)	129.85
废铂催化剂	0.28	15626.38	人工费		765.34
硅藻土	0.00794	16.84	设备折旧费		2007.16
精制水	0.98	28.44	车间经费		5682.60
试剂盐酸	0.043	191.14	车间总成本		25138.02
试剂硝酸	0.010	43.66			

4. 离子交换法

在 pH 为 1~1.5 时,铂以 $PtCl_6^{2-}$ 的阴络离子存在,而其它金属如 Cu、Zn、Ni、Co、Fe、Pb 则以阳离子形式存在,能被阳离子交换柱吸附。pH 为 2~3 时其它贵金属如 Ag、Rh 等的羟基贵金属阳离子能被阳离子树脂吸附,故铂就与其它金属分离开来。离子交换的工艺条件为:柱高 1m,交换速度 10~15mm/min,在 pH 为 1~1.5 和 pH 为 2~3 时,分别交换两次。树脂上柱前先用 6mol HCl 浸泡 3 天,然后洗至中性,再用 6mol HCl 浸泡 2 天,用硫氰化钾检验无铁离子为止,然后再用无离子水或蒸馏水洗至中性方可使用。经树脂交换后的溶液再用 NH_4Cl 沉铂。所得粗铂沉淀物再经王水溶解、赶硝、过滤、加 NH_4Cl 沉淀,然后干燥、煅烧可精制得 99.99% 的海绵铂。煅烧反应为:

$$(NH_4)_2PtCl_6 \xrightarrow{\triangle} PtCl_4 + 2NH_4Cl$$

$$2PtCl_4 \xrightarrow{\triangle} 2PtCl_3 + Cl_2$$

$$2PtCl_3 \xrightarrow{\triangle} 2PtCl_2 + Cl_2$$

$$PtCl_2 \xrightarrow{\triangle} Pt + Cl_2$$

总反应式:　　　　$3(NH_4)_2PtCl_6 \xrightarrow{\triangle} 3Pt + 16HCl + 2NH_4Cl + 2N_2$

煅烧工序控制 360℃恒温 2h,450℃白烟、黄烟 2h,150℃ 3h,所得海绵铂用无离子水洗涤数次烘干即可。

第四节 硫铁矿烧渣的处理技术

一、概述

硫铁矿烧渣是利用硫铁矿焙烧生产硫酸时产生的废渣。硫铁矿是我国生产硫酸的主要原料,其含硫量多数在35%以下。由于硫铁矿含硫量低,杂质含量高,影响了硫铁矿中的铁资源的充分利用。在相同的工艺条件下,硫铁矿的品位越高,排渣量越小;硫铁矿的品位越低,排渣量越大。硫铁矿制酸仅利用了硫铁矿中的硫资源,而硫铁矿中含有的铁和其它有色金属元素最终富集到烧渣中,所以对硫铁矿烧渣资源的综合利用一直是硫铁矿制酸企业追求的目标。

硫铁矿烧渣的组成与硫铁矿的来源有很大关系,不同的硫铁矿焙烧所得的矿烧渣组分是不同的。硫铁矿烧渣的基本组分主要包括三氧化二铁、四氧化三铁、金属的硫酸盐、硅酸盐和氧化物,以及少量的铜、铅、锌、金、银等有色金属。硫铁矿烧渣因含有 Fe_2O_3,呈褐红色。

硫铁矿烧渣的组成还与焙烧方法有关,不同的焙烧方法所得到的矿烧渣组分也是不同的,如表 4-6。

表 4-6 硫铁矿烧渣的组成与焙烧方法的关系

焙烧方法	烧渣主要成分	残硫率	备 注
沸腾焙烧炉焙烧	Fe_2O_3	0.5%	燃烧充分,矿烧渣多呈粉状
熔渣炉焙烧	FeO	0.5%~1%	燃烧较充分,矿烧渣多呈颗粒状
机械焙烧炉焙烧	Fe_2O_3	4%	燃烧不充分,矿烧渣多呈小颗粒状,很少使用

每生产 1t 硫酸约排出 0.5t 硫铁矿烧渣,从炉气净化收集的粉尘约 0.3~0.4t。这些废渣若不妥善处理,会给环境造成严重污染。大部分硫铁矿烧渣仅作为水泥添加剂使用,一些没有利用的烧渣露天堆放,烧渣中含有的砷、氟等有害杂质容易对环境造成二次污染。

二、硫铁矿烧渣的处理和处置技术

硫铁矿烧渣是一种很有价值的资源。目前有些国家硫铁矿烧渣可以得到全部利用。我国的硫铁矿烧渣的利用率约在 30%,其余大部分被排入环境,或铺筑公路。硫铁矿渣的综合利用途径很多,如利用硫铁矿烧渣冶炼铁、生产生铁和水泥、回收有色金属、生产建筑材料、颜料等。

1. 磁选铁精矿

硫铁矿烧渣中含有丰富的铁元素,利用磁选方法可以回收其中的铁。磁选铁精矿的工艺流程如图 4-10。

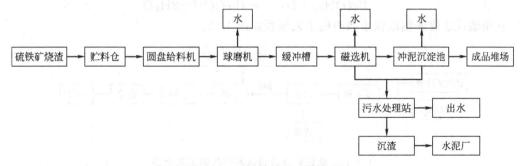

图 4-10 磁选铁精矿工艺流程

硫铁矿烧渣收集后送入贮料仓,通过圆盘给料机自动计量后加入球磨机,同时加水研磨到一定粒度,将研磨好的料浆输送至缓冲槽并不断搅拌,然后控制适当流量送至磁选机进行磁选,磁选所得精铁矿中夹带的泥渣可以用水力脱泥的方法除去,将脱泥后的精铁矿送至成品堆场。尾矿和冲洗水送污水处理站处理,污水站所产生的沉淀废渣可送水泥厂作水泥添加料。

进行磁选,要求硫铁矿烧渣呈磁性,因此在磁选之前应将硫铁矿烧渣进行磁性焙烧,即加入5%炭粉或油在800℃焙烧1h,使铁的氧化物绝大部分呈磁性的Fe_3O_4,产生磁性矿渣后再磁选。

将铁精矿配以适量的焦炭和石灰进入高炉可以得到合格的铁水。

2. 回收有色金属

硫铁矿烧渣除含铁外,还含有一定量的铜、铅、金、银等有价值的有色贵金属。高温氯化法和中温氯化法是从硫铁矿烧渣中回收有色金属的两种常用方法。这两种方法的目的都是从硫铁矿烧渣中回收有色金属,提高矿渣品味。它们的区别也是明显的,不仅温度不同,而且预处理和后处理工艺也有差异。高温氯化法是将硫铁矿烧渣造球,然后在最高温度1250℃下与氯化剂($CaCl_2$)反应,生产的有色金属氯化物挥发随炉气排除,收集气体中的氯化物,回收有色金属,有色金属回收率可达90%。中温氯化法是将硫铁矿烧渣在最高温度600℃左右进行氯化反应,主要在固相中反应,有色金属转化成可溶于水和酸的氯化物及硫酸盐,留在烧成的物料中,然后经浸渍,过滤使可溶性物与渣分离,溶液回收有色金属。图4-11是高温氯化法回收有色金属的工艺流程。

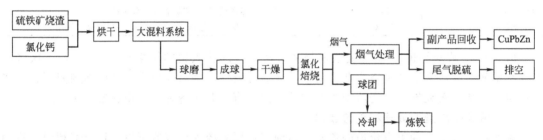

图4-11 高温氯化法回收有色金属的工艺流程

3. 制取铁系颜料

硫铁矿烧渣中含有丰富的铁元素,利用硫酸与硫铁矿烧渣反应制取硫酸亚铁,再通过一定工艺制取铁系颜料。主要反应方程式为:

$$Fe + H_2SO_4 \longrightarrow FeSO_4 + H_2$$
$$FeSO_4 + 2NaOH \longrightarrow Fe(OH)_2 + Na_2SO_4$$
$$Fe(OH)_2 + O_2 \longrightarrow 4FeOOH + 2H_2O$$

利用硫铁矿烧渣制取铁系颜料的工艺流程如图4-12所示。

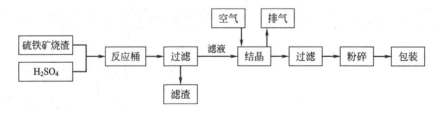

图4-12 硫铁矿烧渣制铁系颜料的工艺流程

将硫铁矿烧渣、适量浓度的硫酸加入反应桶,反应后静置沉淀,经过滤后,所得滤液即为硫酸亚铁溶液。向部分硫酸亚铁溶液中加入氢氧化钠溶液,控制温度、pH值和空气通入量,获得FeOOH晶种。将制备好的FeOOH晶种投加到氧化桶中,加入硫酸亚铁溶液控制好浓度、温度、pH值和反应时间。氧化过程结束后,将料浆过筛以除去杂质,然后经漂白、吸滤、干燥、粉磨等过程即可制得铁黄颜料。铁黄颜料经600~700℃煅烧脱水,即可制得铁红颜料。

4. 制取水泥

如果硫铁矿烧渣中含铁量不高,且含有色金属量很少时,回收的经济价值不大,代替铁矿粉用来生产水泥是个比较好的选择。

将硫铁矿烧渣破碎后,经过计量,与水泥熟料、混合料等一起送入生料磨,粉磨后即可得到成品水泥。图 4-13 是用硫铁矿烧渣生产水泥的工艺流程。

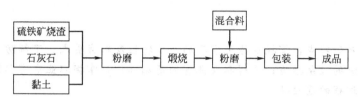

图 4-13 硫铁矿烧渣生产水泥的工艺流程

5. 制取矿渣砖

对于含铁品位较低的硫铁矿烧渣还可以将其直接与石灰石按 85:15 的比例混合磨细,达到全部通过 100 目筛,加 12% 的水,进行消化,压成砖坯,再经蒸汽养护制成 75 号砖。

小 结

本章在介绍化工废渣的概念、来源、特点的基础上,分析了化工废渣对人类的危害。通过对常见化工废渣的处理技术的学习,能够正确进行化工废渣的处理。本章还详细介绍了废催化剂、硫铁矿烧渣等的处理技术。

复习思考题

1. 何为化工废渣?化工废渣有哪些来源?
2. 化工废渣的污染有哪些特点?对人类的危害有哪些?
3. 化工废渣常见的处理技术有哪些?
4. 简述废催化剂的处置技术。
5. 简述硫铁矿烧渣的处理和处置技术。

第五章 化工安全技术

【学习指南】

了解化工生产的特点，掌握危险化学品的主要特性及贮存要求；了解防火防爆的基本知识，掌握防火防爆的控制措施；了解职业危害的基础知识，掌握职业危害预防措施；掌握化工典型化学反应过程的危险性。

第一节 绪 论

化工生产具有易燃、易爆、易中毒、高温、高压、易腐蚀等特点，与其它行业相比，化工生产潜在的不安全因素更多，危险性和危害性更大，因而对安全生产的要求也更严格。

随着化学工业的发展，涉及的化学物质的种类和数量显著增加。很多化工物料的易燃性、反应性和毒性本身决定了化学工业生产事故的多发性和严重性。反应器、压力容器的爆炸以及燃烧传播速度超过声速，都会产生破坏力极强的冲击波，冲击波将导致周围厂房建筑物的倒塌，生产装置、贮运设施的破坏以及人员的伤亡。如果是室内爆炸，极易引发二次或二次以上的爆炸，爆炸压力叠加，可能造成更为严重的后果。多数化工物料对人体有害，设备密封不严，特别是在间歇操作中泄漏的情况很多，容易造成操作人员的急性或慢性中毒。

随着化学工业的迅速发展，也提出了新的课题，即安全生产问题。化工生产从安全的角度分析，不同于冶金、机械制造、基本建设、纺织和交通运输等部门，有其突出的特点。具体表现如下。

(1) **易燃易爆** 化工生产从原料到产品，包括工艺过程中的半成品、中间体、溶剂、添加剂、催化剂、试剂等，绝大多数属于易燃易爆物质，还有爆炸性物质。它们又多以气体和液体状态存在，极易泄漏和挥发。尤其在生产过程中，工艺操作条件苛刻，有高温、深冷、高压、真空，许多加热温度都达到和超过了物质的自燃点，一旦操作失误或因设备失修，便极易发生火灾爆炸事故。另外，就目前的工艺技术水平看，在一些生产过程中，物料还必须用明火加热；加之日常的设备检修又要经常动火。这样就构成一个突出的矛盾——怕火，又要用火。再加之各企业及装置的易燃易爆物质储量很大，一旦处理不好，就会发生事故，其后果不堪设想，以往所发生的事故，都充分证明了这一点。

(2) **毒害性** 化工生产有毒物质普遍地大量地存在于生产过程之中，其种类之多，数量之大，范围之广，超过其它任何行业。其中，有许多原料和产品本身即为毒物，在生产过程中添加的一些化学性物质也多属有毒的，在生产过程中因化学反应又生成一些新的有毒性物质，如氰化物、氟化物、硫化物、氮氧化物及烃类毒物等。这些毒物有的属一般性毒物，也有许多高毒和剧毒物质。它们以气体、液体和固体三种状态存在，并随生产条件的变化而不断改变原来的状态。此外，在生产操作环境和施工作业场所，还有一些有害的因素，如工业噪声、粉尘、高温、低温、射线等。对这些有毒有害因素，要有足够的认识，采取相应措施，否则不但会造成急性中毒事故，还会随着时间的增长，即便是在低浓度（剂量）条件下，也会因多种有害因素对人体的联合作用，影响职工的身体健康，导致发生各种职业性疾病。

（3）腐蚀性强　化工生产过程中的腐蚀性主要来源于：其一，在生产工艺过程中使用一些强腐蚀性物质，如硫酸、硝酸、盐酸和烧碱等，它们不但对人有很强的化学性灼伤作用，而且对金属设备也有很强的腐蚀作用；其二，在生产过程中有些原料和产品本身具有较强的腐蚀作用，如原油中含有硫化物，常将设备管道腐蚀坏；其三，由于生产过程中的化学反应，生成许多新的具有不同腐蚀性的物质，如硫化氢、氯化氢、氮氧化物等。根据腐蚀的作用机理不同，腐蚀分为化学性腐蚀、物理性腐蚀和电腐蚀三种。腐蚀的危害不但大大降低设备使用寿命，缩短开工周期，而且更重要的是他可使设备减薄、变脆，承受不了原设计压力而发生泄漏或爆炸着火事故。

（4）生产的连续性　制取化工产品，生产的工序多，过程复杂，随着社会对产品的品种和数量需求日益增大，迫使石油化工企业向着大型的现代化联合企业方向发展，以提高加工深度，综合利用资源，进一步扩大经济效益。其生产具有高度的连续性，不分昼夜，不分节假日，长周期的连续倒班作业。在一些工业园区内，厂际之间，车间之间，管道互通，原料产品互相利用，是一个组织严密，相互依存，高度统一不可分割的有机整体。任何一个厂或一个车间，乃至一道工序发生事故，都会影响到全局。

基于上述特点，加之对其认识不足，在企业管理上存在漏洞，所以有些企业曾发生过不少事故，有些事故也是相当严重的。

第二节　危险化学品

一、危险化学品分类

凡具有易燃、易爆、毒害、腐蚀、放射性等危险特性，在生产、贮存、运输、使用和废弃物处置等过程中容易造成人身伤亡、财产毁损而需要特别防护的货物，均属危险化学品。

危险化学品种类繁多，分类方法也不尽一致。《常用危险化学品的分类及标志》（GB 13690—92），按主要危险特性把危险化学品分为八类：爆炸品；压缩气体和液化气体；易燃液体；易燃固体、自燃物品和遇湿易燃物品；氧化剂和有机过氧化物；有毒品；放射性物品；腐蚀品。《危险化学品安全管理条例》（国务院 344 号）按照危险化学品的理化性质和危险性，将危险化学品分为七大类，即爆炸品、压缩气体、易燃液体、易燃固体、自燃物品和遇湿易燃物品、氧化剂和有机过氧化物、有毒品和腐蚀品等。

《危险货物分类和品名编号》（GB 6944—2005）于 2005 年 11 月 1 日正式实施，本标准适用于危险货物运输中类、项的划分和品名的编号。危险货物分为九类。

危险货物品名编号由 5 位阿拉伯数字组成，表明危险货物所属的类别号、项号和顺序号。如乙醇的编号是 32061，其中 061 为该危险化学品的顺序号，2 为该危险化学品的项目号，3 为该危险化学品的类别号。

1. 第1类　爆炸品

本类化学品系指在外界作用下（如受热、受压、撞击等），能发生剧烈的化学反应，瞬时产生大量的气体和热量，使周围压力急骤上升，发生爆炸，造成人身伤害、周围环境受到破坏的物品，也包括无整体爆炸危险，但具有燃烧、抛射及较小爆炸危险，或仅产生热、光、音响或烟雾等一种或几种作用的烟火物品。

爆炸品是炸药、爆炸性物品及其制品的总称。爆炸是物质从一种状态通过物理或化学的变化突然变成另一种状态,并释放出巨大的能量而做机械功的过程。

爆炸品有以下主要特性。

(1) 爆炸性 爆炸性是一切爆炸品的主要特征。这类物品都具有化学不稳定性,当受到高热摩擦、撞击、震动等外来因素的作用或其它性能相抵触的物质接触,就会发生剧烈的化学反应,产生大量的气体和热量,在短时间内无法散逸开去,致使周围的温度迅速升高并产生巨大的压力而引起爆炸。爆炸性物质如贮存量大,爆炸时威力更大。爆炸品一旦发生爆炸,往往危害大、损失大、扑救困难。这类物质主要有:三硝基甲苯(TNT)、苦味酸、硝酸铵、叠氮化物、雷酸盐、乙炔银及其它超过三个硝基的有机化合物等。

(2) 敏感性 爆炸品对撞击、摩擦、温度等非常敏感。任何一种爆炸品的爆炸都需要外界供给它一定的能量——起爆能。某一爆炸品所需的最小起爆能,即为该爆炸品的敏感度。敏感度是确定爆炸品爆炸危险性的一个非常重要的标志,敏感度越高,则爆炸危险性越大。

(3) 毒害性 有的爆炸品还有一定的毒性。例如,三硝基甲苯(TNT)、硝化甘油、雷汞等都具有一定的毒性。

(4) 不稳定性 有些爆炸品与某些化学品如酸、碱、盐发生化学反应,反应的生成物是更容易爆炸的化学品。如苦味酸遇某些碳酸盐能反应生成更易爆炸的苦味酸盐;苦味酸受铜、铁等金属撞击,立即发生爆炸。由于爆炸品具有以上特性,因此在贮运中要避免摩擦、撞击、颠簸、震荡,严禁与氧化剂、酸、碱、盐类、金属粉末和钢材料器具等混贮混运。

(5) 殉爆性 当炸药爆炸时,能引起位于一定距离之外的炸药的爆炸,这种现象称为殉爆。殉爆发生的原因是冲击波的传播作用,距离越近,冲击波强度越大,越容易引发殉爆。

危险标志:

2. 第2类 压缩气体和液化气体

本类化学品系指压缩、液化或加压溶解的气体,并应符合下述两种情况之一者。

① 临界温度低于50℃时,或在50℃时,其蒸气压力大于294kPa的压缩或液化气体;

② 温度在21.1℃时,气体的绝对压力大于275kPa,或在54.4℃时,气体的绝对压力大于715kPa的压缩气体;或在37.8℃时,雷德蒸气压大于275kPa的液化气体或加压溶解气体。

气体经压缩后贮存于耐压钢瓶内,都具有危险性。钢瓶如果在太阳下曝晒或受热,当瓶内压力升高至大于容器耐压限度时,即能引起爆炸。

钢瓶色标见表5-1。

表5-1 钢瓶规定的漆色表

钢瓶名称	外表面颜色	字样	字样颜色	横条颜色
氧气瓶	天蓝	氧	黑	
氢气瓶	深绿	氢	红	红
氮气瓶	黑	氮	黄	棕
压缩空气瓶	黑	压缩气体	白	
乙炔气瓶	白	乙炔	红	
二氧化碳气瓶	黑	二氧化碳	黄	

高压钢瓶的安全使用如下。

① 装有各种压缩气体的钢瓶应根据气体的种类涂上不同的颜色及标志。

② 氧气瓶、可燃气体瓶最好不要进楼房和实验室,钢瓶应避免日晒,不准放在热源附近,距离明火至少 5m,距离暖气片至少 1m。钢瓶要直立放置,用架子、套环固定。

③ 搬运钢瓶时应套好防护帽和防震胶圈,不得摔倒和撞击,因为如果撞断阀门会引起爆炸。

④ 使用钢瓶时必须上好合适的减压阀,拧紧丝扣,不得漏气。氢气表与氧气表结构不同,丝扣相反,不准改用。氧气瓶阀门及减压阀严禁黏附油脂。开启钢瓶阀门时要小心。应先检查减压阀螺杆是否松开,操作者必须站在气体出口的侧面。严禁敲打阀门,关气时应先关闭钢瓶阀门,放尽减压阀中气体,再松开减压阀螺杆。

⑤ 钢瓶内气体不得用尽,应留有不少于 $1kgf/cm^2$(注:$1kgf/cm^2=98.0665kPa$)的剩余残气,以免充气和再使用时发生危险。

⑥ 各种钢瓶应定期进行技术检验,并盖有检验钢印,不合格的钢瓶不能灌气。

本类化学品按其性质分为以下三项。

第 1 项 易燃气体 此类气体极易燃烧,与空气混合能形成爆炸性混合物。在常温常压下遇明火、高温即会发生燃烧或爆炸。如乙炔、氢气、一氧化碳、甲烷、天然气、丙烯等。

第 2 项 不燃气体 不燃气体系指无毒不燃气体,包括助燃气体,但高浓度时有窒息作用,助燃气体有强烈的氧化作用,遇油脂能发生燃烧或爆炸。常见的有氮气、氩气、氦气、二氧化碳等惰性气体,还包括助燃气体氧气、压缩空气等。

第 3 项 有毒气体 该类气体有毒,毒性指标与第 6 类毒性指标相同。对人畜有强烈的毒害、窒息、灼伤、刺激作用。其中有些还具有易燃、氧化、腐蚀等性质。如液氯、液氨、一氧化碳、煤气等。

压缩气体和液化气体的危险特性如下。

(1) 易燃易爆性 压缩气体和液化气体中有 54.1% 是可燃气体,可燃气体比液体、固体易燃,且燃烧速度快,一燃即尽。处于燃烧浓度范围内的易燃气体,遇点火源都能着火或爆炸,有的甚至只需要极微小能量就可燃爆。简单成分组成的气体比复杂成分组成的气体更易燃,着火爆炸危险性大。由于充装容器为压力容器,容器受热或在火场上受热辐射时还易发生物理爆炸。

(2) 扩散性 压缩气体和液化气体由于气体的分子间距大,相互作用小,所以非常容易扩散,能自发地充满任何容器。气体的扩散性受密度影响,比空气轻的气体在空气中可以无限制地扩散,易与空气形成爆炸性混合物;比空气重的气体扩散后,往往聚集地表、沟渠、隧道、厂房死角等处,长时间不散,遇点火源发生燃烧或爆炸。

(3) 可缩性和膨胀性 任何物体都有热胀冷缩的性质,气体也不例外,其体积随温度的升降而胀缩,且胀缩的幅度比液体要大得多。因此,在贮运、运输和使用压缩气体和液化气体的过程中,一定要注意采取防火、防晒、隔热等措施。

(4) 静电性 氢气、乙烯、乙炔、天然气、液化石油气等压缩气体或液化气体从管口或破损处高速喷出,由于强烈的摩擦作用,会产生静电。

(5) 腐蚀性毒害性 一些含氢、硫元素的气体具有腐蚀性。压缩气体和液化气体中除氧气和压缩空气外,大都具有一定的毒害性。

(6) 窒息性 压缩气体和液化气体都有一定的窒息性(氧气和压缩空气除外)。如二氧化碳、氮气、氩气等惰性气体,一旦发生泄漏,能使人窒息死亡。

(7) 氧化性 压缩气体和液化气体的氧化性表现为三种情况:第一种是易燃气体,如氢气、甲烷等；第二种是助燃气体，如氧气、压缩空气、一氧化二氮等；第三种是本身不燃，但氧化性很强，与可燃气体混合后能发生燃烧或爆炸的气体，如氯气与乙炔混合即可爆炸，氯气与氢气混合见光可爆炸。

危险标志：

3. 第3类 易燃液体

本类化学品系指易燃的液体、液体混合物或含有固体物质的液体，但不包括由于其危险性已列入其它类别的液体。其闭杯闪点等于或低于61℃，或其开杯试验闪点不高于65.6℃。这类液体极易挥发成气体，遇明火即燃烧。可燃液体以闪点作为评定液体火灾危险性的主要根据，闪点越低，危险性越大。闪点在45℃以下的称为易燃液体，45℃以上的称为可燃液体。

易燃液体具有以下一些特性。

(1) 易燃性　易燃液体的主要特性是具有高度易燃性，遇火、受热以及和氧化剂接触时都有发生燃烧的危险，其危险性的大小与液体的闪点、自燃点有关，闪点和自燃点越低，发生着火燃烧的危险越大。易燃性是易燃液体的主要特性，在使用时应注意严禁烟火，远离火种、热源；禁止使用易发生火花的铁制工具及穿带铁钉的鞋；穿静电工作服。

(2) 易爆性　由于易燃液体的沸点低，挥发出来的蒸气与空气混合后，浓度易达到爆炸极限，遇火源往往发生爆炸。

(3) 流动扩散性　易燃液体的黏度一般都很小，不仅本身极易流动，还因渗透、浸润及毛细现象等作用，即使容器只有极细微裂纹，易燃液体也会渗出容器壁外。泄漏后很容易蒸发，形成的易燃蒸气比空气重，能在坑洼地带积聚，从而增加了燃烧爆炸的危险性。

(4) 静电性　部分易燃液体，如苯、甲苯、汽油等，电阻率都很大，在灌注、输送、喷流过程中，很容易积聚静电而产生静电火花，造成火灾事故。

(5) 受热膨胀性　易燃液体的膨胀系数比较大，受热后体积容易膨胀，同时其蒸气压亦随之升高，从而使密封容器中内部压力增大，造成"鼓桶"，甚至爆裂，在容器爆裂时会产生火花而引起燃烧爆炸。因此，易燃液体应避热存放；灌装时，容器内应留有5%以上的空隙。

(6) 毒性　大多数易燃液体及其蒸气均有不同程度的毒性，如1,3-丁二烯、2-氯丙烯、丙烯醛等。不饱和芳香族烃类化合物和易蒸发的石油产品比饱和的烃类化合物和不易挥发的石油产品的毒性大。因此在操作过程中，应做好劳动保护工作。

危险标志：

4. 第4类 固体、自燃物品和遇湿易燃物品

第1项 易燃固体　本项化学品系指燃点低、对热、撞击、摩擦敏感，易被外部火源点燃，燃烧迅速，并可能散发出有毒烟雾或有毒气体的固体，但不包括已列入爆炸品的物质，如红磷等。此类物品因着火点低，如受热，遇火星，受撞击，摩擦或氧化剂作用等能引起急剧的燃烧或爆炸，同时放出大量毒害气体。如赤磷、硫黄、萘、硝化纤维素等。

易燃固体具有以下特性。

① 易燃性。易燃固体的着火点都比较低，一般都在300℃以下，在常温下只要有很小的点火源就能引起燃烧。有些易燃固体当受到摩擦、撞击等外力作用时也能引起燃烧，如赤磷和闪光粉等。

② 分解性。大多数易燃固体遇热易分解。如二硝基苯，高温条件下可引起爆炸危险。

③ 毒性。很多易燃固体本身具有毒害性，或燃烧后产生有毒物质，如硫黄、三硫化二磷等。

④ 自燃性。易燃固体中的赛璐珞、硝化棉及其制品等在积热不散时，都容易自燃起火。

危险标志：

第2项 自燃物品 本项化学品系指自燃点低，在空气中易于发生氧化反应，放出热量而自行燃烧的物品。此类物质暴露在空气中，依靠自身的分解、氧化产生热量，使其温度升高到自燃点即能发生燃烧，如白磷等。

燃烧性是自燃物品的主要特性。

自燃物品在化学结构上无规律性，因此自燃物质就有各自不同的自燃特性。

① 黄磷性质活泼，极易氧化，燃点又特别低，一经暴露在空气中很快引起自燃。但黄磷不和水发生化学反应，所以通常放置在水中保存。另外黄磷本身极毒，其燃烧的产物五氧化二磷也为有毒物质，遇水还能生成剧毒的偏磷酸。所以遇有磷燃烧时，在扑救的过程中应注意防止中毒。

② 二乙基锌、三乙基铝等有机金属化合物，不但在空气中能自燃，遇水还会强烈分解，产生易燃的氢气，引起燃烧爆炸。因此，贮存和运输必须用充有惰性气体或特定的容器包装，失火时亦不可用水扑救。

应根据自燃物品的不同特性采取相应的措施。

危险标志：

第3项 遇湿易燃物品 本项化学品系指遇水或受潮时，发生剧烈化学反应，放出大量的易燃气体和热量的物品。有些不需明火，即能燃烧或爆炸。如金属钾、钠、电石等。

遇湿易燃物品的特性如下。

① 生成氢气的燃烧和爆炸。有些遇湿燃烧物质在与水化合的同时会放出氢气和能量，由于自燃或外来的火源作用能引起氢气着火或爆炸。

② 生成烃类化合物的着火爆炸。有些遇湿燃烧物质与水化合时，生成烃类化合物，由

于反应热或外来火源作用，造成烃类化合物着火爆炸。具有这种性质的遇水燃烧物质主要有金属碳化合物以及有机金属化合物。

③ 生成其它可燃气体的燃烧爆炸。有些遇水燃烧物质与水化合时，生成磷化氢、氰化氢、硫化氢和四氢化硅等，由于自燃和火源作用会造成火灾和爆炸。

④ 毒害性和腐蚀性。大多数遇湿易燃物品都具有毒害性和腐蚀性，如金属钾、钠等。

危险标志：

5. 第5类　氧化剂和有机过氧化物

第1项　氧化剂　氧化剂系指处于高氧化态，具有强氧化性，易分解并放出氧和热量的物质。包括含有过氧基的无机物，其本身不一定可燃，但能导致可燃物的燃烧；与松软的粉末状可燃物能组成爆炸性混合物，对热、震动或摩擦较为敏感。

氧化剂具有以下的危险特性。

① 在一定的情况下，直接或间接放出氧气，如果这类物品遇到易燃物品、可燃物品、还原剂，都容易引起火灾爆炸危险。增加了与其接触的可燃物发生火灾的危险性和剧烈性。

② 氧化剂与可燃物质，如糖、面粉、食油、矿物油等混合易于点燃，有时甚至因摩擦或碰撞而着火。混合物能剧烈燃烧并导致爆炸。

③ 大多数氧化剂和液体酸类会发生剧烈反应，散发有毒气体。

④ 有些氧化剂具有不同程度的毒性或腐蚀性，如铬酸酐、重铬酸盐等既有毒性，甚至爆炸。

第2项　有机过氧化物　有机过氧化物系指分子组成中含有过氧基的有机物，其本身易燃易爆、极易分解，对热、震动或摩擦极为敏感。

有机过氧化物的危险特性：具有强氧化性，对摩擦、碰撞或热都极为不稳定，易于自行分解，并放出易燃气体。受外界作用或反应时释放大量热量，迅速燃烧；燃烧又产生更高的热量，形成爆炸性反应或分解。有机过载化物还具有腐蚀性和一定的毒性或能分解放出有毒气体，对人员有毒害作用。

氧化剂和有机过氧化物的分类。氧化剂按氧化性的强弱分为一级氧化剂和二级氧化剂，按其组成分为有机氧化剂和无机氧化剂。其中二级有机氧化剂全部为有机过氧化物，其氧化性能仅次于一级有机氧化剂。

危险标志：

6. 第6类　毒害品和感染性物品

第1项　毒害品　本类化学品系指进入肌体后，累积达一定的量，能与体液和组织发生生物化学作用或生物物理学作用，扰乱或破坏肌体的正常生理功能，引起某些器官和系统暂时性或持久性的病理改变，甚至危及生命的物品。

有毒化学品主要特性是具有毒性。少量进入人、畜体内即能引起中毒，不但口服会中毒，吸入其蒸气也会中毒，有的还能通过皮肤吸收引起中毒。这类物品遇酸、受热会发生分解，放出有毒气体或烟雾从而引起中毒。

第2项 感染性物品 本类化学品系指含有致病的微生物，能引起病态，甚至死亡的物质。

危险标志：

7. 第7类 放射性物品

本类化学品系指放射性比活度大于74Bq/kg的物品。此类物品具有放射性，人体受到过量照射或吸入放射性粉尘能引起放射病。能从原子核内部自行不断地放出具有穿透力、为人们不可见的射线（高速粒子）的物质，就是放射性物品，如硝酸钍及放射性矿物独居石等。

放射线物品的安全管理不适用《危险化学品安全管理条例》，目前由环境保护部门负责管理。

本类化学品有以下特性。

（1）具有放射性 放射性物质放出的射线可分为四种：α射线，也叫甲种射线；β射线，也叫乙种射线；γ射线，也叫丙种射线；还有中子流。各种射线对人体的危害都大，如果这些射线从人体外部照射或进入人体内，并达到一定剂量时，易使人患放射病，甚至死亡。

（2）许多放射性物品毒性很大 如钋、镭、钍等都是剧毒的放射性物品，钠、钴、锶、碘、铅等为高毒的放射性物品。

（3）易燃性 放射性物品多数具有易燃性，且有的燃烧十分剧烈，甚至引起爆炸，如独居石、金属钍、粉状金属铀等。

危险标志：

8. 第8类 腐蚀品

本类化学品系指能灼伤人体组织并对金属等物品造成损坏的固体或液体。与皮肤接触在4h内出现可见坏死现象，或温度在55℃时，对20号钢的表面均匀年腐蚀超过6.25mm的固体或液体。这类物品具有强腐蚀性，与其它物质如木材、铁等接触使其因受腐蚀作用引起破坏，与人体接触引起化学烧伤。有的腐蚀物品有双重性和多重性。如苯酚既有腐蚀性还有毒性和燃烧性。腐蚀物品有硫酸、盐酸、硝酸、氢氟酸、氟酸氟酸、冰醋酸、甲酸、氢氧化钠、氢氧化钾、氨水、甲醛、液溴等。

该类化学品按化学性质分为三类。

第1项 酸性腐蚀品 酸性腐蚀品危险性较大，它能使动物皮肤受腐蚀，也能腐蚀金属。其中强酸可使皮肤立即出现坏死现象，如硫酸、硝酸、盐酸等。

第2项 碱性腐蚀品 碱性腐蚀品如氢氧化钾、氢氧化钠、乙醇钠等，腐蚀性也比较大，其是强碱容易起皂化作用，对皮肤的腐蚀性较大。

第 3 项 其它腐蚀品 如亚氯酸钠溶液、氯化铜、氯化锌、甲醛溶液等。

本类化学品有以下主要特性。

（1）强烈的腐蚀性 在化学危险物品中，腐蚀品是化学性质比较活泼，能腐蚀金属、有机化合物、动植物机体、建筑物等。其基本原因主要是由于这类物品具有或酸性、或碱性、或氧化性、或吸水性等。

（2）强烈的毒性 多数腐蚀品有不同程度的毒性，有的还是剧毒品。

（3）易燃性 许多有机腐蚀物品都具有易燃性。如甲酸、冰醋酸、苯甲酰氯、丙烯酸等。

（4）氧化性 部分无机酸性腐蚀品，如硝酸、硫酸、高氯酸、溴素等具有强的氧化性，当这些物品接触木屑、食糖、纱布等可燃物时，容易因氧化发热而引起燃烧，甚至爆炸。

危险标志：

9. 第 9 类 杂类

本类货物系指在运输过程中呈现的危险性质不包括在上述八类危险性中的物品。

本类货物分为两项。

第 1 项 磁性物品 本项货物指航空运输时，其包件表面任何一点距 2.1m 处的磁场强度 $H \geqslant 0.159 A/m$；

第 2 项 另行规定的物品 本项货物指具有麻醉、毒害或其它类似性质，能造成飞行机组人员情绪烦躁或不适，以致影响飞行任务的准确执行，危及飞行安全的物品。

危险标志：

二、危险化学品安全信息

（一）化学品安全技术说明书

化学品安全技术说明书，国际上称作化学品安全信息卡，简称 CSDS（Chemical Safety Data Sheet）或 MSDS（Material Safety Data Sheet），是一份关于化学品燃爆、毒性和环境危害以及安全使用、泄漏应急处置、主要理化参数、法律法规等方面信息的综合性文件。生产企业应随化学商品向用户提供化学品安全技术说明书，使用户明了化学品的有关危害，使用时自主进行防护，起到减少职业危害和预防化学事故的作用。

国际标准化组织于 1994 年就化学品的对安全技术说明书的内容和编写要求做出了规定，颁布了 ISO 11014 标准。按照 ISO 11014 的要求，我国制订了《化学品安全技术书编写规定》（GB 16483—2000）。

1. 安全技术说明书的主要作用

① 是化学品安全生产、安全流通、安全使用的指导性文件；

② 是应急作业人员进行应急作业时的技术指南；

③ 化学品生产、处置、贮存和使用各环节制定安全操作规程提供技术信息；

④ 危害控制和预防措施设计提供技术依据；

⑤ 企业安全教育的主要内容。

2. 化学品安全技术说明书的内容

(1) 化学品及企业标识　主要标明化学品名称、生产企业名称、地址、邮编、电话、应急电话、传真和电子邮件地址等信息。

(2) 成分/组成信息　标明该化学品是纯化学品还是混合物。纯化学品，应给出其化学品名称或商品名和通用名。混合物，应给出危险性组分的浓度或浓度范围。无论是纯化学品还是混合物，如果其中包含有害性组分，则应给出化学文摘索引登记号（CAS 号）。

(3) 危险性概述　简要概述本化学品最重要的危害和效应，主要包括危害类别、侵入途径、健康危害、环境危害、燃爆危险等信息。

(4) 急救措施　指作业人员意外的受到伤害时，所需采取的现场自救或互救的简要处理方法，包括眼睛接触、皮肤接触、吸入、食入的急救措施。

(5) 消防措施　主要表示化学品的物理和化学特殊危险性，适合灭火介质，不合适的灭火介质以及消防人员个体防护等方面的信息，包括危险特性、灭火介质和方法、灭火注意事项等。

(6) 泄漏应急处理　指化学品泄露后现场可采用的简单有效的应急措施、注意事项和消除方法，包括应急行动、应急人员防护、环保措施、消除方法等内容。

(7) 操作处置与贮存　主要是指化学品操作处置和安全贮存方面的信息资料，包括操作处置作业中的安全注意事项、安全贮存条件和注意事项。

(8) 接触控制/个体防护　在生产、操作处置、搬运和使用化学品的作业过程中，为保护作业人员免受化学品危害而采取的防护方法和手段。包括最高容许浓度、工程控制、呼吸系统防护、眼睛防护、身体防护、手防护、其它防护要求。

(9) 理化特性　主要描述化学品的外观及理化性质等方面的信息，包括：外观与性状、pH 值、沸点、熔点、相对密度（水为 1）、相对蒸气密度（空气为 1）、饱和蒸气压、燃烧热、临界温度、临界压力、辛醇/水分配系数、闪点、引燃温度、爆炸极限、溶解性、主要用途和其它一些特殊理化性质。

(10) 稳定性和反应性　主要叙述化学品的稳定性和反应活性方面的信息，包括稳定性、禁配物、应避免接触的条件、聚合危害、分解产物。

(11) 毒理学资料　提供化学品的毒理学信息，包括不同接触方式的急性毒性（LD_{50}、LD_{50}）、刺激性、致敏性、亚急性和慢性毒性，致突变性、致畸性、致癌性等。

(12) 生态学资料　主要陈述化学品的环境生态效应、行为和转归，包括生物效应（如 LC_{50}、LD_{50}）、生物降解性、生物富集、环境迁移及其它有害的环境影响等。

(13) 废弃处置　是指对被化学品污染的包装和无使用价值的化学品的安全处理方法，包括废弃处置方法和注意事项。

(14) 运输信息　主要是指国内、国际化学品包装、运输的要求及运输规定的分类和编号，包括危险货物编号、包装类别、包装标志、包装方法、UN 编号及运输注意事项等。

(15) 法规信息　主要是化学品管理方面的法律条款和标准。

(16) 其它信息　主要提供其它对安全有重要意义的信息，包括参考文献、填表时间、填表部门、数据审核单位等。

(二) 危险化学品安全标签

危险化学品安全标签是用文字、图形和编码的组合形式表示危险化学品所具有的危险性和安全注意事项。

（1）名称　用中文和英文分别标明危险化学品的通用名称。名称要求醒目清晰，位于标签的正上方。

（2）分子式　用元素符号和数字表示分子中各原子数，居名称的下方，若是混合物此项可略。

（3）化学成分及组成　标出主要危险组分及其浓度或规格。

（4）编号　标明联合国危险货物编号和中国危险货物编号，分别用 UNNo. 和 CN No. 表示。

（5）危险性标志　用危险性标志表示各类化学品的危险特性，每种化学品最多可选用二个标志。标志采用《危险货物包装标志》（GB 190）规定的符号。每种化学品最多可选用两个标志。标志符号居标签右边。

（6）警示词　根据化学品的危险程度和类别，用"危险"、"警告"、"注意"三个词分别进行高度、中度、低度危害的警示。当某种化学品具有一种以上的危险性时，用危险性最大的警示词。警示词位于化学名称下方，要求醒目、清晰。安全标签的编制应符合《化学品安全标签编写规定》的要求，具体参见图 5-1、图 5-2 示例。警示词见表 5-2。

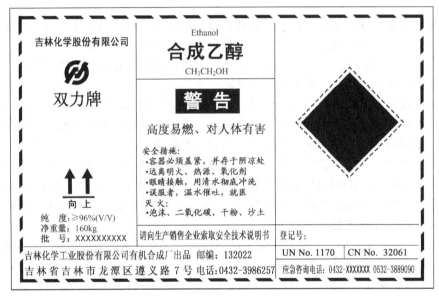

图 5-1　合成乙醇安全标签示例

表 5-2　警示词与化学品危险性类别的对应关系

警示词	化学品危险性类别
危险	爆炸品、易燃气体、有毒气体、低闪点液体、一级自燃物品、一级遇湿易燃物品、一级氧化物、有机过氧化物、剧毒品、一级酸性腐蚀品
警告	不燃气体、中闪点液体、一级易燃固体、二级自燃物品、二级遇湿易燃物品、二级氧化剂、有毒品、二级酸性腐蚀品、一级碱性腐蚀品
注意	高闪点、二级易燃固体、有害品、二级碱性腐蚀品、其它腐蚀品

（7）危险性概述　简要概述化学品燃烧爆炸危险特性、健康危害和环境危害。要与安全技术说明书的内容相一致，居警示词下方。

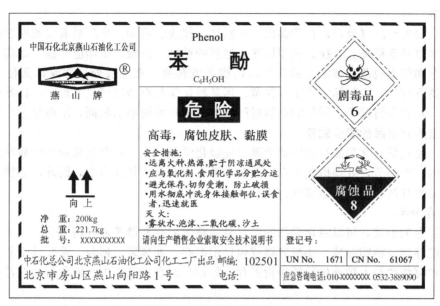

图 5-2 苯酚安全标签示例

（8）安全措施　表述化学品在处置、搬运、贮存和使用作业中所必须注意的事项和发生意外时简单有效的救护措施等，要求内容简明、扼要、重点突出。具体可参见安全措施常用短语。

（9）灭火　化学品为易（可）燃或助燃物质，应提示有效的灭火剂和禁用的灭火剂以及灭火注意事项；若化学品为不燃物质，此项可略。

（10）批号　注明生产日期及生产班次。

（11）提示　向生产企业索取安全技术说明书。

（12）生产厂（公司）　名称、地址、邮编、电话。

（13）应急电话　填写企业应急电话或应急代理电话。

（14）其它安全标签　某些情况下，如很小量定向供应的化学品、实验室内制备自用的化学品等，使用化学品安全标签在操作上有一定困难这时安全标签内容可简略为品名、警示词、主要危害、应急电话、提示参阅安全技术说明书等，样例如图 5-3 所示。

图 5-3 其它安全标签示例

标签应粘贴、拴挂、喷印在化学品包装或容器的明显位置。多层包装运输，原则上要求内外包装都应加贴（挂）安全标签，但外包装上已加贴安全标签，内包装是外包装的衬里，内包装上可免贴安全标签；外包装为透明物，内包装的安全标签可清楚地透过包装，外包装可免加标签。

标签应由生产厂（公司）在货物出厂前粘贴、挂拴、喷印。出厂后若要改换包装，则由改换包装单位重新粘贴、挂拴、喷印标签。标签的粘贴、挂拴、喷印应牢固、结实，保证在运输、贮存期间不脱落。盛装危险化学品的容器或包装，在经过处理并确认无任何危险性后，方可撕下标签，否则标签应予以保留。当某种化学品有新的信息发现时，标签应及时修订、更改。在正常情况下，标签的更新时间应与安全技术说明书相同，不得超过 5 年。

三、危险化学品的安全贮存

生产、使用危险化学品过程中都会涉及危险化学品贮存，贮存是危险化学品流通过程中非常重要的一个环节，处理措施不当，就会导致事故乃至重特大事故，因此，必须了解掌握危险化学品贮存过程中的安全措施。

1. 贮存分类

按照贮存的形式，可以将化学品的贮存分为整装贮存和散装贮存两类。

整装贮存就是将物品装于小型容器或包件中贮存。如袋装、桶装、箱装或钢瓶装等。

散装贮存指的是不带外包装的净货贮存。如油品贮存于油罐中、液化石油气贮存于大型球罐中。

按照贮存方式，将危险化学品的贮存分为隔离贮存、隔开贮存、分离贮存三种方式。

隔离贮存是在同一房间或同一区域内，不同的物料之间分开一定的距离，非禁忌物料间用通道保持空间的贮存方式。

隔开贮存指在同一建筑物或同一区域内，用隔板或墙将禁忌物料分开的贮存方式。

分离贮存为在不同的建筑物或远离所有的外部区域的贮存方式。

2. 危险品化学品贮存的基本要求

危险化学品的贮存涉及许多方面的问题，不同的类别、火灾危险性、毒性、外界条件的影响等都会对贮存条件提出不同的要求。

(1) 符合国家标准规定的贮存方式、设施　符合国家标准规定的贮存方式、设施主要包括：建筑物、贮存地点及建筑结构的设置、贮存场所的电气设施、贮存场所通风或湿度调节、禁忌要求、贮存方式、安全设施、报警装置等。

危险化学品专用仓库，应当符合国家标准对安全、消防的要求，设置明显标志。危险化学品专用仓库的贮存设备和安全设施应当定期检测。同一区域贮存两种和两种以上的不同级别的危险品时，应按最高等级危险物品的性能设置标志。

危险化学品露天堆放，应符合防火、防爆的安全要求，爆炸物品、一级易燃物品、遇湿燃烧物品、剧毒品不得露天堆放。

(2) 贮存管理

① 危险化学品入库要检验，贮存期间应定期养护，并要控制贮存场所的温度与湿度。

② 危险化学品出入库前，均应按合同检查、验收、登记后方可入库。装卸、搬运危险化学品时，应轻装轻卸，防止摩擦、震动。

③ 贮存危险化学品必须配置相应的消防设施并配备经过培训的兼职和专职消防人员，有条件的还应安装自动监测系统、火灾报警系统和喷淋系统。

④ 危品仓库工作人员接收危险化学品时，应清楚品名、编号、理化性质，应按操作程序工作。入库验收时，检查其包装有无水湿、雨淋或沾染其它物品，封口是否严密等。

⑤ 危险化学品库保管员应进行培训，熟悉各种危险品中毒的急救方法和消防灭火措施。

⑥ 贮存危险化学品的建筑物、区域内严禁吸烟和使用明火。

(3) 危险化学品贮存要求　根据危险化学品的性能分区、分类、分库贮存，化学性质相抵触或灭火方法不同的各类危险化学品，不得混合贮存。与禁忌物料的配存见表 5-3。

表 5-3　危险化学品的分类贮存原则

组别	物质名称	贮存原则	附注
爆炸性物质	叠氮铅、雷汞、三硝基甲苯、火棉、硝铵炸药等	不准和任何其它种类的物质共同贮存，必须单独隔离贮存	起爆药与炸药必须隔离贮存
易燃及可燃液体	汽油、苯、丙酮、乙醇、乙醚、乙醛、松节油等	不准和任何其它种类物品共同贮存	如数量很少，允许与固体易燃物品隔开后贮存
压缩气体和液化气体	易燃气体，如氢气、甲烷、乙烯、丙烯、乙炔、一氧化碳、硫化氢等	除惰性不燃气体外，不准和其它种类的物品共同贮存	
压缩气体和液化气体	惰性不燃气体，如氮气、二氧化碳、二氧化硫、氟里昂等	除可燃气体、助燃气体、氧化剂和有毒物质外，不准和其它种类的物品共同贮存	
压缩气体和液化气体	助燃气体，如氧气、压缩空气、氯气等	除惰性不燃气体和有毒物品外，不准和其它种类的物品共同贮存	氯气兼有毒害性
遇水或空气能自燃的物质	钾、钠、电石、黄磷、锌粉、铝粉等	不准与其它种类的物品共同贮存	钾、钠需浸入煤油中贮存，黄磷浸入水中贮存
易燃固体	赤磷、萘、硫黄、樟脑等	不准与其它种类的物品共同贮存	
氧化剂	能形成爆炸性混合物的氧化剂，如氯酸钾、次氯酸钙、过氧化钠等	除压缩气体和液化气体中的惰性气体外，不准和其它物品共同贮存	过氧化物遇水有发热爆炸危险，应单独贮存。过氧化氢应贮存在阴凉处所
氧化剂	能引起燃烧的氧化剂，如镍、硝酸、硫酸、高锰酸钾等	不准与其它种类的物品共同贮存	与氧化剂中能形成爆炸混合物的物品亦应隔离
有毒物质	光气、五氧化二砷、氰化钾、氰化钠	除压缩气体和液化气体中的惰性不燃气体和助燃气体外，不准和其它种类的物品共同贮存	

（4）贮存安排及贮存限量　危险化学品贮存安排取决于危险化学品的性质、贮存容器类型、贮存方式和消防的要求。

① 遇火、热、潮湿引起燃烧、爆炸或发生化学反应、产生有毒气体的危险化学品不得在露天或潮湿积水的建筑物中贮存。

② 受日光照射能发生化学反应引起燃烧、爆炸、分解、化合或能产生有毒气体的危险化学品应贮存在一级建筑物中，其包装应采取避光措施。

③ 爆炸类物品不准和其它类物品同贮，必须单独隔离限量贮存，仓库不准建在城镇，还应与周围建筑、交通干道、输电线路保持一定的安全距离。

④ 压缩气体和液化气体必须与爆炸性物品、氧化剂、易燃物品、自燃物品、腐蚀性物品等隔离贮存。易燃气体不得与助燃气体、剧毒气体同贮；氧气不得与油脂混合贮存；盛装液化气体的压力容器，必须安装压力表、安全阀、紧急切断装置，并定期检查，不得超装。

⑤ 易燃液体、遇湿易燃物品、易燃固体不得与氧化剂混合贮存。

⑥ 有毒物品应贮存在阴凉、通风、干燥的场所，不得露天存放和接近酸类物质。

⑦ 腐蚀性物品包装必须严密，不允许泄漏，严禁与液化气体和其它物品共存。危险化学品贮存限量和贮存安排见表 5-4。

表 5-4 危险化学品贮存限量和贮存安排

贮存要求 \ 贮存类别	露天贮存	隔离贮存	隔开贮存	分离贮存
平均单位面积贮存量/(t/m²)	1.0~1.5	0.5	0.7	0.7
单一贮存区最大贮量/t	2000~2400	200~300	200~300	400~600
堆距限制/m	2	0.3~0.5	0.3~0.5	0.3~0.5
通道宽度/m	4~6	1~2	1~2	5
墙距宽度/m	2	0.3~0.5	0.3~0.5	0.3~0.5
与禁忌品距离/m	10	不得同库贮存	不得同库贮存	10

四、化学品危害的预防与控制

众所周知，危险化学品是有害的，可人类的生活已离不开危险化学品，有时不得不生产和使用有害危险化学品，因此，如何预防与控制作业场所中危险化学品的危害，防止火灾爆炸、中毒与职业病的发生，就成为必须解决的问题。

作业场所危险化学品危害预防与控制一般从工程技术、个体防护、管理方面加以控制。

1. 工程技术控制

工程技术是控制化学品危害最直接、最有效的方法，其目的是通过采取相应的措施消除工作场所中化学品的危害或尽可能降低其危害程度，以免危害工人，污染环境。工程控制有以下方法。

(1) 替代 选用无害或危害性小的化学品替代已有的有毒有害化学品是消除化学品危害最根本的方法。例如用水基涂料或水基黏合剂替代有机溶剂基的涂料或黏合剂；使用水基洗涤剂替代溶剂基洗涤剂；喷漆和除漆用的苯可用毒性小于苯的甲苯替代；用高闪点化学品取代低闪点化学品等。

(2) 变更工艺 虽然替代作为操作控制的首选方案很有效，但是目前可供选择的替代品往往是很有限的，特别是因技术和经济方面的原因，不可避免地要生产、使用危险化学品，这时可考虑变更工艺。如改喷涂为电涂或浸涂；改人工装料为机械自动装料；改干法粉碎为湿法粉碎等。

(3) 隔离 隔离是指采用物理的方式将化学品暴露源与工人隔离开的方式。是控制化学危害最彻底、最有效的措施。最常用的隔离方法是将生产或使用的化学品用设备完全封闭起来，使工人在操作中不接触化学品。如隔离整个机器，封闭加工过程中的扬尘点，都可以有效地限制污染物扩散到作业环境中去。

(4) 通风 控制作业场所中的有害气体、蒸气或粉尘，通风是最有效的控制措施。借助于有效的通风，使气体、蒸气或粉尘的浓度低于最高容许浓度。通风分局部通风和全面通风两种。对于点式扩散源，可使用局部通风。使用局部通风时，污染源应处于通风罩控制范围内。对于面式扩散源，要使用全面通风，亦称稀释通风，其原理是向作业场所提供新鲜空气，抽出污染空气，从而稀释降低有害气体、蒸气或粉尘浓度。

2. 个人防护和卫生

工程控制措施虽然是减少化学品危害的主要措施，但是为了减少毒性暴露，工人还需从自身进行防护，以作为补救措施。工人本身的控制分两种形式：使用防护器具和讲究个人卫生。

(1) 个体防护用品 在无法将作业场所中有害化学品的浓度降低到最高容许浓度以下时，工人就必须使用合适的个体防护用品。个体防护用品既不能降低工作场所中有害化学品的浓度，也不能消除工作场所的有害化学品，而只是一道阻止有害物进入人体的屏障。防护用品本身的失效就意味着保护屏障的消失，因此个体防护不能被视为控制危害的主要手段，而只能作为一种辅助性措施。

(2) 呼吸防护品　据统计，职业中毒的 95% 左右是吸入毒物所致，因此预防尘肺、职业中毒、缺氧窒息的关键是防止毒物从呼吸器官侵入。呼吸防护用品主要分为过滤式（净化式）和隔绝式（供气式）两种。

过滤式呼吸器只能在不缺氧的劳动环境（即环境空气中氧的含量不低于 18%）和低浓度毒污染使用，一般不能用于罐、槽等密闭狭小容器中作业人员的防护。过滤式呼吸器分为过滤式防尘呼吸器和过滤式防毒呼吸器。

隔离式呼吸器能使戴用者的呼吸器官与污染环境隔离，由呼吸器自身供气（空气或氧气），或从清洁环境中引入空气维持人体的正常呼吸。可在缺氧、尘毒严重污染、情况不明的有生命危险的工作场所使用，一般不受环境条件限制。按供气形式分为自给式和长管式两种类型。

(3) 其它个体防护用品　为了防止由于化学品的飞溅，以及化学粉尘、烟、雾、蒸气等所导致的眼睛和皮肤伤害，也需要根据具体情况选择相应的防护用品或护具。

(4) 作业人员个人卫生　作业人员养成良好的卫生习惯也是消除和降低化学品危害的一种有效方法。保持个人卫生的基本原则：

① 遵守安全操作规程并使用适当的防护用品。
② 不直接接触能引起过敏的化学品。
③ 工作结束后、饭前、饮水前、吸烟前以及便后要充分洗净身体的暴露部分。
④ 在衣服口袋里不装被污染的东西，如抹布、工具等。
⑤ 勤剪指甲并保持指甲洁净。
⑥ 时刻注意防止自我污染，尤其在清洗或更换工作服时更要注意。
⑦ 防护用品要分放、分洗。
⑧ 定期检查身体。

3. 管理控制

管理控制是指按照国家法律和标准建立起来的管理程序和措施，是预防作业场所中危险化学品危害的一个重要方面。管理控制主要包括：危害识别、安全标签、安全技术说明书、安全贮存、安全传送、安全处理与使用、废物处理、培训教育。

第三节　防火防爆技术

化工企业生产使用易燃易爆物质，火灾、爆炸是化工企业的主要危险事故，如发生火灾爆炸事故往往会造成人员伤亡和国家财产损失，在化工企业，重视危险化学品的安全管理，采取防范措施，预防事故，确保人员财产安全。

一、燃烧的基本知识

燃烧，俗称"起火"、"着火"，是一种发光、发热的化学反应。失去控制蔓延成灾的燃烧现象或者超出有效范围的燃烧称为火灾。

1. 燃烧的条件

燃烧是有条件的，必须在可燃物、助燃物和点火源三个基本条件同时具备时才能发生。

(1) 可燃物　可燃物是指在火源作用下能被点燃，并且当火源移去后能持续燃烧，直至燃尽的物质。可燃物按其物理状态分为气体、液体和固体。

① 可燃气体种类很多，如煤气、甲烷、氢气、乙炔、一氧化碳等。

② 可燃液体使用很广泛，如汽油、柴油、煤油、酒精、苯等。

③ 可燃固体种类极多，如木材、纸张、煤、棉纤维等。

(2) 助燃物　凡是具有较强氧化能力，能与可燃物质发生化学反应并引起燃烧的物质均称为助燃物。如氧气、空气（空气中含有21%的氧）、氯气、氟、溴、氯酸盐、重铬酸盐、高锰酸盐以及过氧化物等。对于一般可燃物质，空气中的氧浓度小于14%时，通常不会发生燃烧。

(3) 点火源　凡能引起可燃物质燃烧的能源均可称之为点火源，点火源主要是热能，常见的有以下几种。

① 明火。如打火机火、蜡烛火、火柴火、火炉、火柴、烟筒和烟道喷出的火星，气焊和电焊、汽车排气管喷出的火星等。

② 高温物体。如加热装置、高温物料输送管、白炽灯泡等。

③ 电火花。如高电压的火花放电，短路和开闸时的弧光放电，接点上的微弱火花等。

④ 静电火花。如液体流动引起的带电，喷出气体的带电，人体的带电等产生的火花。

⑤ 摩擦与撞击。如机器上轴承传动的摩擦，铁器和金属机件的撞击，铁器工具相撞，铁器与混凝土相碰等。

⑥ 自行发热。如油纸、油布、煤的堆积，活泼金属钠接触水等都会自行发热。

⑦ 绝热压缩。如硝酸甘油液滴中含有气泡时，被落锤冲击受到绝热压缩，瞬时升温，可使硝酸甘油液滴被加热至着火点而爆炸。

⑧ 化学反应热、光线、射线等。

点火源必须具备一定的强度，引起一定浓度可燃物质燃烧的最小能量称为该物质的最小点火能量。如点火源的能量小于该物质的最小点火能量，就不能引燃该物质。最小点火能量是衡量可燃气体、蒸气或粉尘燃烧爆炸的主要危险参数。

可燃物、助燃物和点火源是导致燃烧的三要素，缺一不可。上述"三要素"同时存在，在某种情况下，虽然具备了燃烧的三个必要条件，但由于可燃物质的数量不够，氧气不足或点火源的热量不够，燃烧也不能发生。因此，燃烧要具备以下的充分条件：①一定数量或一定浓度的可燃物；②一定数量的助燃物；③一定能量的点火源。

2. 灭火的基本原理

掌握了燃烧发生的条件，就可以了解预防和控制火灾的基本原理，预防和控制燃烧三个基本条件中的任何一个，都可以有效地防止火灾的发生，对于已经进行着的燃烧，若消除"三要素"中的一个条件，或使其数量有足够的减少，燃烧便会终止，这就是灭火的基本原理。

3. 物质的燃烧过程

可燃物质的聚集状态不同，其受热后所发生的燃烧过程也不同，除结构简单的可燃气体（如氢气）外，大多数可燃物质的燃烧并非是物质本身的燃烧，而是物质受热分解出的气体或蒸气的燃烧。可燃物气态、液态、固态三种状态物质燃烧的特点不相同。

(1) 可燃气体　在火源作用下加热到着火点（燃点）就能氧化分解燃烧，是最容易燃烧的。

(2) 可燃液体　先蒸发为蒸气，蒸气在空气混合中而燃烧。

(3) 可燃固体　在固体燃烧中，如果是简单物质硫、磷等，受热时首先熔化，然后蒸发成蒸气进行燃烧，并有分解过程。如果是复杂物质，在受热时首先分解，析出气态和液态产物，然后气态产物和液态产物的蒸气着火燃烧。

各种物质的燃烧过程如图5-4所示。

4. 燃烧的类型

燃烧的基本类型可分为闪燃、着火和自燃三种。

（1）闪燃与闪点　在一定温度下，易燃或可燃液体（包括能蒸发出蒸气的少量固体，如石蜡、樟脑、萘等）蒸气与空气混合后达到一定浓度时，遇点火源发生一闪即灭的火苗或火光，这种现象称为闪燃。发生闪燃的原因，是因为易燃或可燃液体在该温度下，蒸发速度还不快，液面上少量可燃蒸气与空气混合，一遇火源即产生一闪即灭的瞬间燃烧，这种燃烧现象称为闪火或闪燃。液体发生闪燃时最低温度即为液体的闪点。闪点是评价液体火灾危险性大小的主要依据，闪点越低，发生火灾和爆炸的危险性越大。一般称闪点小于或等于45℃的液体为易燃液体，闪点大于45℃的液体为可燃液体。

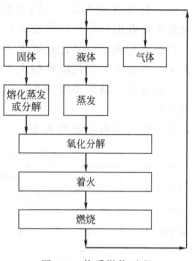

图 5-4　物质燃烧过程

某些液体的闪点如表 5-5 所示。

表 5-5　某些可燃液体的闪点

物质名称	闪点/℃	物质名称	闪点/℃	物质名称	闪点/℃
甲醇	7	苯	−14	醋酸丁醇	13
乙醇	11	甲苯	1	醋酸戊酯	25
乙二醇	112	氯苯	25	二硫化碳	−45
丁醇	35	石油	−21	甘油	176.5
戊醇	46	松节油	32	二氯乙烷	8
乙醚	−45	醋酸	40	二乙胺	26
丙酮	−20	醋酸乙酯	1		

（2）着火与着火点　可燃物质在火源的作用下能被点燃，并且火源移去后仍能保持继续燃烧的现象。着火就是燃烧的开始，并且以出现火焰为特征。

在空气充足的条件下，可燃物质的蒸气与空气的混合物与火焰接触而能使燃烧持续 5s 以上的最低温度称为着火点或燃点。如纸 130℃，木材 295℃等。物质燃点的高低，反映了这个物质火灾危险性的大小。燃点越低，越容易着火。

对于闪点较低的液体来讲，其燃点只比闪点高 1～5℃，而且闪点越低，二者的差别越小。通常闪点较高的液体比其闪点约高 5～30℃，闪点在 100℃ 以上的可燃液体的燃点要高出其闪点 30℃ 以上，控制可燃液体的温度在其着火点以下，是预防发生火灾的主要措施。

一些可燃物质的燃点见表 5-6。

表 5-6　一些可燃物质的燃点

物质名称	燃点/℃	物质名称	燃点/℃	物质名称	燃点/℃
磷	34	棉花	150	豆油	351
松节油	53	麻绒	150	烟叶	222
樟脑	70	漆布	165	黏胶纤维	235
灯油	86	蜡烛	190	松木	250
赛璐珞	100	布匹	200	无烟煤	280～500
橡胶	130	麦草	200	涤纶纤维	390
纸	130	硫	207		

(3) 自燃与自燃点　可燃物质受热升温而无需火源作用就能自行燃烧的现象。物质能引起自燃的最低温度称为该物质的自燃点，如：黄磷 30℃，煤 320℃。

自燃点是衡量可燃性物质火灾危险性的又一个重要参数，可燃物的自燃点越低，越易引起自燃，发生火灾的危险性越大。

一般说来，液体密度越小，闪点越低，而自燃点越高；液体密度越大，闪点越高，而自燃点越低。

某些物质的自燃点见表 5-7。

表 5-7　某些气体及液体的自燃点

物质名称	化学式	自燃点/℃		物质名称	化学式	自燃点/℃	
		空气中	氧气中			空气中	氧气中
氢	H_2	572	560	丙烯	C_3H_6	458	—
一氧化碳	CO	609	588	丁烯	C_4H_8	443	—
氨	NH_3	651	—	乙炔	C_2H_2	305	296
二硫化碳	CS_2	120	107	苯	C_6H_6	580	566
硫化氢	H_2S	292	220	甲醇	CH_3OH	470	461
氢氰酸	HCN	538	—	乙醇	C_2H_5OH	392	—
甲烷	CH_4	632	556	乙醚	$C_4H_{10}O$	193	183
乙烷	C_2H_6	472	—	丙酮	C_3H_6O	561	485
丙烷	C_3H_6	493	468	石脑油	—	277	
丁烷	C_4H_{10}	408	283	汽油	—	280	
乙烯	C_2H_4	490	485	煤油	—	254	

二、爆炸的基础知识

物质由一种状态迅速转变成另一种状态，并在瞬间放出大量能量，同时产生巨大的声响的现象称为爆炸。爆炸也可视为气体或蒸气在瞬间剧烈膨胀的现象。

爆炸是物质的一种非常急剧的物理、化学变化，在变化过程中，伴有物质所含能量的快速转变，即变为该物质本身、变化产物或周围介质的压缩能和运动能。其重要特征是大量能量在有限的时间里突然释放或急剧转化，这种能量能在有限的时间和有限的体积内大量积聚造成高温高压等非寻常状态，对邻近介质形成急剧的压力突跃和随后的复杂运动，显示出不寻常的移动或破坏效应。

(一) 爆炸的分类

按照爆炸的性质不同，爆炸可分为物理性爆炸、化学性爆炸和核爆炸。

1. 物理性爆炸

物理性爆炸是由物理变化（温度、体积和压力等因素）引起的，在爆炸的前后，爆炸物质的性质及化学成分均不改变。

锅炉的锅筒爆炸是典型的物理性爆炸，其原因是过热的水迅速蒸发出大量蒸汽，使蒸汽压力不断提高，当压力超过锅炉的极限强度时，就会发生爆炸。又如，氧气钢瓶受热升温，引起气体压力增高，当压力超过钢瓶的极限强度时即发生爆炸。发生物理性爆炸时，气体或蒸汽等介质潜藏的能量在瞬间释放出来，会造成巨大的破坏和伤害。上述这些物理性爆炸是蒸汽和气体膨胀力作用的瞬时表现，它们的破坏性取决于蒸汽或气体的压力。

2. 化学性爆炸

化学性爆炸是由化学变化造成的。化学爆炸的物质不论是可燃物质与空气的混合物，还是爆炸性物质（如炸药），都是一种相对不稳定的系统，在外界一定强度的能量作用下，能产生剧烈的放热反应，产生高温高压和冲击波，从而引起强烈的破坏作用，冲击波是由于受高热和气体膨胀作用而形成的。

根据爆炸时的化学变化，化学爆炸可分为以下四类：

(1) 简单分解爆炸　这类爆炸没有燃烧现象，爆炸时所需要的能量由爆炸物本身分解产生。属于这类物质的有叠氮铅、雷汞、雷银、三氯化氮、三碘化氮、三硫化二氮、乙炔银、乙炔铜等。

(2) 复杂分解爆炸　这类爆炸伴有燃烧现象，燃烧所需要的氧由爆炸物自身分解供给。所有炸药如三硝基甲苯、三硝基苯酚、硝酸甘油、黑色火药等均属于此类。

(3) 爆炸性混合物的爆炸　可燃气体、蒸气或粉尘与空气（或氧、氯等）混合后，形成爆炸性混合物，这类爆炸的爆炸破坏力虽然比前两类小，但实际危险要比前两类大，这是由于在采矿和工业生产过程中形成爆炸性混合物的机会多，而且往往不易察觉。因此，石油化工生产的防火防爆是安全工作一项十分重要的内容。

(4) 分解爆炸性气体的爆炸　分解爆炸性气体分解时产生相当数量的热量，当物质的分解热为 80kJ/mol 以上时，在激发能源的作用下，火焰就能迅速地传播开来，其爆炸是相当激烈的。

3. 核爆炸

由物质的原子核在发生"裂变"或"聚变"的链锁反应瞬间放出巨大能量而产生的爆炸，如原子弹、氢弹的爆炸就属于核爆炸。

(二) 爆炸极限

1. 基本概念

可燃气体、可燃液体的蒸气与空气的混合物，并不是在任何浓度下，遇到点火源都能爆炸，而必须是在一定的浓度范围内遇火源才能发生爆炸。可燃性气体、可燃液体的蒸气与助燃性气体形成的混合物遇点火源引起爆炸的浓度极限值，称为爆炸极限。可燃粉尘爆炸极限的概念与可燃气体爆炸极限是一致的。

一些气体和液体蒸气的爆炸极限见表 5-8。

表 5-8　一些气体和液体蒸汽的爆炸极限

物质名称	爆炸极限/%		物质名称	爆炸极限/%		物质名称	爆炸极限/%	
	下限	上限		下限	上限		下限	上限
氢	4.0	75.6	氯苯	1.3	11.0	乙醚	1.7	48.0
氨	15.0	28.0	甲醇	5.5	36.0	丙酮	2.5	13.0
氧化碳	12.5	74.0	乙醇	3.5	19.0	汽油	1.4	7.6
二硫化碳	1.0	60.0	丙醇	2.1	13.5	煤油	0.7	5.0
乙炔	1.5	82.0	丁醇	1.4	10.0	乙酸	4.0	17.0
氰化氢	5.6	41.0	甲烷	5.0	15.0	乙酸乙酯	2.1	11.5
乙烯	2.7	34.0	乙烷	3.0	15.5	乙酸丁酯	1.2	7.6
苯	1.2	8.0	丙烷	2.1	9.5	硫化氢	4.3	45.0
甲苯	1.2	7.0	丁烷	1.5	8.5			
邻二甲苯	1.0	7.6	甲醛	7.0	73.0			

爆炸极限是一个很重要的概念，在防火防爆工作中有很大的实际意义。

① 它可以用来评定可燃气体燃爆危险性的大小，作为可燃气体分级和确定其火灾危险性类别的依据。我国目前把爆炸下限小于 10% 的可燃气体划为一级可燃气体，其火灾危险性列为甲类。

② 它可以作为设计的依据，例如确定建筑物的耐火等级，设计厂房通风系统等，都需

要知道该场所存在的可燃气体的爆炸极限数值。

③ 它可以作为制定安全生产操作规程的依据。在生产、使用和贮存可燃气体的场所，为避免发生火灾和爆炸事故，应严格将可燃气体的浓度控制在爆炸下限以下。为保证这一点，在制定安全生产操作规程时，应根据可燃气体的燃爆危险性和其它理化性质，采取相应的防范措施，如通风、置换、惰性气体稀释、检测报警等。

2. 影响爆炸极限的因素

爆炸极限值不是一个物理常数，它随条件的变化而变化。

（1）温度的影响　因为化学反应与温度有很大的关系，所以，爆炸极限数据必定与混合物规定的初始温度有关。初始温度越高，引起的反应越容易传播。一般规律是，混合系统原始温度升高，则爆炸极限范围增大即下限降低，上限增高。因为系统温度升高，分子内能增加，使原来不燃的混合物成为可燃、可爆系统。

（2）压力影响　系统压力增高，爆炸极限范围也扩大，明显体现在爆炸上限的提高。这是由于压力升高，使分子间的距离更为接近，碰撞概率增高，使燃烧反应更容易进行，爆炸极限范围扩大，特别是爆炸上限明显提高。压力减小，则爆炸极限范围缩小，当压力降至一定值时，其上限与下限重合，此时的压力称为混合系统的临界压力，低于临界压力，系统不爆炸。因此，密闭设备进行减压操作对安全有利的。

（3）惰性气体含量影响　混合系中惰性气体（如氮、二氧化碳、水蒸气、氩、氦等）量增加，爆炸极限范围变窄，尤其是爆炸上限降低。由于随着惰性气体浓度加大，系统内氧的浓度相对减少，当惰性气体浓度提高到某一数值时，爆炸上下限趋于一致，此时爆炸性混合物就不会爆炸。因此，在实际的工业生产中，有时会运用向系统内充入惰性气体来降低系统爆炸危险性的方法。

（4）容器、管径的影响　容器、管子直径越小，火焰在其中蔓延速度愈小，则爆炸极限范围越小，当管径小到一定程度时，火焰就不能通过而自行熄灭，火焰便会中断熄灭，气体混合物便可免除爆炸危险，这一直径称为火焰蔓延临界直径。

（5）点火源的影响　点火能的强度高，加热面积越大，作用时间越长，则点火源供给混合物的能量越大，爆炸极限范围也越广，其爆炸危险性也就随之增大。能引起一定浓度可燃物燃烧或爆炸所需的最小能量，称为可燃物的最小点火能量，或最小引燃能量。如甲烷在100V电压、1A电流火花作用下，无论何种混合比例情况均不爆炸；若电流增加到2A，其爆炸极限为5.9%～13.6%；电流增加到3A时，其爆炸极限为5.85%～14.8%。

三、防火防爆措施

火灾爆炸是化工生产过程中常见和主要的事故类型，火灾爆炸事故不仅会使生产设备遭受损失，而且使建筑破坏，甚至造成人员伤亡，会在社会上带来一定的负面影响，因此，科学防火防爆是非常重要的一项工作。

（一）火灾及其分类

1. 生产的火灾危险性分类

为了更好地进行安全管理，可对生产中的火灾爆炸危险性进行分类，以便采取有效的防火防爆措施。《建筑设计防火规范》（GB 50016—2006）根据生产中使用或产生的物质性质及其数量等因素，分为甲、乙、丙、丁、戊类，并应符合表5-9的规定。

2. 火灾分类

根据可燃物的形态，可将火灾分为以下几种：

① A类火灾。指固体物质火灾，如木材、煤、棉、毛、麻、纸张等火灾。

表 5-9 生产的火灾危险性分类

生产类别	项别	火灾危险性特征 使用或产生下列物质的生产
甲	1	闪点小于 28℃ 的液体
	2	爆炸下限小于 10% 的气体
	3	常温下能自行分解或在空气中氧化能导致迅速自燃或爆炸的物质
	4	常温下受到水或空气中水蒸气的作用,能产生可燃气体并引起燃烧或爆炸的物质
	5	遇酸、受热、撞击、摩擦、催化以及遇有机物或硫黄等易燃的无机物,极易引起燃烧或爆炸的强氧化剂
	6	受撞击、摩擦或与氧化剂、有机物接触时能引起燃烧或爆炸的物质
	7	在密闭设备内操作温度大于等于物质本身自燃点的生产
乙	1	闪点大于等于 28℃,但小于 60℃ 的液体
	2	爆炸下限大于等于 10% 的气体
	3	不属于甲类的氧化剂
	4	不属于甲类的化学易燃危险固体
	5	助燃气体
	6	能与空气形成爆炸性混合物的浮游状态的粉尘、纤维、闪点大于等于 60℃ 的液体雾滴
丙	1	闪点大于等于 60℃ 的液体
	2	可燃固体
丁	1	对不燃烧物质进行加工,并在高温或熔化状态下经常产生强辐射热、火花或火焰的生产
	2	利用气体、液体、固体作为燃料或将气体、液体进行燃烧作其它用的各种生产
	3	常温下使用或加工难燃烧物质的生产
戊		常温下使用或加工不燃烧物质的生产

② B 类火灾。指液体火灾和可熔化的固体物质火灾,如汽油、煤油、柴油、原油、甲醇、乙醇等火灾。

③ C 类火灾。气体火灾,如煤气、天然气、甲烷、乙烷、丙烷、氢气等火灾。

④ D 类火灾。指金属火灾,如钾、钠、镁、铝镁合金等。

⑤ E 类火灾。指带电物体和精密仪器等物质的火灾。

还可根据伤亡人员数、财产损失金额将火灾分为以下几种。

① 特别重大火灾。造成 30 人以上死亡,或 100 人以上重伤,或 1 亿元以上直接财产损失的火灾。

② 重大火灾。造成 10 人以上 30 人以下死亡,或 50 人以上 100 人以下重伤,或 5000 万元以上 1 亿元以下直接财产损失的火灾。

③ 较大火灾。造成 3 人以上 10 人以下死亡,或 10 人以上 50 人以下重伤,或 1000 万元以上 5000 万元以下直接财产损失的火灾。

④ 一般火灾。造成 3 人以下死亡,或 10 人以下重伤,或 1000 万元以下直接财产损失的火灾。

(二)防火防爆基本原则

防火防爆要根据物质燃烧爆炸的原则,在生产实际中,防止发生火灾爆炸事故的基本原则有以下几点:

① 控制可燃物和助燃物的浓度、温度、压力及混触条件,避免物料处于燃爆的危险

状态；

② 消除一切足以导致着火的火源，以防发生火灾、爆炸事故；

③ 采取一切阻隔手段，防止火灾、爆炸事故的扩展。

1. 控制可燃物的措施

控制可燃物，就是使可燃物达不到燃爆所需的数量、浓度，从根本上消除发生火灾爆炸的物质基础，主要有以下几个方面技术措施。

(1) 通过改进生产工艺或技术，生产中尽量采用不燃或难燃物质代替可燃物，减少使用强氧化剂。如用不燃或不易燃烧爆炸的有机溶剂如 CCl_4 或水取代易燃的苯、汽油；根据工艺条件选择沸点较高的溶剂等。生产场所严格控制原料、中间品的数量，原则上存放数量不超过生产24h所使用的数量。在可能发生燃爆危险的场所设置可燃气（蒸气、粉尘）浓度检测报警仪，通常将报警浓度设定在气体爆炸下限的25%，一旦浓度超标，即可报警，以便采取紧急防范措施。

(2) 加强密闭　为防止易燃气体、蒸气和可燃性粉尘与空气形成爆炸性混合物，应设法使生产设备和容器尽可能密闭操作。对带压设备，应防止气体、液体或粉尘逸出与空气形成爆炸性混合物；对真空设备，应防止空气漏入设备内部达到爆炸极限。开口的容器、破损的铁桶、容积较大且没有保护措施的玻璃瓶不允许贮存易燃液体；不耐压的容器不能贮存压缩气体和加压液体。

为保证设备的密闭性，对处理危险物料的设备及管路系统应尽量少用法兰连接，但要保证安装检修方便；输送危险气体、液体的管道应采用无缝管；盛装具有腐蚀性介质的容器，底部尽可能不装阀门，腐蚀性液体应从顶部抽吸排出。

(3) 通风排气　在有防火防爆要求的环境中，对于易燃易爆物质时，其在车间内的浓度一般应低于爆炸下限的1/4。作业场所选用合适的通风方式。一般宜采取自然通风，当自然通风不能满足要求时应采取机械通风。

对局部通风，应注意气体或蒸气的密度，密度比空气大的气体要防止在低洼处积聚；密度比空气小的要防止在高处死角上积聚。有时即使是少量气体，也会使厂房局部空间达到爆炸极限。

厂房通风有自然通风、机械通风和正压通风三种。采用自然通风时，要根据季节风向采取相应措施，保证厂房内有足够的换气次数。

机械通风的排风方式应符合下列要求：

① 放散的可燃气体较空气轻时，宜从上部排放。

② 放散的可燃气体较空气重时，宜从上、下部同时排出，但气体温度较高或受到散热影响产生气流上升时，宜从上部排出。

③ 当挥发性物质蒸发后，被周围空气冷却下沉或经常有挥发性物质洒落到地面时，应从上、下部同时排出。

(4) 惰性化　惰性气体保护的作用是缩小或消除易燃可燃物质的爆炸范围，从而防止燃烧爆炸。对具有爆炸危险的工艺、设备、贮罐、管线充装惰性气体保护，如氮气、二氧化碳、水蒸气等，防止形成爆炸性混合物。以下几种场合常使用惰性化。

① 对具有爆炸性的生产设备和贮罐，充灌惰性气体。

② 易燃固体的压碎、研磨、筛分、混合以及呈粉末状态输送时，可在惰性气体覆盖下进行。

③ 易燃固体的粉状、粒状的料仓可用惰性气体加以保护。

④ 可燃气体混合物在处理过程中，加惰性气体作为保护气体。

⑤ 有火灾爆炸危险的工艺装置、贮罐、管道等连接惰性气体管，以备在发生火灾时使用惰性气体充灌保护。

⑥ 用惰性气体（如氮气）输送爆炸危险性液体。

⑦ 在有爆炸危险性的生产中，对能引起火花危险的电器、仪表等，用惰性气体（如氮气）正压保护。

⑧ 有火灾爆炸危险的生产装置停车检修时，在动火之前在惰性气体保护下对有爆炸危险的设备、管线、容器等进行置换。

⑨ 发生事故有大量危险物质泄漏时，用大量惰性气体（如水蒸气）稀释。

⑩ 备用的反应器、干燥器等用惰性气体保护。

2. 控制点火源

在多数场合，可燃物和助燃物的存在是不可避免的，但是在生产加工过程中，点火源常常是一种必要的热能源，为预防火灾及爆炸，对引火源进行控制是消除燃烧三要素同时存在的一个重要措施。引起火灾爆炸事故的引火源主要有明火、高温表面、摩擦和撞击、绝热压缩、化学反应热、电气火花、静电火花、雷击和光热射线等。故必须科学地对待点火源，既要保证安全地利用点火源，又要设法消除能够引起火灾爆炸的点火源。

(1) 明火控制

① 根据火灾爆炸危险性大小划定禁火区域，应有醒目的"禁止烟火"标志。

② 对于易燃液体的加热，应尽量避免采用明火。加热一般采用过热水或蒸汽；当采用矿物油、联苯醚等载热体时，加热温度必须低于载热体的安全使用温度，在使用时要保持良好的循环并留有载热体膨胀的余地，防止传热管路产生局部高温，出现结焦现象；定期检查载热体的成分，及时处理或更换变质的载热体；当采用高温熔盐载热体时，应严格控制熔盐的配比，不得混入有机杂质，以防载热体在高温下爆炸。如果必须采用明火，设备应严格密封，燃烧室应与设备分开建筑或隔离，并按防火规定留出防火间距。

③ 控制气焊、电焊、气割等维修用火。固定动火区距易燃易爆设备、贮罐、仓库、堆场等的距离，应符合有关防火规范的要求；固定动火区内可能出现的可燃气体的含量应在允许含量以下；在生产装置正常放空时可燃气体应不致扩散到动火区；室内动火区应与防爆生产现场隔开，不准有门窗串通，允许开的门窗应向外开启，道路应畅通；周围10m以内不得存放易燃易爆物；固定动火区内备有足够的灭火器具。

在易燃易爆作业场所进行维修动火时，须按危险等级办理动火审批手续，按规定动火前清理动火现场的易燃易爆物，落实安全防护措施，并加强监督检查，以确保安全作业。

④ 进入危险区域内的机动车辆，在未采取防火措施时（如其排气管未装阻火器），不得进入危险场所；在禁火区内禁止吸烟，杜绝"游烟"存在；烟囱要有足够的高度，必要时顶部应安装火星熄灭器；在一定范围内不得堆放易燃易爆物品。

(2) 高温物体的控制　控制高温表面点火源的基本措施是冷却降温、绝热保温和隔离等。

① 高温物料的输送管线不应与可燃物、可燃建筑构件等接触；应防止可燃物散落在高温物体表面上；禁止在高温物体表面搭晒可燃物；可燃物的排放口应远离高温表面，如果接近，则应有隔热措施。

② 工艺装置中的高温设备和管道要有隔热保护层，隔热材料应为不燃材料。

③ 电气设备在设计和安装时，应考虑散热或通风措施，防止电器设备因过热而导致火灾、爆炸事故。

(3) 摩擦与撞击的控制

① 设备应保持良好的润滑状态，及时清除机械转动部位的可燃粉尘、油污等。

② 机械设备易发生摩擦撞击部位应采用防止产生火星的材料。

③ 为防止金属零件落入设备内发生撞击产生火花，可在有关设备上装设磁力离析，以便吸离混入的料中的金属物。对研磨、粉碎特别危险物料的机器设备，宜采用惰性气体保护。

④ 在搬运盛装有易燃物质的金属容器时，要轻拿轻放，严禁抛掷、拖拉、振动，防止互相撞击产生火花。

⑤ 在有爆炸危险的甲、乙类生产厂房内，禁止穿带钉子的鞋，地面应采用不产生火花地面。

(4) 电气点火源的控制　电气火灾和爆炸的防护必须是综合性措施。它包括合理选用和正确安装电气设备及电气线路，保持电气设备和线路的正常运行，保证必要的防火间距，保持良好的通风，装设良好的保护装置等技术措施。

① 有火灾爆炸危险场所应正确选用防爆电气设备。

各种防爆电气设备类型及其标志见表 5-10。

表 5-10　防爆电气设备类型及其标志

防爆型	D	充油型	O
增安型	E	充砂型	q
正压型	P	特殊型	S
本质安全型	ia 或 ib	无火花型	n

② 电气线路防爆。电气线路故障可以引起火灾和爆炸事故，保证电气线路完好，是抑制火源产生、防止火灾爆炸事故的重要措施。

a. 对于爆炸危险环境的配线，应采用铜芯绝缘导线或电缆。

b. 在爆炸危险环境中，当气体、蒸气密度比空气大时，电气线路应在高处敷设或埋入地下；当气体、蒸气密度比空气小时，电气线路宜在较低处敷设或用电缆沟敷设。敷设电线线路的沟道、钢管或电缆，在穿过不同区域之间墙或楼板处的孔洞时，应用非燃性材料严密堵塞，以防爆炸性混合物气体或蒸气沿沟道、电缆管道流动。电缆沟通路可填砂切断。

c. 电气线路之间原则上不能直接连接，应采用适当的过渡接头，特别是铜铝相接时更应如此。

d. 电线允许一定载流量，防止短路时把电缆烧坏或过热时形成火源。

③ 屏护与隔离。屏护是防止人体有意、无意触及或过分接近带电体的遮栏、护罩、护盖、箱匣等装置，是将带电部位与外界隔离，防止人体误入带电间隔的简单有效的安全装置。如开关盒、高压设备的围栏、变配电设备的遮栏等。

隔离是将电气设备分室安装，并在隔墙上采取封堵措施，以防止爆炸性混合物进入。

④ 接地。为了保证人身安全，避免发生人体触电事故，将电气设备的金属外壳与接地装置连接的方式称为接地。当人体触及外壳已带电的电气设备时，由于接地体的接触电阻远小于人体电阻，绝大部分电流经接地体进入大地，只有很小部分流过人体，不致对人的生命造成危害。接地线一般采用镀锌扁钢，接地体采用镀锌钢管与角钢，接地线与接地体的连接应作用搭接焊。

(5) 静电点火源控制　静电引起燃烧爆炸的基本条件有四个：一是有产生静电的来源；二是静电得以积累，并达到足以引起火花放电的静电电压；三是静电放电的火花能量达到爆炸性混合物的最小点燃能量；四是静电火花周围有可燃性气体、蒸气和空气形成的可燃性气体混合物。因此，要采取适当的措施，消除以上四个基本条件中的任何一个，就能防止静电引起的火灾爆炸。

3. 有效监控，及时处理

在可燃气体、蒸气可能泄漏的区域设置检测报警仪，这是监测空气中易燃易爆物质含量的重要措施。当可燃气体或液体万一发生泄漏而操作人员尚未发现时，检测报警仪可在设定的安全浓度范围内发出警报，便于操作人员及时处理泄漏点，从而避免重大事故的发生。早发现，早排除，早控制，防止事故的发生和扩大。

可燃气体监测报警仪的报警系统应设在生产装置的控制室内，选用与安装时必须考虑以下几点：

① 可燃气体或有毒有害气体监测报警仪的质量、防爆性能必须符合国家标准的规定；
② 必须正确确定监测报警仪的检测点；
③ 检测器和报警器等的选用和安装必须符合有关规定。

在容易泄漏了可燃气体和可能引起火灾爆炸事故的地点（如甲类压缩机附近），集中布置的甲类设备和泵附近，加热炉的防火墙外侧及其仪表送配电室，变电所附近的门外等处，在条件可能时，应设置可燃气体报警仪。

四、防火防爆安全装置

为阻止火灾、爆炸的蔓延和扩展，减少其破坏作用，阻火设备、防爆泄压设施、抑制装置、紧急切断装置、安全联锁装置等防火防爆安全装置是工艺设备不可缺少的部件或元件，选用得当时，防火防爆作用十分显著。

（一）阻火装置

阻火设备又称为火焰隔断设备，包括安全液（水）封、水封井、阻火器及单向阀等，其主要作用是防止火焰窜入存有燃爆物料的系统、设备、容器及管道内，或者阻止火焰在系统、设备、容器及管道之间蔓延。

1. 阻火器

阻火器是利用管子直径或流通孔隙减小到某一程度，火焰就不能蔓延的原理制成的。阻火器常用在容易引起火灾爆炸的高热设备和输送可燃、易燃液体、蒸气的管线之间，以及可燃气体、易燃液体的容器及管道、设备的排气管上。阻火器有金属网阻火器、砾石阻火器等多种形式。它们的构造见图 5-5、图 5-6 所示；各类阻火器性能比较见表 5-11。

表 5-11 各类阻火器性能比较

阻火器类型	优 点	缺 点	适用范围
金属网阻火器	结构简单,容易制造,造价低廉	阻燃范围小,易损坏,不耐烧	石油贮罐,输油、输气管道,油轮等
波纹金属片阻火器	适用范围广,流体阻力小,能阻止爆炸火焰,易于置换	结构比较复杂,造价高	石油贮罐,油气回收系统气体管道等
砾石阻火器	孔隙小,结构简单,易于制造	阻力大,容易堵塞,重量大	煤气,乙炔,化学溶剂火焰等

阻火器一般安装在下列设备、管道中：输送可燃气（蒸气）的管线；石油及其产品贮罐的呼吸阀；容易引起燃烧的通风口、排气管；油气回收系统；燃气加热炉的送气系统等。阻火器在使用时应当根据设备系统的要求和阻火器的特性来选用。

2. 安全液封

安全液封是一种湿式阻火装置，其原理是使具有一定高度、由不燃液体组成的液柱稳定

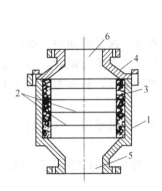
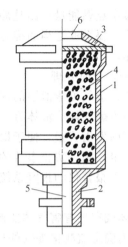

图 5-5 金属网阻火器
1—外壳；2—金属网；3—垫圈；
4—上盖；5—进口；6—出口

图 5-6 砾石阻火器
1—外壳；2—下盖；3—上盖；
4—砂粒；5—进口；6—出口

存在于进、出口之间。在液封两侧的任一侧着火，火焰将在液封处熄灭，从而阻止火势蔓延。

安全液封一般安装在压力低于 0.02MPa 的管线与生产设备之间。安全液封内装的不燃液体一般是水。环境气温低的场所，为防止液封冻结，可以通入蒸汽；也可以用水与甘油、矿物油或者乙二醇与三甲酚磷酸酯的混合液，或者用食盐、氯化钙的水溶液作为防冻剂。

安全液封有开敞式和封闭式两种，如图 5-7、图 5-8 所示。

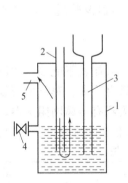
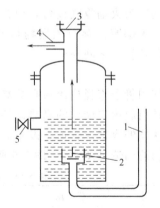

图 5-7 开敞式液封
1—外壳；2—进气管；3—安
全管；4—验水栓；5—气体出口

图 5-8 封闭式液封
1—气体进口；2—单向阀；3—防
爆膜；4—气体出口；5—验水栓

3. 水封井

其阻火原理与安全液封相似，是安全液封的一种。水封井通常设在有可燃气体、易燃液体蒸气或油污的污水管网上，用以防止燃烧或爆炸沿污水管网蔓延扩展。其结构如图 5-9 所示。水封井的水位高度不宜小于 250mm。水封井增修溢水槽如图 5-10 所示。

4. 阻火闸门

阻火闸门是为防止火焰沿通风管道或生产管道蔓延而设置的阻火装置。在正常情况下，阻火闸门受环状或者条状的易熔金属的控制，处于开启状态。一旦着火，温度升高，易熔金

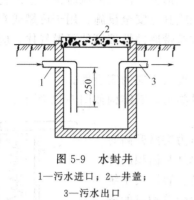
图 5-9 水封井
1—污水进口；2—井盖；
3—污水出口

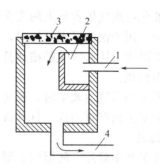
图 5-10 增修溢水槽示意
1—污水进口管；2—增修的潜水槽；
3—井盖；4—污水出口管

属即会熔化，此时闸门失去控制，受重力作用自动关闭，将火阻断在闸门一边。易熔金属元件通常由铋、铅、锡、汞等金属按一定比例组成的低熔点金属制成，也有用赛璐珞、尼龙、塑料等有机材料代替易熔合金来控制阻火闸门。如煤气发生炉进风管道上装阻火闸门，以防突然停风时，炉内煤气倒流至鼓风机室发生爆炸。

5. 火星熄灭器

火星熄灭器又称防火帽，其原理是因容积或行程改变，使火星的流速下降或行程延长而自行冷却熄灭，致使火星颗粒沉降，以防飞出的火星引燃周围的易燃物料。通常安装在能产生火星的设备的排空系统上，如汽车等机动车辆发动机的排气口处。

6. 单向阀

单向阀又称止逆阀、止回阀，其作用是使流体单向通过，遇有回流即自行关闭，单向阀的用途很广，阻火也是用途之一。常用于防止高压物料冲入低压系统，如向易燃易爆物质生产的设备内通入氮气置换，置换作业中氮气管网故障压力下降，在氮气管道通入设备前设一单向阀，既可防止物料倒入氮气管网。用氯气进行氯化的岗位应在通氯管道上安装单向阀，防止氯化釜内的物料倒入氯气钢瓶内。液化石油气钢瓶上的减压阀就是起着单向阀作用的。

装置中的辅助管线（水、蒸汽、空气、氮气等）与可燃气体、液体设备、管道连接的生产系统，均可采用单向阀来防止发生窜料危险。

（二）泄压装置

防爆泄压装置包括安全阀、防爆片、防爆门和放空管等。生产系统内一旦发生爆炸或压力骤增时，可以通过这些设施将超高压力释放出去，以减少巨大压力对设备、系统的破坏或者减少事故损失。

1. 安全阀

安全阀用于防止设备或容器内压力过高引起爆炸。当系统内压力高出设定压力时，安全阀能够自动开启，排出部分气体，使压力降至安全范围后再自动关闭，从而实现内部压力的自动调控，防止设备、容器或系统的破裂爆炸。

设置安全阀时应注意以下五点：

（1）新装的安全阀，应有产品合格证。安装前，应由安装单位复校后加铅封，并出具安全阀校验报告。

（2）当安全阀出口处装有隔断阀时，隔断阀必须保持常开状态并加铅封。

（3）如果容器内装有两相物料，安全阀应安装在气相部分，防止排出液相物料发生意外。

(4) 液化可燃气体容器上的安全阀应安装于气相部分，防止泄压时排除液态物料而发生危险，安全阀用于泄放可燃气体时，应连接至火炬或其它安全设施；用于可燃或有毒液体设备上时，排泄管应接入事故贮槽或其它容器；泄放携带腐蚀性液滴的可燃气体，应经分液罐后送至火炬燃烧。

(5) 安全阀可就地放空时，要考虑放空口的高度及方向的安全性。

常用的安全阀有重力式、杠杆式和弹簧式三种类型，其结构如图5-11所示。

2. 防爆片

防爆片又称爆破片、防爆膜、泄压膜，是在压力突然升高时能自动破裂泄压的一次性安全装置，由具有一定厚度和面积的片状脆性材料制成。防爆片利用法兰安装在受压设备、容器及系统的放空管上。通常安装在含有可燃气体、蒸气或粉尘等物料的密闭压力容器或管道上，当设备或管道内压力突然上升超过设计值时，防爆片作为薄弱环节首先自动爆破泄压，从而保证设备主体安全。

防爆片与安全阀的作用基本相同，但安全阀可根据压力自行开关，如一次因压力过高开启泄放后，待压力正常即自行关闭，而爆破片的使用则是一次性的，如果被破坏，需要重新安装。爆破片一般用于下列情况：

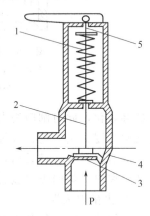

图5-11 弹簧式安全阀
1—弹簧；2—阀杆；3—阀芯；
4—阀体；5—调节螺栓

① 放空口要求全量排放的情况；

② 不允许介质有任何泄漏的情况；

③ 内部介质容易因沉淀、结晶、聚合等形成黏着物，妨碍安全阀正常动作的情况；

④ 系统内存在发生燃爆或者异常反应而使压力骤然增加的可能性情况，这种情况下弹簧式安全阀由于惯性而不适用。

爆破片的爆破压力的选定，一般为设备、容器及系统最高工作压力的1.15～1.3倍。压力波动幅度较大的系统，其比值还可增大。但是任何情况下，爆破压力均应低于系统的设计压力。

爆破片一定要选用有生产许可证单位制造的合格产品。爆破片安装要可靠，表面不得有油污；运行中应经常检查法兰连接处有无泄漏；如果发现在系统超压后有未破裂的爆破片以及正常运行中有明显变形的爆破片应立即更换。

3. 泄爆门（窗）

泄爆门又称防爆门、泄爆窗，泄爆门通常安装在燃油、燃气和燃煤粉的加热炉燃烧上壁上，使爆炸时能够掀开泄压、保护设备完整的防爆安全装置。为了防止燃烧气体喷出伤人或掀开的盖子伤人，泄爆门（窗）应设置在人们不常到的地方，高度不应低于2m，并应定期检修、试动以保证效果。

4. 放空（阀）管

放空管是一种泄压安全装置，又称排气管。一种是排放正常生产中的废气，另一种是发生事故时，将受压设备内气体紧急放空的装置。放空管一般应安在设备或容器的顶部，室内设备安设的放空管应引出室外，其管口要高于附近有人操作的最高设备2m以上。对经常排放燃烧爆炸危险的气态物质的放空管，管口附近还应设置阻火器。

五、建筑防火安全设计

安全生产，首先应当强调防患于未然，把预防放在第一位，石油化工生产装置在开始设计时，就要重点考虑安全，其防火防爆设计应遵守现行国家有关标准、规范和规定。

1. 防火间距

防火间距一般是指两座建筑物和构筑物之间留出来的水平距离。在此距离之间，不得再搭建任何建筑物和堆放大量可燃易爆材料，不得设置任何有可燃物料的装置和设施。确定防火间距的目的，就是为了防止火灾扩散蔓延。防火间距计算方法是以建筑物外墙凸出部分算起；铁路的防火间距，是从铁路中心线算起；公路的防火间距是从邻近一边的路边算起。

化工厂总平面布置的防火间距，应符合《建筑设计防火规范》（GB 50016—2006）的规定。

2. 防火分区及防火分隔物

防火分区是指采用防火分隔措施划分出的、能在一定时间内防止火灾向同一建筑的其余部分蔓延的局部区域（空间单元）。在建筑物内采用划分防火分区这一措施，可以在建筑物一旦发生火灾时，有效地把火势控制在一定范围内，减少火灾损失，同时可以为人员安全疏散、消防扑救提供有利条件。

防火分隔物是的指能把建筑内部分隔成若干较小的防火空间，并能在一定时间内阻止火势蔓延的物体。常用的防火分隔物有防火墙、防火门、防火卷帘、防火水幕带、防火阀和排烟防火阀等。

（1）**防火墙** 由耐火极限不少于4h的不燃烧材料构成的，为减小或避免建筑、结构、设备遭受热辐射危害和防止火灾蔓延，设置在平面上划分防火区段的结构，是防火分区的主要建筑构件。

（2）**防火门** 指在一定时间内，连同框架能满足耐火稳定性、完整性和绝热性要求的门。它是设置防火分区间、疏散楼梯间、垂直竖井等具有一定耐火性的活动的防火分隔物。防火门除具有普通门的作用外，更重要的是还具有阻止火势蔓延和烟气扩散的特殊功能，确保人员安全疏散。

（3）**防火卷帘** 指在一定时间内，连同框架能满足耐火稳定性和耐火完整性要求的卷帘。防火卷帘是一种活动的防火分隔物，平时卷起放在门窗上口的转轴箱中，起火时将其放下展开，用以阻止火势从门窗洞口蔓延。防火卷帘设置部位一般有消防电梯前室、自动扶梯周围、中庭与每层走道、过厅、房间相通的开口部位、代替防火墙需设置防火分隔设施的部位等。

（4）**防火窗** 指在一定的时间内，连同框架能满足耐火稳定性和耐火完整性要求的窗。防火窗一般安装在防火墙或防火门上。防火窗能隔离和阻止火势蔓延（此种窗多为固定窗），正常情况下采光通风，火灾时起防火分隔作用。

3. 安全疏散

安全疏散是建筑物发生火灾后确保人员生命财产安全的有效措施，是建筑防火的一项重要内容，国内外建筑火灾的统计分析表明，凡造成重大人员伤亡的火灾，大部分是因为没有可靠的安全疏散设施，人员不能及时疏散到安全的避难区域造成的。安全疏散设计是以建筑内的人应该能够脱离火灾危险并独立地步行到安全地带为原则。安全疏散方法应不是单一的一种，而是多种疏散方式的集合。

安全疏散设施包括安全出口，即疏散门、疏散楼梯、疏散走道、消防电梯、事故照明和防排烟设施等。一般的，安全出口的数目不应少于两个（层面面积小、现场作业人员少者例外）；过道、楼梯必须保证畅通，不得随意堆物，更不能堆放易燃易爆物品。疏散门应向疏散方向开启，不能采用吊门和侧拉门，严禁采用转门，要求在内部可随时推动门把手开门，门上禁止上锁。疏散门不应设置门槛。

为防止在发生事故时照明中断而影响疏散工作的进行，在人员密集的场所、地下建筑等疏散过道和楼梯上均应设置事故照明和安全疏散标志，照明应是专用的电源。

第四节　职业危害及预防

危险化学品绝大多数都具有易燃、易爆、有毒、有害的特点。从事危险化学品作业（场所）的人员都会不同程度地接触到各种危险化学品，危险化学品对人体的健康影响，从轻微的皮疹到一些急、慢性伤害甚至癌症。建国以来，我国政府对职工的健康非常重视，先后在职业危害和职业病防治方面颁布了一系列的法律法规文件，因此，了解和掌握危险化学品的各种危害及预防知识，对危险化学品从业人员来说，具有十分重要意义。

一、概述

（一）职业卫生

1. 概念

职业卫生又称为劳动卫生，是劳动保护的重要组成部分，也是预防医学中的一个专门学科。它主要研究劳动条件对劳动者（及环境居民）健康的影响以及对职业危害因素进行识别、评价、控制和消除，以保护劳动者的健康为目的的一门学科。

2. 职业卫生特点

① 有毒有害因素对人造成的危害，一般是慢性的、积累性的、渐进式的，到一定程度才会表现出来。

② 作业场所存在的有毒有害因素，它的危害将涉及现场的所有人员。

③ 卫生问题不仅影响职工本人健康，还可能危及下一代（对女职工的影响更大）。

（二）职业危害因素

在生产场所存在的，可能对劳动者的健康及劳动能力产生不良影响或有害作用的因素，均称为职业危害因素。职业危害因素是生产劳动的伴生物。

职业危害因素的来源主要有以下三类：

（1）与生产过程有关的职业危害因素。来源于原料、中间产物、产品、机器设备的工业毒物、粉尘、噪声、振动、高温、电离辐射及非电离辐射、污染性因素等职业性危害因素，它们均与生产过程有关。

（2）与劳动过程有关的职业性危害因素。作业时间过长、作业强度过大、劳动制度与劳动组织不合理、长时间强迫体位劳动、个别器官和系统的过度紧张，均可造成对劳动者健康的损害。

（3）与作业环境有关的职业性危害。主要是指与一般环境因素有关者，如露天作业的不良气象条件、厂房狭小、车间位置不合理、照明不良等。

（三）职业病

职业病是指企业、事业单位和个体经济组织的劳动者在职业活动中，因接触粉尘、放射线物质和其它有毒、有害物质等因素而引起的疾病。在法律意义上讲，职业病是有一定范围的，它是由政府主管部门所规定的特定职业病。法定职业病诊断、确诊、报告等必须按照《中华人民共和国职业病防治法》的有关规定执行。只有被依法确定为法定职业病的人员，才能享受工伤保险待遇。卫生部、原劳动和社会保障部文件，卫法监发［2002］108号《职业病目录》中规定十大类115种。其中尘肺13种；职业性放射性疾病11种；化学因素所致职业中毒56种；物理因素所致职业病5种；生物因素所致职业病3种；职业性皮肤病8种；职业性眼病3种；职业性耳鼻喉口腔疾病3种；职业性肿瘤8种；其它职业病5种。

界定法定职业病的 4 个基本条件是：①在职业活动中产生；②接触职业危害因素；③列入国家职业病目录；④与劳动用工行为相联系。

（四）职业危害导致职业病条件

劳动者接触职业性危害因素，不一定就会导致职业病，职业性危害因素对劳动者健康造成损害必须具备一定的条件：①接触机会，如生产中使用或产生某些有毒有害物质；②一定的接触方式，如经呼吸道或皮肤或消化道等途径进入体内；③有一定的接触时间；④有一定的接触强度。

劳动强度的大小也影响损害程度。强体力劳动可以使劳动者呼吸时增加，血液循环加快，从而增加人体对有毒物质的吸入量。

同一生产环境从事同一种作业的工人中，发生职业性危害的机会和程度有极大差别，这主要取决于如下因素：

① 遗传差异。有些患有遗传性疾病和遗传缺陷的人易受危害而患病。

② 年龄、性别的差异。未成年人和妇女由于生理方面的原因，易受某些有毒有害物质的危害。

③ 身体营养状况差异。身体营养状况良好的人，机体免疫功能、抵抗力和康复力强，不易受危害，反之，就易受危害。

④ 文化水平和生活习惯差异。有一定文化水平和良好生习惯的人，对职业危害有足够的认识，能自觉遵守操作规程，注意预防危害，因此受害的可能性就小一些。反之，就可能严重。

（五）职业病预防措施

职业病是可以预防的。有害因素控制的原则，是优先采用无危害或危害性较小的工艺和物料，减少有害物质的泄漏和扩展；尽量采用生产过程密闭化、机械化、自动化的生产装置（生产线）和自动监测、报警装置和联锁保护、安全排放等装置，实现自动控制、遥控或隔离操作。尽可能避免、减少操作人员在生产过程中直接接触产生有害因素的设备和物料。在新建、扩建厂房，改变工艺、更换产品等时，就要从安全卫生的角度上考虑，尽量防止生产性有害因素的影响。在日常生产中，要从管理措施、技术措施和保健措施三方面采取综合性预防办法。

1. 管理措施

预防职业病，应根据单位和部门的具体情况有重点地开展。从业人员要主动关心，积极配合，执行规章制度，遵守安全操作，做好设备维护，加强各项防护。同时，还要坚持岗位责任制度、交接班制度、安全教育制度等，并且保持厂房、设备清洁，做到安全生产、文明生产。

2. 技术措施

预防职业病，除了要思想重视、制度落实外，也要从设备和技术方面来考虑。例如，改革工艺，隔离密闭、通风排气等。有一点必须强调指出，防尘、防毒和有关防护设备安装后，要注意维护和检修，以保证其起到应有的防护效果。

3. 保健措施

（1）个人防护　个人防护用品包括防护器口罩、防毒面具、防护眼镜、手套、围裙及胶鞋等。正确使用防护用品极为重要，特别是在进行抢修设备等操作时。对于容易经皮肤吸收的毒物，或者接触强酸、强碱类化学品，要注意皮肤的防护。一切防护用具，必须注重它的实际效果，使用后加强清洗和保管。

（2）职业健康监护　职业健康监护的目的在于检索和发现职业病危害易感人群，及时发现健康损害，评价健康变化与职业病因素的关系，及时发现、诊断职业病，以利于及时治疗或安置职业病人，为用人单位和劳动者提供法律依据。

① 岗前健康检查。此检查包括：工人就业上岗前、工人从无职业病危害岗位转到有职业病危害岗位前或者从一职业病危害岗位转到另一职病危害岗位前的检查。上岗前进行健康检查是为了掌握劳动者的健康状况，发现职业禁忌，分清责任。用人单位不得安排有职业禁忌的劳动者从事其所禁忌的作业，用人单位根据检查结果，评价劳动者是否适合从事该工作作业，为劳动者提供依据。

② 在岗定期健康检查。系对已从事有害作业的职工、职业病患者和观察对象，按一定间隔或体检周期所进行的健康检查。目的是了解工人在从事某种有害作业的过程中，健康状况有无改变及改变的程度，以便早期发现有害因素对机体的影响，早期诊断职业病，使其及时脱离接触，合理安排休息和治疗，防止病情发展，早日恢复健康。

③ 离岗健康检查。离岗健康检查包括劳动者离开职业病岗位前和退休前两种情况，离岗时的职业性健康检查是为了了解劳动者离开职业病岗位时的健康状况，分清健康损害责任。根据职业病健康检查结果，评价劳动者的健康状况、健康变化是否与职业病危害因素有关。

(3) 尘毒监测　测定生产环境中的尘毒等有害因素，对于观察分析尘毒等危害程度和分布、评价防护设备效果等方面具有重要意义。凡是工人在生产过程中经常操作或定时观察易接触有害因素的作业点，都要确定为测定点，悬挂标志牌，实行定期监测管理。

二、工业毒物及职业中毒

(一) 概述

1. 工业毒物的定义

物质进入机体，蓄积达一定的量后，与机体组织发生生物化学或生物物理学变化，干扰或破坏机体的正常生理功能，引起暂时性或永久性的病理状态，甚至危及生命，称该物质为毒物。工业生产过程中接触到的毒物（主要指化学物质），称为工业毒物。

2. 毒性的分级

(1) 毒物毒性分级　毒物急性毒性常按 LD_{50}（吸入2h的结果）进行分级，可将毒物分为剧毒、高毒、中等毒、低毒和微毒五级，见表5-12。

表5-12　化学物质的急性毒性分级

毒物分级	大鼠一次经口 LD_{50}/(mg/kg)	6只大鼠吸入4h死亡 2~4只的浓度/(mg/kg)	兔涂皮肤 LD_{50}/(mg/kg)	对人可能致死剂量	
				(g/kg)	总量/g(以60kg体重)
剧毒	<1	<10	<5	<0.05	0.1
高毒	1~50	10~100	5~44	0.05~0.5	3
中等毒	50~500	100~1000	44~350	0.5~5.0	30
低毒	500~5000	1000~10000	350~2180	5.0~15.0	250
微毒	5000~50000	10000~100000	2180~22590	>15.0	>1000

(2) 职业性接触毒物危害程度分级　《职业性接触毒物危害程度分级》(GB 5044—85)依据急性毒性、急性中毒发病状况、慢性中毒患病状况、慢性中毒后果、致癌性和最高容许浓度六项指标将职业性接触毒物分为极度危害（Ⅰ）、高度危害（Ⅱ）、中度危害（Ⅲ）、轻度危害（Ⅳ）四个级别。见表5-13。

3. 职业中毒的类型

职业中毒按照发生时间和过程分为急性中毒、慢性中毒和亚急性中毒三种类型。

表 5-13 接触性毒物危害程度分级

指标		Ⅰ（极度危害）	Ⅱ（高度危害）	Ⅲ（中度危害）	Ⅳ（轻度危害）
急性毒性	吸入 LC_{50}/(mg/m³)	<200	200~2000	2000~20000	>20000
	经皮 LD_{50}/(mg/kg)	<100	100~500	500~2500	>2500
	经口 LD_{50}/(mg/kg)	<25	25~500	500~5000	>5000
急性中毒发病状况		生产中易发生中毒，后果严重	生产中可发生中毒，预防后良好	偶可发生中毒	迄今未见急性中毒，但有急性影响
慢性中毒患病状况		患病率高(≥5%)	患病率较高(<5%)或症状发生率高(≥20%)	偶有中毒病例发生或症状发生率较高(≥10%)	无慢性中毒而有慢性影响
慢性中毒后果		脱离接触后，继续进展或不能治愈	脱离接触后，可基本治愈	脱离接触后，可恢复，不致严重后果	脱离接触后，自行恢复，无不良后果
致癌性		人体致癌物	可疑人体致癌物	实验动物致癌物	无致癌性
最高容许浓度/(mg/m³)		<0.1	0.1~1.0	1.0~10	>10

(1) 急性中毒　是由于大量的毒物于短时间内侵入人体后突然发生的病变现象。急性中毒大多数是由于生产设备的损坏、违反操作规程、无防护地进入有毒环境中进行紧急修理等引起的。

(2) 慢性中毒　是由于比较小量的毒物持续或经常地侵入人体内逐渐发生病变的现象。职业中毒以慢性中毒最多见，在工业生产中，预防慢性职业中毒的问题，实际上比急性中毒更重要。

(3) 亚急性中毒　介于急性与慢性中毒之间，病变时间较急性长，发病症状较急性中毒缓和的中毒，称为亚急性中毒。

（二）毒物进入人体的途径

(1) 呼吸道　呼吸道是工业生产中毒物进入体内的最重要的途径。凡是以气体、蒸气、雾、烟、粉尘形式存在的毒物，均可经呼吸道侵入体内。人的肺脏由亿万个肺泡组成，肺泡壁很薄，壁上有丰富的毛细血管，毒物一旦进入肺脏，很快就会通过肺泡壁进入血液循环而被运送到全身。通过呼吸道吸收最重要的影响因素是其在空气中的浓度，浓度越高，吸收越快。

(2) 皮肤　皮肤在工业生产中，毒物经皮肤吸收引起中毒亦比较常见。脂溶性毒物经表皮吸收后，还需有水溶性，才能进一步扩散和吸收，所以水、脂皆溶的物质（如苯胺）易被皮肤吸收。

(3) 消化道　消化道在工业生产中，毒物经消化道吸收多半是由于个人卫生习惯不良，手沾染的毒物随进食、饮水或吸烟等而进入消化道。进入呼吸道的难溶性毒物被清除后，可经由咽部被咽下而进入消化道。

（三）毒物对人体的危害

有毒物质对人体的危害主要为引起中毒。中毒分为急性、亚急性和慢性。毒物一次短时间内大量进入人体后可引起急性中毒；少量毒物长期进入人体所引起的中毒称为慢性中毒；介于两者之间者，称之为亚急性中毒。接触毒物不同，中毒后出现的病状亦不一样，现按人体的系统或器官将毒物中毒后的主要病状分述如下。

(1) 呼吸系统　在工业生产中，呼吸道最易接触毒物，特别是刺激性毒物，一旦吸入，轻者引起呼吸道炎症，重者发生化学性肺炎或肺水肿。常见引起呼吸系统损害的毒物有氯气、氨、二氧化硫、光气、氮氧化物以及某些酸类、酯类、磷化物等。

(2) 神经系统　神经系统由中枢神经（包括脑和脊髓）和周围神经（由脑和脊髓发出，分布于全身皮肤、肌肉、内脏等处）组成。有毒物质可损害中枢神经和周围神经。主要侵犯神经系统的毒物称为"亲神经性毒物"。可引起神经衰弱综合征、周围神经病、中毒性脑病等。

(3) 血液系统　在工业生产中，有许多毒物能引起血液系统损害。如苯、砷、铅等，能引起贫血；苯、巯基乙酸等能引起粒细胞减少症；苯的氨基和硝基化合物（如苯胺、硝基苯）可引起高铁血红蛋白血症，患者突出的表现为皮肤、黏膜青紫；氧化砷可破坏红细胞，引起溶血；苯、三硝基甲苯、砷化合物、四氯化碳等可抑制造血机能，引起血液中红细胞、白细胞和血小板减少，发生再生障碍性贫血；苯可致白血症已得到公认，其发病率为 14/10 万。

(4) 消化系统　有毒物质对消化系统的损害很大。如汞可致汞毒性口腔炎，氟可导致"氟斑牙"；汞、砷等毒物，经口侵入可引起出血性胃肠炎；铅中毒，可有腹绞痛；黄磷、砷化合物、四氯化碳、苯胺等物质可致中毒性肝病。

(5) 循环系统　常见的有：有机溶剂中的苯、有机磷农药以及某些刺激性气体和窒息性气体对心肌的损害，其表现为心慌、胸闷、心前区不适、心率快等；急性中毒可出现的休克；长期接触一氧化碳可促进动脉粥样硬化等。

(6) 泌尿系统　经肾随尿排出是有毒物质排出体外的最重要的途径，加之肾血流量丰富，易受损害。泌尿系统各部位都可能受到有毒物质损害，如慢性铍中毒常伴有尿路结石，杀虫脒中毒可出现出血性膀胱炎等，但常见的还是肾损害。不少生产性毒物对肾有毒性，尤以重金属和卤代烃最为突出。

(7) 骨骼损害　长期接触氟可引起氟骨症。磷中毒下颌改变首先表现为牙槽嵴的吸收，随着吸收的加重发生感染，严重者发生下颌骨坏死。长期接触氯乙烯可致肢端溶骨症，即指骨末端发生骨缺损。镉中毒可发生骨软化。

(8) 眼损害　生产性毒物引起的眼损害分为接触性和中毒性两类。前者是毒物直接作用于眼部所致；后者则是全身中毒在眼部的改变。接触性眼损害主要为酸、碱及其它腐蚀性毒物引起的眼灼伤。眼部的化学灼伤重者可造成终生失明，必须及时救治。引起中毒性眼病最典型的毒物为甲醇和三硝基甲苯。

(9) 皮肤损害　职业性皮肤病是职业性疾病中最常见、发病率最高的职业性伤害，其中化学性因素引起者占多数。根据作用机制不同引起皮肤损害的化学性物质分为：原发性刺激物、致敏物和光敏感物。常见原发性刺激物为酸类、碱类、金属盐、溶剂等；常见皮肤致敏物有金属盐类（如铬盐、镍盐）、合成树脂类、染料、橡胶添加剂等；光敏感物有沥青、焦油、吡啶、蒽、菲等。常见的疾病有接触性皮炎、油疹及氯痤疮、皮肤黑变病、皮肤溃疡、角化过度及皲裂等。

(10) 化学灼伤　化学灼伤是化工生产中的常见急症。是化学物质对皮肤、黏膜刺激、腐蚀及化学反应热引起的急性损害。按临床分类有体表（皮肤）化学灼伤、呼吸道化学灼伤、消化道化学灼伤、眼化学灼伤。常见的致伤物有酸、碱、酚类、黄磷等。某些化学物质在致伤的同时可经皮肤、黏膜吸收引起中毒，如黄磷灼伤、酚灼伤、氯乙酸灼伤，甚至引起死亡。

(11) 职业肿瘤　接触职业性致癌性因素而引起的肿瘤，称为职业性肿瘤。我国 1987 年颁布的职业病名单中规定石棉所致肺癌、间皮瘤，联苯胺所致膀胱癌，苯所致白血病，氯甲醚所致肺癌，砷所致肺癌、皮癌，氯乙烯所致肝血管肉瘤，焦炉工人肺癌和铬酸盐制造工人肺癌为法定的职业性肿瘤。

总之,机体与有毒化学物质之间的相互作用是一个复杂的过程,中毒后的表现千变万化,了解和掌握这些过程和表现,无疑将有助于我们对有毒化学物质中毒的了解和防治管理。

(四) 工业毒物控制措施

(1) 物料和工艺　尽可能以无毒、低毒的工艺和物料代替有毒、高毒的工艺和物料,是防毒的根本性措施。例如,应用水溶性涂料的电泳漆工艺、无铅字印刷工艺、无氰电镀工艺,用甲醛酯、醇类、丙酮、醋酸乙酯、抽余油等低毒稀料取代含苯稀料,以锌钡白、钛白代替油漆颜料中的铅白,使用无汞仪表消除生产、维护、修理时的汞中毒等。

(2) 工艺设备(装置)　生产装置应密闭化、管道化,尽可能实现负压生产,防止有毒物质泄漏、外逸。

生产过程的机械化、程序化和自动控制,可使作业人员不接触或少接触有毒物质,防止误操作造成的中毒事故。

(3) 通风净化　受技术、经济条件限制,仍然存在有毒物质逸散且在自然通风不能满足要求时,应设置必要的机械通风排毒、净化(排放)装置,使工作场所空气中的有毒物质浓度限制到规定的最高容许浓度值以下。机械通风排毒方法主要有全面通风换气、局部排风、局部送风三种。

对排出的有毒气体、液体、固体,应有经过净化装置处理,以达到排放标准。对有回收利用价值的有毒、有害物质,应经回收装置处理、回收、利用。

(4) 应急处理　对有毒物质泄漏可能造成重大事故的设备和工作场所,必须设置可靠的事故处理装置和应急防护设施。

应设置有毒物质事故安全排放装置(包括贮罐)、自动检测报警装置、联锁事故排毒装置,还应配备事故泄漏时的解毒(含冲洗、稀释、降低毒性)装置。

化工企业及有毒气体危害严重的单位,在有毒作业工作环境中应配置事故柜、急救箱和个体防护用品(防毒服、手套、鞋、眼镜、过滤式防毒面具、长管面具、空气呼吸器等)。个体冲洗器、洗眼器等卫生防护设施的服务半径应小于 15m。

(5) 在生产设备密闭和通风的基础上实现隔离(用隔离室将操作地点与可能发生重大事故的剧毒物质生产设备隔离)、遥控操作。配备定期和快速检测工作环境空气中有毒物质浓度的仪器,安装有毒气体报警仪。

(6) 个体防护　接触毒物作业工人的个体防护有特殊意义,毒物侵入人体的门户,除呼吸道外,经口、皮肤都可侵入。因此,凡是接触毒物的作业都应规定有针对性的个人卫生制度,必要时应列入操作规程,如不准在作业场所吸烟、吃东西,下班后洗澡、不准将工作服带回家中等。这不仅是为了保护操作者自身,而且也是避免家庭成员、特别是儿童间接受害。

三、生产性粉尘及其对人体的危害

(一) 生产性粉尘及来源

1. 生产性粉尘

粉尘是指悬浮于空气中的固体颗粒。在生产过程中形成的粉尘称为生产性粉尘。生产性粉尘除了能够影响某些产品的质量,加速设备的磨损以外,更为严重的是,粉尘对人体有多方面的不良影响,尤其是含有二氧化硅的粉尘,能引起硅沉着病这种职业病,危害职工健康。

2. 生产性粉尘的来源

(1) 固体物质的机械加工、粉碎、运输等,如金属的研磨、切屑,矿石或岩石的钻孔、爆破、破碎、磨粉以及粮食加工等。

（2）物质加热时产生的蒸气在空气中凝结、被氧化，其所形成的微粒直径多小于 $1\mu m$，熔炼黄铜时。锌蒸气在空气中冷凝，氧化形成氧化锌烟尘。

（3）有机物质的不完全燃烧，其所形成的微粒直径多在 $0.5\mu m$ 以下，如木材、油、煤炭等燃烧时所产生的烟。

此外铸件的翻砂、清砂时或在生产中使用的粉末状物质在混合、过筛、包装、搬运等操作时，沉积的粉尘由于振动或气流的影响重又浮游于空气中（二次扬尘）也是其来源。

（二）生产性粉尘的分类

生产性粉尘根据其性质可以分为无机性粉尘、有机性粉尘和混合性粉尘三类，见表 5-14。

表 5-14 生产性粉尘分类表

属性	类别	例证
无机性粉尘	矿物性粉尘	石英、硅石、煤、滑石、石棉等粉尘
	金属性粉尘	冶炼或加工中形成的金属及其氧化物，如铝、铁、铅、锰等粉尘
	人工性粉尘	水泥、金刚砂、玻璃纤维等粉尘
有机性粉尘	植物性粉尘	棉、麻、面粉、木材、烟草、茶叶等粉尘
	动物性粉尘	动物的皮、毛、骨、角等粉尘
	人工性粉尘	有机染料、合成树脂、合成纤维及合成橡胶等粉尘
混合性粉尘		各种粉尘的混合存在（最多见）

（三）粉尘对健康的危害

生产性粉尘种类繁多，理化性状也各不相同，对人体所造成的危害也是多种多样。就其病理性质可以概括为如下七种。

① 全身中毒性，如铅、锰、砷化物等粉尘。

② 局部刺激性，如生石灰、漂白粉、水泥、烟草等粉尘。

③ 变态反应性，如大麻、黄麻、面粉、羽毛、锌烟等粉尘。

④ 光感应性，如沥青粉尘。

⑤ 感染性，如破烂破屑、兽毛、谷粒等粉尘有时附有病原菌。

⑥ 致癌性，如铬、镍、砷、石棉及某些光感应性和放射性物质的粉尘。

⑦ 尘肺，如硅沉着病、石棉肺、煤尘肺等。

其中以尘肺的危害最为严重，尘肺是目前中国最严重的职业危害。中国 2002 年公布的《职业病名单》中列出的法定尘肺有 13 种，即矽肺、煤工尘肺、石墨尘肺、炭黑尘肺、石棉尘肺、滑石尘肺、水泥尘肺、云母尘肺、陶工尘肺、铝尘肺、电焊工尘肺、铸工尘肺以及根据《尘肺病诊断标准》（GB Z70—2002）和《尘肺病理诊断标准》（GB Z25—2002）可以诊断的其它尘肺。

（四）防尘措施

我国防尘综合措施的八字方针是"革、水、密、风、护、管、教、查"。"革"是指进行生产工艺和设备的技术革新和技术改造。"水"是指进行湿式作业，喷雾洒水，防止粉尘飞扬。"密"是指把生产性粉尘密闭起来，再由抽风的办法把粉尘抽走。"风"是指通风除尘。"护"是指个人防护，作业工人应使用防护用品，戴防尘口罩或头盔，防止粉尘进入人体呼吸道。"管"是指加强防尘管理，建立制度，更新和维修设备。"教"是指进行宣传教育，增强自我保护意识，调动各方面的积极性。"查"是定期对接触粉尘的作业人员进行健康检查，监测生产环境中粉尘的浓度，加强执法监督的力度，督促用人单位采取防尘措施，改善劳动条件。

1. 改革工艺，革新生产设备

改革落后工艺设备和工艺操作方法，采用新技术，使生产过程自动化、机械化、密闭化，使用防尘设备是消除和减少粉尘危害的根本途径。在工艺改革中，首先应当采取使生产过程不产生粉尘危害的治本措施，其次才是产生粉尘后，通过通风系统减少粉尘危害的治标措施。

如用湿法生产工艺代替干法生产工艺（如用石棉湿纺法代干纺法、水磨代干磨等），用密闭风选代替机械筛分，用压力铸造、金属模铸造工艺代替砂模铸造工艺等。采用封闭式风力管道运输、负压吸砂等消除粉尘飞扬。一些粉剂产品，在包装时散发出大量有毒粉尘，严重影响包装工人身体健康。如果将粉剂改制成颗粒或片剂，则可消除或减少粉尘的危害。

2. 限制、抑制扬尘和粉尘扩散

（1）采用密闭管道输送、密闭自动（机械）称量、密闭设备加工，防止粉尘外逸；不能完全密闭的尘源，在不妨碍操作的条件下，尽可能采用半封闭罩、隔离室等设施来隔绝，减少粉尘与工作场所空气的接触，将粉尘限制在局部范围内，以减弱粉尘的扩散。

（2）通过降低物料落差，适当降低溜槽倾斜度，隔绝气流，减少诱导空气量和设置空间（通道）等方法，抑制由于正压造成的扬尘。

（3）对亲水性、弱黏性的物料和粉尘，应尽量采用增湿、喷雾、喷蒸汽等措施，可有效地抑制物料在装卸、运转、破碎、筛分、混合和清扫等过程中粉尘的产生和扩散。

（4）为消除二次尘源、防止二次扬尘，尽量减少积尘平面。地面、墙壁应平整光滑，墙角呈圆角，便于清扫；使用负压清扫装置，来清除逸散、沉积在地面、墙壁、构件和设备上的粉尘；严禁用吹扫方式清扫积尘。

3. 通风除尘

充分利用自然通风来改善作业环境。当自然通风不能满足要求时，应设置全面或局部机械通风。

（1）全面机械通风　对整个厂房进行通风、换气，把清洁的新鲜空气不断地送入车间，将车间空气中的粉尘浓度稀释并将污染的空气排到室外，使室内空气中粉尘的浓度达到标准规定的最高容许浓度以下。全面机械通风一般多用于存在开放性、移动性尘源的工作场所。

（2）局部机械通风　对厂房内某些局部部位进行通风、换气，使局部作业环境条件得到改善。局部机械通风包括局部送风和局部排风。

① 一般应使清洁、新鲜的空气先经过工作地带，再流向有害物质产生部位，最后通过排风口排出。含有害物质的气流不应通过作业人员的呼吸带。

② 局部通风、除尘系统的吸尘罩（形式、罩口风速、控制风速）、风管（形状尺寸、材料、布置、风速和阻力平衡）、除尘器（类型、适用范围、除尘效率、分级除尘效率、处理风量、漏风率、阻力、运行温度及条件、占用空间和经济性等）、风机（类型、风量、风压、效率、温度、特性曲线、输送有害气体性质、噪声）的设计和选用，应科学、经济、合理，使工作环境空气中粉尘浓度达到标准规定的要求。

③ 除尘器收集的粉尘，应根据工艺条件、粉尘性质、利用价值及粉尘量，采用就地回收（直接卸到料仓、皮带运输机、溜槽等生产设备内）、集中回收（用气力输送集中到料罐内）、湿法处理（在灰斗、专用容器内加水搅拌，或排入水封形成泥浆，再运输、输送到指定地点）等方式，将粉尘回收利用或综合利用，并防止二次扬尘。

④ 由于工艺、技术上的原因,通风和除尘设施无法达到卫生标准要求的有尘作业场所,操作人员必须佩戴防尘口罩、工作服、头盔、呼吸器、眼镜等个体防护用品。

4. 卫生保健

预防粉尘对人体健康的危害,第一步措施是消灭或减少发生源,这是最根本的措施;其次是降低空气中粉尘的浓度;最后减少粉尘进入人体的机会,以及减轻粉尘的危害。卫生保健属于预防中的最后一个环节,虽然属于辅助措施,但仍占有重要地位。

(1) 个人防护和个人卫生 对受条件限制,一时粉尘浓度达不到允许浓度标准的作业,佩戴合适的防尘口罩就成为重要措施。防尘口罩要滤尘率、透气率高,质量轻,不影响工人视野及操作。开展体育锻炼,注意营养,对增强体质,提高抵抗力具有一定意义。此外应注意个人卫生习惯,不吸烟。遵守防尘操作规程,严格执行未佩戴防尘口罩不上岗操作的制度。

(2) 健康体检 对新从事粉尘作业的工人,就业前必须进行健康检查,目的主要是发现粉尘作业就业禁忌症及作为健康资料。定期体检的目的在于早期发现粉尘对健康的损害,发现有不宜从事粉尘作业的疾病时,及时调离。

(3) 保护尘肺患者得到合适的安排,享受国家政策允许的应有的待遇,对其应进行劳动能力鉴定,并妥善安置。

四、噪声、振动危害与防护

(一) 噪声

噪声是指人们在生产和生活中一切令人不快或不需要的声音。噪声除令人烦躁外,还会降低工作效率,特别是需要注意力高度集中的工作,噪声的破坏作用会更大。人长期暴露在声频范围广泛的噪声中,会损伤听觉神经,甚至造成职业性失聪。

1. 噪声来源及分类

工业噪声又称为生产性噪声,是涉及面最广泛、对工作人员影响最严重的噪声。工业噪声来自生产过程和市政施工中机械振动、摩擦、撞击以及气流扰动等产生的声音。工业噪声是造成职业性耳聋甚至年轻人脱发秃顶的主要原因,它不仅给生产工人带来危害,而且厂区附近居民也深受其害。工业噪声分为三类。

(1) 机械性噪声 这是由于机械的撞击、摩擦、固体的振动而产生的噪声,如纺织机、球磨机、电锯、机床、碎石机启动时所发出的声音。

(2) 空气动力性噪声 这是由于空气振动而产生的噪声,如通风机、空气压缩机、喷射器、汽笛、锅炉排气放空等产生的声音。

(3) 电磁性噪声 这是由于电机中交变力相互作用而产生的噪声。如发电机、变压器等发出的声音。

2. 噪声的预防与治理

噪声是由噪声源产生的,并通过一定的传播途径,被接受者接受,才能形成危害或干扰。因此,控制噪声的基本措施是消除或降低声源噪声、隔离噪声及加强接受者的个人防护。

(1) 消除或降低声源噪声 工业噪声一般是由机械振动或空气扰动产生的。应该采用新工艺、新设备、新材料及密闭化措施,从声源上根治噪声,使噪声降低到对人无害的水平。

① 减少冲击性工艺和高压气体排空的工艺。尽可能以焊代铆、以液压代冲压、以液动代气动,物料运输中避免大落差翻落和直接撞击。

② 选用低噪声设备。采用振动小、噪声低的设备,使用哑音材料降低撞击噪声;控制管道内的介质流速,管道截面不宜突变,选用低噪声阀门;强烈振动的设备、管道与基础、

支架、建筑物及其它设备之间采用柔性连接或支撑等。

③ 采用机械化操作（包括进、出料机械化）和自动化的设备工艺，实现远距离的监视操作。

④ 提高机械设备的加工精度和装配技术，校准中心，维持好动态平衡，注意维护保养，并采取阻尼减振措施等。

⑤ 控制声源的指向性。对环境污染面大的强噪声源，要合理地选择和布置传播方向。对车间内小口径高速排气管道，应引至室外，让高速气流向上排放。

(2) 噪声隔离　噪声隔离是在噪声源和接受者之间进行屏蔽、吸收或疏导，阻止噪声的传播。在新建、改建或扩建企业时，应充分考虑有效地防止噪声，采取合理布局，及采用屏障、吸声等措施。

① 合理布局。应该把强噪声车间和作业场所与职工生活区分开；把工厂内部的强噪声设备与一般生产设备分开。也可把相同类型的噪声源，如空压机、真空泵等集中在一个机房内，既可以缩小噪声污染面积，同时便于集中密闭化处理。

② 利用地形、地物设置天然屏障。利用地形如山冈、土坡等，地物如树木、草丛及已有的建筑物等，可以阻断或屏蔽一部分噪声的传播。种植有一定密度和宽度的树丛和草坪，也可导致噪声的衰减。主要噪声源（包括交通干线）周围宜布置对噪声较不敏感的辅助车间、仓库、料场、堆场、绿化带及高大建（构）筑物，用以隔挡对噪声敏感区、低噪声区的影响。必要时，与噪声敏感区、低噪声区之间需保持防护间距，设置隔声屏障。

③ 噪声吸收。利用吸声材料将入射到物质表面上的声能转变为热能，从而产生降低噪声的效果。一般可用玻璃纤维、聚氨酯泡沫塑料、微孔吸声砖、软质纤维板、矿渣棉等作为吸声材料。可以采用内填吸声材料的穿孔板吸声结构，也可以采用由穿孔板和板后密闭空腔组成的共振吸声结构。

④ 隔声。在噪声传播的途径中采用隔声的方法是控制噪声的有效措施。把声源封闭在有限的空间内，使其与周围环境隔绝，如采用隔声间、隔声罩等。隔声结构一般采用密实、重质的材料如砖墙、钢板、混凝土、木板等。对隔声壁要防止共振，尤其是机罩、金属壁、玻璃窗等轻质结构，具有较高的固有振动频率，在声波作用下往往发生共振，必要时可在轻质结构上涂一层损耗系数大的阻尼材料。

(3) 个人防护　采取噪声控制措施后，工作场所的噪声级仍不能达到标准要求，则应采取个人防护措施和减少接触噪声时间。护耳器的使用，对于降低噪声危害有一定的作用，但只能作为一种临时措施。更有效地控制噪声，还要依靠其它更适宜的减少噪声暴露的方法。对流动性、临时性噪声源和不宜采取噪声控制措施的工作场所，主要依靠个体防护用品（耳塞、耳罩等）防护。耳套和耳塞是护耳器的常见形式。护耳器的选择，应该把其对防噪声区主工频率相当的声音的衰竭能力作为依据，以确保能够为佩戴者提供充分的防护。

(二) 振动

1. 振动的危害

生产过程中的生产设备、工具产生的振动称为生产性振动。产生振动的机械有锻造机、冲压机、压缩机、振动筛送风机、振动传送带、打夯机、收割机等。

在生产中手臂振动所造成的危害，较为明显和严重，国家已将手臂振动的局部振动病列为职业病。存在手臂振动的生产作业主要有以下几类：

① 操作锤打工具，如操作凿岩机、选煤机、空气锤、筛选机、风铲、捣固机和铆钉机等；

② 手持转动工具，如操作电钻、风钻、喷砂机、金刚砂抛光机和钻孔机等；

③ 使用固定轮转工具,如使用砂轮机、抛光机、球磨机和电锯等;
④ 驾驶交通运输车辆和使用农业机械,如驾驶汽车、使用脱粒机等。

2. 振动病

振动病是在生产过程中长期受外界振动的影响而引起的职业性疾病。按振动对人体作用的方式,可分为全身振动和局部振动两种。全身振动可以引起前庭器官刺激和植物神经功能紊乱症状,如眩晕、恶心、血压升高、心率加快、疲倦、睡眠障碍等;全身振动引起的功能性改变,脱离接触和休息后,多能自行恢复。局部振动则引起以末梢循环障碍为主的病变,亦可累及肢体神经及运动功能。发病部位多在上肢,典型表现为发作性手指发白(白指征)。局部振动病是国家法定职业病之一。患者多为神经衰弱综合征和手部症状。手部症状以手指发麻、疼痛、发胀、发凉、手心多汗、遇冷后手指发白为主,其次为手僵、手无力、手颤和关节肌肉疼痛等不适。

3. 振动的控制措施

(1) 工艺和设备　从工艺和技术上消除或减少振动源是预防振动危害最根本的措施。如用油压机或水压机代替气(汽)锤,用水爆清砂或电液清砂代替风铲清砂,以电焊代替铆接等。

选用动平衡性能好、振动小、噪声低的设备;在设备上设置动平衡装置,安装减振支架、减振手柄、减振垫层、阻尼层;减轻手持振动工具的重量等。改革工艺,采用减振和隔振等措施。如采用焊接等新工艺代替铆接工艺;采用水力清砂代替风铲清砂;工具的金属部件采用塑料或橡胶材料,减少撞击振动。

(2) 基础　提高基础重量、刚度、面积,使基础固有频率避开振源频率,防止发生共振。

(3) 限制作业时间和振动强度。

(4) 个体防护　改善作业环境,加强个体防护及健康监护,穿戴防振手套、防振鞋等个体防护用品,降低振动危害程度。

五、高温、低温作业危害与防护

(一) 高温

根据环境温度及其和人体热平衡之间的关系,通常把35℃以上的生活环境和32℃以上的生产劳动环境作为高温环境。工业高温环境的热源主要为各种燃料的燃烧(如煤炭、天然气)、机械的转动摩擦(如机床、砂轮、电锯)、使机械能变成热能和部分来自热的化学反应。

在高气温或同时存在高湿度或热辐射的不良气象条件下进行的生产劳动,通称为高温作业。

1. 石油化工企业常见的高温作业

(1) 催化裂化装置的"三机"岗位,焦化装置的渣油泵房。
(2) 各类加热炉、裂解炉、锅炉、焙烧炉等。
(3) 烯烃聚合生产过程的聚合岗位和热切粒岗位,化纤装置的牵伸、干燥等岗位。
(4) 浇铸、锻压。
(5) 夏季刷洗贮油罐、油槽车,夏季在塔内、罐内从事砌砖、焊接等作业。

2. 高温作业对人体的影响

高温可使作业工人产生热、头晕、心慌、烦、渴、无力、疲倦等不适感,可出现一系列生理功能的改变,主要表现在如下几点。

(1) 体温调节障碍,由于体内蓄热,体温升高。

(2) 大量水盐水丧失,可引起水盐水代谢平衡紊乱,导致体内酸碱平衡和渗透压失调。

(3) 心律脉搏加快,皮肤血管扩张及血管紧张度增加,加重心脏负担,血压下降。但重体力劳动时,血压也可能增加。

(4) 消化道贫血,唾液、胃液分泌减少,胃液酸度降低,淀粉活性下降,胃肠蠕动减慢,造成消化不良和其它胃肠道疾病增加。

(5) 高温条件下若水盐供应不足可使尿浓缩,增加肾脏负担,有时可见到肾功能不全,尿中出现蛋白、红细胞等。

(6) 神经系统可出现中枢神经系统抑制,注意力和肌肉的工作能力、动作的准确性和协调性及反应速度的降低等。

3. 高温作业的防护措施

(1) 尽可能实现自动化和远距离操作等隔热操作方式,设置热源隔热屏蔽。

(2) 通过合理组织自然通风气流,设置全面、局部送风装置或空调降低工作环境的温度。

(3) 合理安排作业时间,避开最高气温。依据《高温作业允许持续接触热时间限值》(GB 935—89) 的规定,限制持续接触热时间。轮换作业,缩短作业时间。

(4) 使用隔热服(面罩)等个体防护用品。尤其是特殊高温作业人员,应使用适当的防护用品,如防热服装(头罩、面罩、衣裤和鞋袜等)以及特殊防护眼镜等。

(5) 注意补充营养及合理的膳食制度,供应高温饮料,口渴饮水,少量多次为宜。

(二) 低温

低温作业是指劳动者在生产劳动过程中,其工作地点平均等于或低于5℃的作业。低温作业对劳动者身体条件、劳动能力有更高的要求,从事低温作业的劳动者也将有较大的体力损耗,因此应当对于从事低温作业的劳动者给予必要的保护,这一点对于女职工也是十分重要的。

在低温环境下工作时间过长,超过人体适应能力,体温调节机能将发生障碍,从而影响机体的功能。

1. 低温作业对人体的影响

(1) 体温调节 寒冷刺激皮肤,引起皮肤血管收缩,使身体散热减少,同进内脏血流量增加,代谢加强,肌肉产生剧烈收缩使产热增加,以保持正常体温。如果在低温环境时间过长,超过了人体的适应和耐受能力,体温调节发生障碍,当直肠温度降为 30℃ 时,即出现昏迷,一般认为体温降至 26℃ 以下极易引起死亡。

(2) 中枢神经系统 在低温条件下脑内高能磷酸化合物的代谢降低,此时可出现神经兴奋与传导能力减弱,出现痛觉迟钝和嗜睡状态。

(3) 心血管系统。长时间在低温下,可导致循环血量、白细胞和血小板减少,而引起凝血时间延长并出现血糖降低。寒冷与潮湿能引起血管长时间痉挛,致使血管营养和代谢发生障碍,加之血管内血流缓慢,易形成血栓。

(4) 其它部位。如果较长时间处于低温环境中,由于神经系统兴奋性降低,神经传导减慢,可造成感觉迟钝,肢体麻木,反应速度和灵活性降低,活动能力减弱。

2. 低温作业防护措施

(1) 实现自动化、机械化作业,避免或减少低温作业和冷水作业。控制低温作业,冷水作业时间。

(2) 御寒设备。在冬季,寒冷作业场所要有防寒采暖设备,露天作业要设防风棚、取暖棚。

(3) 冷库等低温封闭场所，应设置通信、报警装置，防止误将人员关锁。

(4) 个体防护。应使用防寒装备，选用热导率、吸湿性小，透气性好的材料作防寒服。

(5) 避风。因为风能加快人体的散热，是导致冻伤的重要原因，所以应该尽量找到避风环境活动，活动时避开潮湿的地方。

(6) 切实保证人体的自身抵抗力。在寒冷的环境中长时间活动前，一定要吃好、休息好。

(7) 不要吸烟。尼古丁是一种良好的血管收缩剂，大量吸烟会促使表皮冻伤。

第五节 典型化工反应单元操作安全技术

化工生产过程主要由化学反应过程与物理单元操作过程组成，这些过程大都涉及危险化学品，又需在高温、高压或低温、化学腐蚀等条件下进行，工艺装置高度集中且连续，并且具有复杂的化学反应。化工生产过程的潜在的主要危险是火灾、爆炸、致人中毒、灼伤等，一旦发生事故，往往会带来严重的后果，造成众多人员伤亡、巨额的财产损失等。

一、安全设施

安全设施是指企业（单位）在生产经营活动中将危险因素、有害因素控制在安全范围内以及预防、减少、消除危害所配备的装置（设备）和采取的措施。安全设施分为预防事故设施、控制事故设施、减少与消除事故影响设施3类。

1. 预防事故设施

(1) 检测、报警设施　压力、温度、液位、流量、组分等报警设施，可燃气体、有毒气体等检测和报警设施，用于安全检查和安全数据分析等检验检测设备、仪器。

(2) 设备安全防护设施　防护罩、防护屏、负荷限制器、制动、限速、防雷、防潮、防晒、防冻、防腐、防渗漏等设施，传动设备安全锁闭设施，电器过载保护设施，静电接地设施。

(3) 防爆设施　各种气体、仪表的防爆设施，抑制助燃物品混入（如氮封）、易燃易爆气体和粉尘形成等设施，阻隔防爆器材，防爆工具。

(4) 作业场所防护设施　作业场所防辐射、防静电、防噪声、通风（除尘、排毒）、防护栏（网）、防滑、防灼烫等设施。

2. 控制事故设施

(1) 泄压和止逆设施　用于泄压的阀门、爆破片、放空管等设施，用于止逆的阀门等设施，真空系统的密封设施。

(2) 紧急处理设施　紧急备用电源，紧急切断、分流、排放（火炬）、吸收、中和、冷却等设施，通入或者加入惰性气体、反应抑制剂等设施，紧急停车、仪表连锁等设施。

3. 减少与消除事故影响设施

(1) 防止火灾蔓延设施　阻火器、安全水封、回火防止器、防油（火）堤，防爆墙、防爆门等隔爆设施，防火墙、防火门、蒸汽幕、水幕等设施，防火材料涂层。

(2) 灭火设施　水喷淋、惰性气体、蒸汽、泡沫释放等灭火设施，消火栓、高压水枪、消防车、消防水管网、消防站等。

(3) 紧急个体处置设施　洗眼器、喷淋器、逃生器、逃生索、应急照明等设施。

(4) 应急救援设施　堵漏、工程抢险装备和现场受伤人员医疗抢救装备。

(5) 逃生避难设施　逃生和避难的安全通道（梯）、安全避难所（带空气呼吸系统）、避难信号等。

(6) 劳动防护用品和装备　包括头部、面部、视觉器官、四肢、躯干防火、防毒、防灼烫、防腐蚀、防噪声、防光射、防高处坠落、防刺伤等免受作业场所物理、化学因素伤害的劳动防护用品和装备。

二、典型化学反应的危险性及基本安全技术

在化工生产中，不同的化学反应有不同的工艺条件，不同的化工过程有不同的操作规程。评价一套化工生产装置的危险性，不但要看它所加工的介质、中间产品、产品的性质和数量，还要看它所包含的化学反应类型及化工过程和设备的操作特点。因此，化工安全技术与化工工艺是密不可分的。分析研究典型化学反应的危险性及其相关的基本安全技术对安全生产非常重要。

(一) 工艺安全控制技术

1. 工艺安全与危险因素分析

在生产过程中，开车和停车都有一定程序和操作步骤，特别是大型的石油化工生产过程，其开停车要花很长时间，若出现生产事故，延长开车时间，会造成严重的经济损失。对于间歇生产过程危险性大的，应制订安全措施，及时消除异常现象，加强生产高度，按一定的操作规程进行操作。

在化工生产过程控制系统中，监视和管理整个生产过程有很重要的作用。监视生产过程的变化，采集生产过程的实时数据和历史数据，寻找出过程的危险因素。工艺设备特性的改变以及操作的稳定性均影响安全生产，这些影响因素如下。

(1) 原材料的性质和组成变化　在工业生产过程中，原料性质及组成的变化会严重影响生产的安全运行。

(2) 产品的变化　市场变化要求改变产品规格型号或更新产品，企业频繁的变化操作影响生产，产生不安全的危险因素。

(3) 设备的安全可靠性　生产装置设备数量的增减、损坏或被占用，都会影响生产负荷的变化，从而带来不安全因素。

(4) 能力匹配　相邻装置或工厂生产能力匹配要合理，以满足整个生产过程物料与能量的平衡与安全运行的需要。

(5) 生产设备特性的漂移　在工业生产工艺设备中，某些重要的设备其特性随着生产过程的进行会发生变化，如热交换器由于结垢而影响传热效率，化学反应器中的催化剂的活性随化学反应的进行而衰减，有些管式裂解炉随着生产的进行而结焦等。这些特性的漂移和扩展的问题都将严重影响装置安全运行。

(6) 控制系统失灵　仪表自动化系统是监督、管理、控制工业生产的关键手段，自动控制系统本身的故障或特性变化也是生产过程的主要危险因素源。例如，测量仪表测量过程的噪声，零点的漂移，控制过程特性改变而控制器参数没有及时调整，以及操作者的操作失误等，这些都是影响装置安全运行的因素。

2. 工艺参数的安全控制

化工生产过程中，工艺参数主要指温度、压力、流量、液位及物料配比等。生产过程中应按工艺要求严格控制工艺参数在安全限度以内，实现化工安全生产。

(1) 温度控制　温度是化工生产中主要控制参数之一。如果超温，造成压力升高，有爆炸危险；也可能产生副反应，产生新危险物。升温过快、过高或冷却降温设施发生故障，还可能引起剧烈反应，发生冲料或爆炸。温度过低有时会造成反应速率减慢或停滞，反应温度恢复正常后，出现未反应的物料过多而发生剧烈反应而引起爆炸。温度过低还会使某些物料冻结，造成管路堵塞或破裂，致使易燃物泄漏而发生火灾爆炸。常采用以下措施控制反应温度。

① 及时移走热量。化工反应一般都伴随着热效应，放出或吸收一定热量。为使反应在一定温度下进行，必须向反应系统中加入或移去一定的热量，预防因过热或过冷而发生危险。移除热量的方法有夹套冷却、内蛇管冷却、外循环冷却、溶剂回流冷却等。此外，还采用一些特殊结构的反应器或向反应器内加入其它介质，达到冷却目的。如乙醇制乙醛时，采用乙醇蒸气、空气和水蒸气的混合气体送入氧化炉，在催化剂作用下生成乙醛，利用水蒸气的吸热作用将多余的反应热带走。

② 防止搅拌中断。化学反应中，搅拌可以加速热量的扩散与传递，如果中断搅拌可能造成散热不良或局部反应剧烈而发生危险。因此，要采取双路供电或增设自发电设施。

③ 正确选择传热剂。化工生产中常用的热载体有水蒸气、热水、过热水、烃类化合物（如矿物油、二苯醚等）、熔盐、烟道气等，应根据生产过程的实际情况，合理选用传热剂。

(2) 压力控制　压力是生产装置运行过程的重要参数。当管道某些部分阻力发生变化或有扰动时，压力将偏离设定值，影响生产过程的稳定，甚至引起各种重大生产事故的发生。因此，必须保证生产系统压力的恒定，才能维护化工生产正常运行。

(3) 投料控制　对于放热反应，投料速度不能超过设备的传热能力，否则，物料温度将会急剧升高，引起物料的分解、突沸而产生事故。加料速度太快或加料温度过低，往往造成物料积累、过量，温度一旦恢复正常，反应便会加剧进行，如果此时热量不能及时导出，温度及压力都会超过正常指标，造成事故。投料速度太快时，除影响反应速率和温度之外，还可能造成尾气吸收不完全，引起毒气或可燃性气体外逸。如氯化岗位通氯速度太快，不但会导致氯化釜超温超压，也会产生的氯化氢尾气来不及吸收，产生酸性气体污染。

(4) 配比控制　对连续化程度较高、危险性较大的生产，要特别注意反应物料的配比关系。例如环氧乙烷生产中乙烯与氧的混合反应，其浓度接近爆炸范围，尤其在开停车过程中，乙烯和氧的浓度都在发生变化，而且开车时催化剂活性较低，容易造成反应器出口氧浓度过高。为保证安全，应设置联锁装置，经常核对循环气的组成，尽量减少开停车次数。

另外应关注投料顺序，如三氯化磷生产应先投磷后投氯。如不按正确的投料顺序投料时就可能发生爆炸。

加料量过少也可能引起事故，有两种情况：一是加料少，使温度计接触不到料面，温度指示出现假象，导致判断失误，引起事故；二是物料的液相不符合加热面接触要求，可使易于热分解的物料局部过热分解，同样会引起事故。

催化剂对化学反应的速度影响很大，催化剂过量就可能发生危险。可燃或易燃物与氧化剂的反应，要严格控制氧化剂的投料速度和投料量。能形成爆炸性混合物的生产，其配比应严格控制在爆炸极限范围以外。如果工艺条件允许，可以添加水蒸气、氮气等惰性气体进行稀释。

(二) 首批重点监管的危险化工工艺目录

为提高化工生产装置和危险化学品贮存设施本身安全水平，指导各地对涉及危险化工工艺的生产装置进行自动化改造，国家安全生产监督管理总局2009年6月组织编制了《首批重点监管的危险化工工艺目录》和《首批重点监管的危险化工工艺安全控制要求、重点监控参数及推荐的控制方案》。首批重点监管的危险化工工艺目录如下。① 光气及光气化工艺；

②电解工艺（氯碱）；③氯化工艺；④硝化工艺；⑤合成氨工艺；⑥裂解（裂化）工艺；⑦氟化工艺；⑧加氢工艺；⑨重氮化工艺；⑩氧化工艺；⑪过氧化工艺；⑫氨基化工艺；⑬磺化工艺；⑭聚合工艺；⑮烷基化工艺。

1. 光气及光气化工艺

(1) 工艺简介　光气及光气化工艺包含光气的制备工艺，以及以光气为原料制备光气化产品的工艺路线，光气化工艺主要分为气相和液相两种。

反应类型：放热反应。

(2) 工艺危险特点

① 光气为剧毒气体，在贮运、使用过程中发生泄漏后，易造成大面积污染、中毒事故。

② 反应介质具有燃爆危险性。

③ 副产物氯化氢具有腐蚀性，易造成设备和管线泄漏使人员发生中毒事故。

重点监控单元：光气化反应釜、光气贮运单元。

(3) 典型工艺　一氧化碳与氯气的反应得到光气；光气合成双光气、三光气；采用光气作单体合成聚碳酸酯；甲苯二异氰酸酯（TDI）的制备；4,4'-二苯基甲烷二异氰酸酯（MDI）的制备等。

(4) 重点监控工艺参数　一氧化碳、氯气含水量；反应釜温度、压力；反应物质的配料比；光气进料速度；冷却系统中冷却介质的温度、压力、流量等。

(5) 安全控制的基本要求　事故紧急切断阀；紧急冷却系统；反应釜温度、压力报警联锁；局部排风设施；有毒气体回收及处理系统；自动泄压装置；自动氨或碱液喷淋装置；光气、氯气、一氧化碳监测及超限报警；双电源供电。

(6) 宜采用的控制方式　光气及光气化生产系统一旦出现异常现象或发生光气及其剧毒产品泄漏事故时，应通过自控联锁装置启动紧急停车并自动切断所有进出生产装置的物料，将反应装置迅速冷却降温，同时将发生事故设备内的剧毒物料导入事故槽内，开启氨水、稀碱液喷淋，启动通风排毒系统，将事故部位的有毒气体排至处理系统。

2. 电解工艺（氯碱）

(1) 工艺简介　电流通过电解质溶液或熔融电解质时，在两个极上所引起的化学变化称为电解反应。涉及电解反应的工艺过程为电解工艺。许多基本化学工业产品（氢、氧、氯、烧碱、过氧化氢等）的制备，都是通过电解来实现的。

反应类型：吸热反应。

(2) 工艺危险特点

① 电解食盐水过程中产生的氢气是极易燃烧的气体，氯气是氧化性很强的剧毒气体，两种气体混合极易发生爆炸，当氯气中含氢量达到5%以上，则随时可能在光照或受热情况下发生爆炸。

② 如果盐水中存在的铵盐超标，在适宜的条件（pH<4.5）下，铵盐和氯作用可生成氯化铵，浓氯化铵溶液与氯还可生成黄色油状的三氯化氮。三氯化氮是一种爆炸性物质，与许多有机物接触或加热至90℃以上以及被撞击、摩擦等，即发生剧烈的分解而爆炸。

③ 电解溶液腐蚀性强。

④ 液氯的生产、贮存、包装、输送、运输可能发生液氯的泄漏。

重点监控单元：电解槽、氯气贮运单元。

(3) 典型工艺　氯化钠（食盐）水溶液电解生产氯气、氢氧化钠、氢气；氯化钾水溶液电解生产氯气、氢氧化钾、氢气。

(4) 重点监控工艺参数　电解槽内液位；电解槽内电流和电压；电解槽进出物料流量；

可燃和有毒气体浓度；电解槽的温度和压力；原料中铵含量；氯气杂质含量（水、氢气、氧气、三氯化氮等）等。

(5) 安全控制的基本要求　电解槽温度、压力、液位、流量报警和联锁；电解供电整流装置与电解槽供电的报警和联锁；紧急联锁切断装置；事故状态下氯气吸收中和系统；可燃和有毒气体检测报警装置等。

(6) 宜采用的控制方式　将电解槽内压力、槽电压等形成联锁关系，系统设立联锁停车系统。

安全设施包括安全阀、高压阀、紧急排放阀、液位计、单向阀及紧急切断装置等。

3. 氯化工艺

(1) 工艺简介　氯化是化合物的分子中引入氯原子的反应，包含氯化反应的工艺过程为氯化工艺，主要包括取代氯化、加成氯化、氧氯化等。

反应类型：放热反应。

(2) 工艺危险特点

① 氯化反应是一个放热过程，尤其在较高温度下进行氯化，反应更为剧烈，速度快，放热量较大。

② 所用的原料大多具有燃爆危险性。

③ 常用的氯化剂氯气本身为剧毒化学品，氧化性强，贮存压力较高，多数氯化工艺采用液氯生产是先汽化再氯化，一旦泄漏危险性较大。

④ 氯气中的杂质，如水、氢气、氧气、三氯化氮等，在使用中易发生危险，特别是三氯化氮积累后，容易引发爆炸危险。

⑤ 生成的氯化氢气体遇水后腐蚀性强。

⑥ 氯化反应尾气可能形成爆炸性混合物。

重点监控单元：氯化反应釜、氯气贮运单元。

(3) 典型工艺

① 取代氯化。氯取代烷烃的氢原子制备氯代烷烃；氯取代苯的氢原子生产六氯化苯；氯取代萘的氢原子生产多氯化萘；甲醇与氯反应生产氯甲烷；乙醇和氯反应生产氯乙烷（氯乙醛类）；醋酸与氯反应生产氯乙酸；氯取代甲苯的氢原子生产苯甲基氯等。

② 加成氯化。乙烯与氯加成氯化生产1,2-二氯乙烷；乙炔与氯加成氯化生产1,2-二氯乙烯；乙炔和氯化氢加成生产氯乙烯等。

③ 氧氯化。乙烯氧氯化生产二氯乙烷；丙烯氧氯化生产1,2-二氯丙烷；甲烷氧氯化生产甲烷氯化物；丙烷氧氯化生产丙烷氯化物等。

④ 其它工艺。硫与氯反应生成一氯化硫；四氯化钛的制备；黄磷与氯气反应生产三氯化磷、五氯化磷等。

(4) 重点监控工艺参数　氯化反应釜温度和压力；氯化反应釜搅拌速度；反应物料的配比；氯化剂进料流量；冷却系统中冷却介质的温度、压力、流量等；氯气杂质含量（水、氢气、氧气、三氯化氮等）；氯化反应尾气组成等。

(5) 安全控制的基本要求　反应釜温度和压力的报警和联锁；反应物料的比例控制和联锁；搅拌的稳定控制；进料缓冲器；紧急进料切断系统；紧急冷却系统；安全泄放系统；事故状态下氯气吸收中和系统；可燃和有毒气体检测报警装置等。

(6) 宜采用的控制方式　将氯化反应釜内温度、压力与釜内搅拌、氯化剂流量、氯化反应釜夹套冷却水进水阀形成联锁关系，设立紧急停车系统。

安全设施，包括安全阀、高压阀、紧急放空阀、液位计、单向阀及紧急切断装置等。

4. 硝化工艺

(1) 工艺简介　硝化是有机化合物分子中引入硝基（—NO_2）的反应，最常见的是取代反应。硝化方法可分成直接硝化法、间接硝化法和亚硝化法，分别用于生产硝基化合物、硝胺、硝酸酯和亚硝基化合物等。涉及硝化反应的工艺过程为硝化工艺。

反应类型：放热反应。

(2) 工艺危险特点

① 反应速率快，放热量大。大多数硝化反应是在非均相中进行的，反应组分的不均匀分布容易引起局部过热导致危险。尤其在硝化反应开始阶段，停止搅拌或由于搅拌叶片脱落等造成搅拌失效是非常危险的，一旦搅拌再次开动，就会突然引发局部激烈反应，瞬间释放大量的热量，引起爆炸事故。

② 反应物料具有燃爆危险性。

③ 硝化剂具有强腐蚀性、强氧化性，与油脂、有机化合物（尤其是不饱和有机化合物）接触能引起燃烧或爆炸。

④ 硝化产物、副产物具有爆炸危险性。

重点监控单元：硝化反应釜、分离单元。

(3) 典型工艺

① 直接硝化法。丙三醇与混酸反应制备硝酸甘油；氯苯硝化制备邻硝基氯苯、对硝基氯苯；苯硝化制备硝基苯；蒽醌硝化制备 1-硝基蒽醌；甲苯硝化生产三硝基甲苯（俗称梯恩梯，TNT）；丙烷等烷烃与硝酸通过气相反应制备硝基烷烃等。

② 间接硝化法。苯酚采用磺酰基的取代硝化制备苦味酸等。

③ 亚硝化法。2-萘酚与亚硝酸盐反应制备 1-亚硝基-2-萘酚；二苯胺与亚硝酸钠和硫酸水溶液反应制备对亚硝基二苯胺等。

(4) 重点监控工艺参数　硝化反应釜内温度、搅拌速度；硝化剂流量；冷却水流量；pH 值；硝化产物中杂质含量；精馏分离系统温度；塔釜杂质含量等。

(5) 安全控制的基本要求　反应釜温度的报警和联锁；自动进料控制和联锁；紧急冷却系统；搅拌的稳定控制和联锁系统；分离系统温度控制与联锁；塔釜杂质监控系统；安全泄放系统等。

(6) 宜采用的控制方式　将硝化反应釜内温度与釜内搅拌、硝化剂流量、硝化反应釜夹套冷却水进水阀形成联锁关系，在硝化反应釜处设立紧急停车系统，当硝化反应釜内温度超标或搅拌系统发生故障，能自动报警并自动停止加料。分离系统温度与加热、冷却形成联锁，温度超标时，能停止加热并紧急冷却。

硝化反应系统应设有泄爆管和紧急排放系统。

5. 合成氨工艺

(1) 工艺简介　氮和氢两种组分按一定比例（1∶3）组成的气体（合成气），在高温、高压下（一般为 400~450℃，15~30MPa）经催化反应生成氨的工艺过程。

反应类型：吸热反应。

(2) 工艺危险特点

① 高温、高压使可燃气体爆炸极限扩宽，气体物料一旦过氧（亦称透氧），极易在设备和管道内发生爆炸。

② 高温、高压气体物料从设备管线泄漏时会迅速膨胀与空气混合形成爆炸性混合物，遇到明火或因高流速物料与裂（喷）口处摩擦产生静电火花引起着火和空间爆炸。

③ 气体压缩机等转动设备在高温下运行会使润滑油挥发裂解，在附近管道内造成积炭，

可导致积炭燃烧或爆炸。

④ 高温、高压可加速设备金属材料发生蠕变、改变金相组织，还会加剧氢气、氮气对钢材的氢蚀及渗氮，加剧设备的疲劳腐蚀，使其机械强度减弱，引发物理爆炸。

⑤ 液氨大规模事故性泄漏会形成低温云团引起大范围人群中毒，遇明火还会发生空间爆炸。

重点监控单元：合成塔、压缩机、氨贮存系统。

(3) **典型工艺** 包括：①节能 AMV 法；②德士古水煤浆加压气化法；③凯洛格法；④甲醇与合成氨联合生产的联醇法；⑤纯碱与合成氨联合生产的联碱法；⑥采用变换催化剂、氧化锌脱硫剂和甲烷催化剂的"三催化"气体净化法等。

(4) **重点监控工艺参数** 合成塔、压缩机、氨贮存系统的运行基本控制参数，包括温度、压力、液位、物料流量及比例等。

(5) **安全控制的基本要求** 合成氨装置温度、压力报警和联锁；物料比例控制和联锁；压缩机的温度、入口分离器液位、压力报警联锁；紧急冷却系统；紧急切断系统；安全泄放系统；可燃、有毒气体检测报警装置。

(6) **宜采用的控制方式** 将合成氨装置内温度、压力与物料流量、冷却系统形成联锁关系；将压缩机温度、压力、入口分离器液位与供电系统形成联锁关系；紧急停车系统。

合成单元自动控制还需要设置以下几个控制回路：①氨分、冷交液位；②废锅液位；③循环量控制；④废锅蒸汽流量；⑤废锅蒸汽压力。

安全设施，包括安全阀、爆破片、紧急放空阀、液位计、单向阀及紧急切断装置等。

6. 裂解（裂化）工艺

(1) **工艺简介** 裂解是指石油系的烃类原料在高温条件下，发生碳链断裂或脱氢反应，生成烯烃及其它产物的过程。产品以乙烯、丙烯为主，同时副产丁烯、丁二烯等烯烃和裂解汽油、柴油、燃料油等产品。

烃类原料在裂解炉内进行高温裂解，产出组成为氢气、低/高碳烃类、芳烃类以及馏分为 288℃以上的裂解燃料油的裂解气混合物。经过急冷、压缩、激冷、分馏以及干燥和加氢等方法，分离出目标产品和副产品。

在裂解过程中，同时伴随缩合、环化和脱氢等反应。由于所发生的反应很复杂，通常把反应分成两个阶段。第一阶段，原料变成的目的产物为乙烯、丙烯，这种反应称为一次反应。第二阶段，一次反应生成的乙烯、丙烯继续反应转化为炔烃、二烯烃、芳烃、环烷烃，甚至最终转化为氢气和焦炭，这种反应称为二次反应。裂解产物往往是多种组分混合物。影响裂解的基本因素主要为温度和反应的持续时间。化工生产中用热裂解的方法生产小分子烯烃、炔烃和芳香烃，如乙烯、丙烯、丁二烯、乙炔、苯和甲苯等。

反应类型：高温吸热反应。

(2) **工艺危险特点**

① 在高温（高压）下进行反应，装置内的物料温度一般超过其自燃点，若漏出会立即引起火灾。

② 炉管内壁结焦会使流体阻力增加，影响传热，当焦层达到一定厚度时，因炉管壁温度过高，而不能继续运行下去，必须进行清焦，否则会烧穿炉管，裂解气外泄，引起裂解炉爆炸。

③ 如果由于断电或引风机机械故障而使引风机突然停转，则炉膛内很快变成正压，会从窥视孔或烧嘴等处向外喷火，严重时会引起炉膛爆炸。

④ 如果燃料系统大幅度波动，燃料气压力过低，则可能造成裂解炉烧嘴回火，使烧嘴

烧坏,甚至会引起爆炸。

⑤ 有些裂解工艺产生的单体会自聚或爆炸,需要向生产的单体中加阻聚剂或稀释剂等。

重点监控单元:裂解炉、制冷系统、压缩机、引风机、分离单元。

(3) 典型工艺 热裂解制烯烃工艺;重油催化裂化制汽油、柴油、丙烯、丁烯;乙苯裂解制苯乙烯;二氟一氯甲烷(HCFC-22)热裂解制得四氟乙烯(TFE);二氟一氯乙烷(HCFC-142b)热裂解制得偏氟乙烯(VDF);四氟乙烯和八氟环丁烷热裂解制得六氟乙烯(HFP)等。

(4) 重点监控工艺参数 裂解炉进料流量;裂解炉温度;引风机电流;燃料油进料流量;稀释蒸汽比及压力;燃料油压力;滑阀差压超驰控制、主风流量控制、外取热器控制、机组控制、锅炉控制等。

(5) 安全控制的基本要求 裂解炉进料压力、流量控制报警与联锁;紧急裂解炉温度报警和联锁;紧急冷却系统;紧急切断系统;反应压力与压缩机转速及入口放火炬控制;再生压力的分程控制;滑阀差压与料位;温度的超驰控制;再生温度与外取热器负荷控制;外取热器汽包和锅炉汽包液位的三冲量控制;锅炉的熄火保护;机组相关控制;可燃与有毒气体检测报警装置等。

(6) 宜采用的控制方式 将引风机电流与裂解炉进料阀、燃料油进料阀、稀释蒸汽阀之间形成联锁关系,一旦引风机故障停车,则裂解炉自动停止进料并切断燃料供应,但应继续供应稀释蒸汽,以带走炉膛内的余热。

将燃料油压力与燃料油进料阀、裂解炉进料阀之间形成联锁关系,燃料油压力降低,则切断燃料油进料阀,同时切断裂解炉进料阀。

分离塔应安装安全阀和放空管,低压系统与高压系统之间应有逆止阀并配备固定的氮气装置、蒸汽灭火装置。

将裂解炉电流与锅炉给水流量、稀释蒸汽流量之间形成联锁关系;一旦水、电、蒸汽等公用工程出现故障,裂解炉能自动紧急停车。

反应压力正常情况下由压缩机转速控制,开工及非正常工况下由压缩机入口放火炬控制。

再生压力由烟机入口蝶阀和旁路滑阀(或蝶阀)分程控制。

再生、待生滑阀正常情况下分别由反应温度信号和反应器料位信号控制,一旦滑阀差压出现低限,则转由滑阀差压控制。

再生温度由外取热器催化剂循环量或流化介质流量控制。

外取热汽包和锅炉汽包液位采用液位、补水量和蒸发量三冲量控制。

带明火的锅炉设置熄火保护控制。

大型机组设置相关的轴温、轴振动、轴位移、油压、油温、防喘振等系统控制。

在装置存在可燃气体、有毒气体泄漏的部位设置可燃气体报警仪和有毒气体报警仪。

7. 氟化工艺

(1) 工艺简介 氟化是化合物的分子中引入氟原子的反应,涉及氟化反应的工艺过程为氟化工艺。氟与有机化合物作用是强放热反应,放出大量的热可使反应物分子结构遭到破坏,甚至着火爆炸。氟化剂通常为氟气、卤族氟化物、惰性元素氟化物、高价金属氟化物、氟化氢、氟化钾等。

反应类型:放热反应。

(2) 工艺危险特点

① 反应物料具有燃爆危险性。

② 氟化反应为强放热反应，不及时排除反应热量，易导致超温超压，引发设备爆炸事故。

③ 多数氟化剂具有强腐蚀性、剧毒，在生产、贮存、运输、使用等过程中，容易因泄漏、操作不当、误接触以及其它意外而造成危险。

重点监控单元：氟化剂储运单元。

(3) 典型工艺

① 直接氟化。黄磷氟化制备五氟化磷等。

② 金属氟化物或氟化氢气体氟化。SbF_3、AgF_2、CoF_3 等金属氟化物与烃反应制备氟化烃；氟化氢气体与氢氧化铝反应制备氟化铝等。

③ 置换氟化。三氯甲烷氟化制备二氟一氯甲烷；2,4,5,6-四氯嘧啶与氟化钠制备 2,4,6-三氟-5-氯嘧啶等。

④ 其它氟化物的制备。浓硫酸与氟化钙（萤石）制备无水氟化氢等。

(4) 重点监控工艺参数 氟化反应釜内温度、压力；氟化反应釜内搅拌速度；氟化物流量；助剂流量；反应物的配料比；氟化物浓度。

(5) 安全控制的基本要求 反应釜内温度和压力与反应进料、紧急冷却系统的报警和联锁；搅拌的稳定控制系统；安全泄放系统；可燃和有毒气体检测报警装置等。

(6) 宜采用的控制方式 氟化反应操作中，要严格控制氟化物浓度、投料配比、进料速度和反应温度等。必要时应设置自动比例调节装置和自动联锁控制装置。

将氟化反应釜内温度、压力与釜内搅拌、氟化物流量、氟化反应釜夹套冷却水进水阀形成联锁控制，在氟化反应釜处设立紧急停车系统，当氟化反应釜内温度或压力超标或搅拌系统发生故障时自动停止加料并紧急停车。安全泄放系统。

8. 加氢工艺

(1) 工艺简介 加氢是在有机化合物分子中加入氢原子的反应，涉及加氢反应的工艺过程为加氢工艺，主要包括不饱和键加氢、芳环化合物加氢、含氮化合物加氢、含氧化合物加氢、氢解等。

反应类型：放热反应。

(2) 工艺危险特点

① 反应物料具有燃爆危险性，氢气的爆炸极限为 4%~75%，具有高燃爆危险特性；

② 加氢为强烈的放热反应，氢气在高温高压下与钢材接触，钢材内的碳分子易与氢气发生反应生成烃类化合物，使钢制设备强度降低，发生氢脆；

③ 催化剂再生和活化过程中易引发爆炸；

④ 加氢反应尾气中有未完全反应的氢气和其它杂质，在排放时易引发着火或爆炸。

重点监控单元：加氢反应釜、氢气压缩机。

(3) 典型工艺

① 不饱和炔烃、烯烃的三键和双键加氢。环戊二烯加氢生产环戊烯等。

② 芳烃加氢。苯加氢生成环己烷；苯酚加氢生产环己醇等。

③ 含氧化合物加氢。一氧化碳加氢生产甲醇；丁醛加氢生产丁醇；辛烯醛加氢生产辛醇等。

④ 含氮化合物加氢。己二腈加氢生产己二胺；硝基苯催化加氢生产苯胺等。

⑤ 油品加氢。馏分油加氢裂化生产石脑油、柴油和尾油；渣油加氢改质；减压馏分油加氢改质；催化（异构）脱蜡生产低凝柴油、润滑油基础油等。

(4) 重点监控工艺参数 加氢反应釜或催化剂床层温度、压力；加氢反应釜内搅拌速度；氢气流量；反应物质的配料比；系统氧含量；冷却水流量；氢气压缩机运行参数、加氢反应尾气组成等。

(5) 安全控制的基本要求　温度和压力的报警和联锁；反应物料的比例控制和联锁系统；紧急冷却系统；搅拌的稳定控制系统；氢气紧急切断系统；加装安全阀、爆破片等安全设施；循环氢压缩机停机报警和联锁；氢气检测报警装置等。

(6) 宜采用的控制方式　将加氢反应釜内温度、压力与釜内搅拌电流、氢气流量、加氢反应釜夹套冷却水进水阀形成联锁关系，设立紧急停车系统。加入急冷氮气或氢气的系统。当加氢反应釜内温度或压力超标或搅拌系统发生故障时自动停止加氢，泄压，并进入紧急状态。安全泄放系统。

9. 重氮化工艺

(1) 工艺简介　一级胺与亚硝酸在低温下作用，生成重氮盐的反应。脂肪族、芳香族和杂环的一级胺都可以进行重氮化反应。涉及重氮化反应的工艺过程为重氮化工艺。通常重氮化试剂是由亚硝酸钠和盐酸作用临时制备的。除盐酸外，也可以使用硫酸、高氯酸和氟硼酸等无机酸。脂肪族重氮盐很不稳定，即使在低温下也能迅速自发分解，芳香族重氮盐较为稳定。

反应类型：绝大多数是放热反应。

(2) 工艺危险特点

① 重氮盐在温度稍高或光照的作用下，特别是含有硝基的重氮盐极易分解，有的甚至在室温时亦能分解。在干燥状态下，有些重氮盐不稳定，活性强，受热或摩擦、撞击等作用能发生分解甚至爆炸。

② 重氮化生产过程所使用的亚硝酸钠是无机氧化剂，175℃时能发生分解，与有机物反应导致着火或爆炸。

③ 反应原料具有燃爆危险性。

重点监控单元：重氮化反应釜、后处理单元。

(3) 典型工艺

① 顺法。对氨基苯磺酸钠与2-萘酚制备酸性橙-Ⅱ染料；芳香族伯胺与亚硝酸钠反应制备芳香族重氮化合物等。

② 反加法。间苯二胺生产二氟硼酸间苯二重氮盐；苯胺与亚硝酸钠反应生产苯胺基重氮苯等。

③ 亚硝酰硫酸法。2-氰基-4-硝基苯胺、2-氰基-4-硝基-6-溴苯胺、2,4-二硝基-6-溴苯胺、2,6-二氰基-4-硝基苯胺和2,4-二硝基-6-氰基苯胺为重氮组分与端氨基含醚基的偶合组分经重氮化、偶合成单偶氮分散染料；2-氰基-4-硝基苯胺为原料制备蓝色分散染料等。

④ 硫酸铜触媒法。邻、间氨基苯酚用弱酸（醋酸、草酸等）或易于水解的无机盐和亚硝酸钠反应制备邻、间氨基苯酚的重氮化合物等。

⑤ 盐析法。氨基偶氮化合物通过盐析法进行重氮化生产多偶氮染料等。

(4) 重点监控工艺参数　重氮化反应釜内温度、压力、液位、pH值；重氮化反应釜内搅拌速度；亚硝酸钠流量；反应物质的配料比；后处理单元温度等。

(5) 安全控制的基本要求　反应釜温度和压力的报警和联锁；反应物料的比例控制和联锁系统；紧急冷却系统；紧急停车系统；安全泄放系统；后处理单元配置温度监测、惰性气体保护的联锁装置等。

(6) 宜采用的控制方式　将重氮化反应釜内温度、压力与釜内搅拌、亚硝酸钠流量、重氮化反应釜夹套冷却水进水阀形成联锁关系，在重氮化反应釜处设立紧急停车系统，当重氮化反应釜内温度超标或搅拌系统发生故障时自动停止加料并紧急停车。安全泄放系统。

重氮盐后处理设备应配置温度检测、搅拌、冷却联锁自动控制调节装置，干燥设备应配置温度测量、加热热源开关、惰性气体保护的联锁装置。

安全设施，包括安全阀、爆破片、紧急放空阀等。

10. 氧化工艺

(1) 工艺简介　氧化为有电子转移的化学反应中失电子的过程，即氧化数升高的过程。多数有机化合物的氧化反应表现为反应原料得到氧或失去氢。涉及氧化反应的工艺过程为氧化工艺。常用的氧化剂有：空气、氧气、双氧水、氯酸钾、高锰酸钾、硝酸盐等。

反应类型：放热反应。

(2) 工艺危险特点

① 反应原料及产品具有燃爆危险性；

② 反应气相组成容易达到爆炸极限，具有闪爆危险；

③ 部分氧化剂具有燃爆危险性，如氯酸钾、高锰酸钾、铬酸酐等都属于氧化剂，如遇高温或受撞击、摩擦以及与有机物、酸类接触，皆能引起火灾爆炸；

④ 产物中易生成过氧化物，化学稳定性差，受高温、摩擦或撞击作用易分解、燃烧或爆炸。

重点监控单元：氧化反应釜。

(3) 典型工艺　乙烯氧化制环氧乙烷；甲醇氧化制备甲醛；对二甲苯氧化制备对苯二甲酸；异丙苯经氧化-酸解联产苯酚和丙酮；环己烷氧化制环己酮；天然气氧化制乙炔；丁烯、丁烷、C4馏分或苯的氧化制顺丁烯二酸酐；邻二甲苯或萘的氧化制备邻苯二甲酸酐；均四甲苯的氧化制备均苯四甲酸二酐；苊的氧化制1,8-萘二酸酐；3-甲基吡啶氧化制3-吡啶甲酸（烟酸）；4-甲基吡啶氧化制4-吡啶甲酸（异烟酸）；2-乙基己醇（异辛醇）氧化制备2-乙基己酸（异辛酸）；对氯甲苯氧化制备对氯苯甲醛和对氯苯甲酸；甲苯氧化制备苯甲醛、苯甲酸；对硝基甲苯氧化制备对硝基苯甲酸；环十二醇/酮混合物的开环氧化制备十二碳二酸；环己酮/醇混合物的氧化制己二酸；乙二醛硝酸氧化法合成乙醛酸；丁醛氧化制丁酸；氨氧化制硝酸等。

(4) 重点监控工艺参数　氧化反应釜内温度和压力；氧化反应釜内搅拌速度；氧化剂流量；反应物料的配比；气相氧含量；过氧化物含量等。

(5) 安全控制的基本要求　反应釜温度和压力的报警和联锁；反应物料的比例控制和联锁及紧急切断动力系统；紧急断料系统；紧急冷却系统；紧急送入惰性气体的系统；气相氧含量监测、报警和联锁；安全泄放系统；可燃和有毒气体检测报警装置等。

(6) 宜采用的控制方式　将氧化反应釜内温度和压力与反应物的配比和流量、氧化反应釜夹套冷却水进水阀、紧急冷却系统形成联锁关系，在氧化反应釜处设立紧急停车系统，当氧化反应釜内温度超标或搅拌系统发生故障时自动停止加料并紧急停车。配备安全阀、爆破片等安全设施。

11. 过氧化工艺

(1) 工艺简介　向有机化合物分子中引入过氧基（—O—O—）的反应称为过氧化反应，得到的产物为过氧化物的工艺过程为过氧化工艺。

反应类型：吸热反应或放热反应。

(2) 工艺危险特点

① 过氧化物都含有过氧基（—O—O—），属含能物质，由于过氧键结合力弱，断裂时所需的能量不大，对热、振动、冲击或摩擦等都极为敏感，极易分解甚至爆炸。

② 过氧化物与有机物、纤维接触时易发生氧化、产生火灾。
③ 反应气相组成容易达到爆炸极限，具有燃爆危险。
重点监控单元：氨基化反应釜。
(3) 典型工艺　双氧水的生产；乙酸在硫酸存在下与双氧水作用，制备过氧乙酸水溶液；酸酐与双氧水作用直接制备过氧二酸；苯甲酰氯与双氧水的碱性溶液作用制备过氧化苯甲酰；异丙苯经空气氧化生产过氧化氢异丙苯等。
(4) 重点监控工艺参数　过氧化反应釜内温度；pH值；过氧化反应釜内搅拌速度；（过）氧化剂流量；参加反应物质的配料比；过氧化物浓度；气相氧含量等。
(5) 安全控制的基本要求　反应釜温度和压力的报警和联锁；反应物料的比例控制和联锁及紧急切断动力系统；紧急断料系统；紧急冷却系统；紧急送入惰性气体的系统；气相氧含量监测、报警和联锁；紧急停车系统；安全泄放系统；可燃和有毒气体检测报警装置等。
(6) 宜采用的控制方式　将过氧化反应釜内温度与釜内搅拌电流、过氧化物流量、过氧化反应釜夹套冷却水进水阀形成联锁关系，设置紧急停车系统。
过氧化反应系统应设置泄爆管和安全泄放系统

12. 氨基化工艺
(1) 工艺简介　氨化是在分子中引入氨基（$R_2N—$）的反应，包括$R—CH_3$烃类化合物（R：氢、烷基、芳基）在催化剂存在下，与氨和空气的混合物进行高温氧化反应，生成腈类等化合物的反应。涉及上述反应的工艺过程为氨基化工艺。
反应类型：放热反应。
(2) 工艺危险特点
① 反应介质具有燃爆危险性。
② 在常压下20℃时，氨气的爆炸极限为15%~27%，随着温度、压力的升高，爆炸极限的范围增大。因此，在一定的温度、压力和催化剂的作用下，氨的氧化反应放出大量热，一旦氨气与空气比失调，就可能发生爆炸事故。
③ 由于氨呈碱性，具有强腐蚀性，在混有少量水分或湿气的情况下无论是气态或液态氨都会与铜、银、锡、锌及其合金发生化学作用。
④ 氨易与氧化银或氧化汞反应生成爆炸性化合物（雷酸盐）。
重点监控单元：过氧化反应釜。
(3) 典型工艺　邻硝基氯苯与氨水反应制备邻硝基苯胺；对硝基氯苯与氨水反应制备对硝基苯胺；间甲酚与氯化铵的混合物在催化剂和氨水作用下生成间甲苯胺；甲醇在催化剂和氨气作用下制备甲胺；1-硝基蒽醌与过量的氨水在氯苯中制备1-氨基蒽醌；2,6-蒽醌二磺酸氨解制备2,6-二氨基蒽醌；苯乙烯与胺反应制备N-取代苯乙胺；环氧乙烷或亚乙基亚胺与胺或氨发生开环加成反应，制备氨基乙醇或二胺；甲苯经氨氧化制备苯甲腈；丙烯氨氧化制备丙烯腈等。
(4) 重点监控工艺参数　氨基化反应釜内温度、压力；胺基化反应釜内搅拌速度；物料流量；反应物质的配料比；气相氧含量等。
(5) 安全控制的基本要求　反应釜温度和压力的报警和联锁；反应物料的比例控制和联锁系统；紧急冷却系统；气相氧含量监控联锁系统；紧急送入惰性气体的系统；紧急停车系统；安全泄放系统；可燃和有毒气体检测报警装置等。
(6) 宜采用的控制方式　将氨基化反应釜内温度、压力与釜内搅拌、氨基化物料流量、氨基化反应釜夹套冷却水进水阀形成联锁关系，设置紧急停车系统。
安全设施，包括安全阀、爆破片、单向阀及紧急切断装置等。

13. 磺化工艺

(1) 工艺简介　磺化是向有机化合物分子中引入磺酰基（—SO_3H）的反应。磺化方法分为三氧化硫磺化法、共沸去水磺化法、氯磺酸磺化法、烘焙磺化法和亚硫酸盐磺化法等。涉及磺化反应的工艺过程为磺化工艺。磺化反应除了增加产物的水溶性和酸性外，还可以使产品具有表面活性。芳烃经磺化后，其中的磺酸基可进一步被其它基团〔如羟基（—OH）、氨基（—NH_2）、氰基（—CN）等〕取代，生产多种衍生物。

反应类型：放热反应。

(2) 工艺危险特点

① 反应原料具有燃爆危险性；磺化剂具有氧化性、强腐蚀性；如果投料顺序颠倒、投料速度过快、搅拌不良、冷却效果不佳等，都有可能造成反应温度异常升高，使磺化反应变为燃烧反应，引起火灾或爆炸事故。

② 氧化硫易冷凝堵管，泄漏后易形成酸雾，危害较大。

重点监控单元：磺化反应釜。

(3) 典型工艺

① 三氧化硫磺化法。气体三氧化硫和十二烷基苯等制备十二烷基苯磺酸钠；硝基苯与液态三氧化硫制备间硝基苯磺酸；甲苯磺化生产对甲基苯磺酸和对位甲酚；对硝基甲苯磺化生产对硝基甲苯邻磺酸等。

② 共沸去水磺化法。苯磺化制备苯磺酸；甲苯磺化制备甲基苯磺酸等。

③ 氯磺酸磺化法。芳香族化合物与氯磺酸反应制备芳磺酸和芳磺酰氯；乙酰苯胺与氯磺酸生产对乙酰氨基苯磺酰氯等。

④ 烘焙磺化法。苯胺磺化制备对氨基苯磺酸等。

⑤ 亚硫酸盐磺化法。2,4-二硝基氯苯与亚硫酸氢钠制备 2,4-二硝基苯磺酸钠；1-硝基蒽醌与亚硫酸钠作用得到 α-蒽醌硝酸等。

(4) 重点监控工艺参数　磺化反应釜内温度；磺化反应釜内搅拌速度；磺化剂流量；冷却水流量。

(5) 安全控制的基本要求　反应釜温度的报警和联锁；搅拌的稳定控制和联锁系统；紧急冷却系统；紧急停车系统；安全泄放系统；三氧化硫泄漏监控报警系统等。

(6) 宜采用的控制方式　将磺化反应釜内温度与磺化剂流量、磺化反应釜夹套冷却水进水阀、釜内搅拌电流形成联锁关系，紧急断料系统，当磺化反应釜内各参数偏离工艺指标时，能自动报警、停止加料，甚至紧急停车。

磺化反应系统应设有泄爆管和紧急排放系统。

14. 聚合工艺

(1) 工艺简介　聚合是一种或几种小分子化合物变成大分子化合物（也称高分子化合物或聚合物，通常相对分子质量为 $1\times10^4 \sim 1\times10^7$）的反应，涉及聚合反应的工艺过程为聚合工艺。聚合工艺的种类很多，按聚合方法可分为本体聚合、悬浮聚合、乳液聚合、溶液聚合等。

反应类型：放热反应。

(2) 工艺危险特点

① 聚合原料具有自聚和燃爆危险性。

② 如果反应过程中热量不能及时移出，随物料温度上升，发生裂解和暴聚，所产生的热量使裂解和暴聚过程进一步加剧，进而引发反应器爆炸。

③ 部分聚合助剂危险性较大。

重点监控单元：聚合反应釜、粉体聚合物料仓。

(3) 典型工艺

① 聚烯烃生产。聚乙烯生产；聚丙烯生产；聚苯乙烯生产等。

② 聚氯乙烯生产。

③ 合成纤维生产。涤纶生产；锦纶生产；维纶生产；腈纶生产；尼龙生产等。

④ 橡胶生产。丁苯橡胶生产；顺丁橡胶生产；丁腈橡胶生产等。

⑤ 乳液生产。醋酸乙烯乳液生产；丙烯酸乳液生产等。

⑥ 涂料黏合剂生产。醇酸涂料生产；聚酯涂料生产；环氧涂料黏合剂生产；丙烯酸涂料黏合剂生产等。

⑦ 氟化物聚合。四氟乙烯悬浮法、分散法生产聚四氟乙烯；四氟乙烯（TFE）和偏氟乙烯（VDF）聚合生产氟橡胶和偏氟乙烯-全氟丙烯共聚弹性体（俗称26型氟橡胶或氟橡胶-26）等。

(4) 重点监控工艺参数　聚合反应釜内温度、压力，聚合反应釜内搅拌速度；引发剂流量；冷却水流量；料仓静电、可燃气体监控等。

(5) 安全控制的基本要求　反应釜温度和压力的报警和联锁；紧急冷却系统；紧急切断系统；紧急加入反应终止剂系统；搅拌的稳定控制和联锁系统；料仓静电消除、可燃气体置换系统，可燃和有毒气体检测报警装置；高压聚合反应釜设有防爆墙和泄爆面等。

(6) 宜采用的控制方式　将聚合反应釜内温度、压力与釜内搅拌电流、聚合单体流量、引发剂加入量、聚合反应釜夹套冷却水进水阀形成联锁关系，在聚合反应釜处设立紧急停车系统。当反应超温、搅拌失效或冷却失效时，能及时加入聚合反应终止剂。安全泄放系统。

15. 烷基化工艺

(1) 工艺简介　把烷基引入有机化合物分子中的碳、氮、氧等原子上的反应称为烷基化反应。涉及烷基化反应的工艺过程为烷基化工艺，可分为 C-烷基化反应、N-烷基化反应、O-烷基化反应等。

反应类型：放热反应。

(2) 工艺危险特点

① 反应介质具有燃爆危险性。

② 烷基化催化剂具有自燃危险性，遇水剧烈反应，放出大量热量，容易引起火灾甚至爆炸。

③ 烷基化反应都是在加热条件下进行，原料、催化剂、烷基化剂等加料次序颠倒、加料速度过快或者搅拌中断停止等异常现象容易引起局部剧烈反应，造成跑料，引发火灾或爆炸事故。

重点监控单元：烷基化反应釜。

(3) 典型工艺

① C-烷基化反应。乙烯、丙烯以及长链 α-烯烃，制备乙苯、异丙苯和高级烷基苯；苯系物与氯代高级烷烃在催化剂作用下制备高级烷基苯；用脂肪醛和芳烃衍生物制备对称的二芳基甲烷衍生物；苯酚与丙酮在酸催化下制备2,2-对（对羟基苯基）丙烷（俗称双酚A）；乙烯与苯发生烷基化反应生产乙苯等。

② N-烷基化反应。苯胺和甲醚烷基化生产苯甲胺；苯胺与氯乙酸生产苯基氨基乙酸；苯胺和甲醇制备 N,N-二甲基苯胺；苯胺和氯乙烷制备 N,N-二烷基芳胺；对甲苯与硫酸二甲酯制备 N,N-二甲基对甲苯胺；环氧乙烷与苯胺制备 N-(β-羟乙基）苯胺；氨或脂肪胺和环氧乙烷制备乙醇胺类化合物；苯胺与丙烯腈反应制备 N-(β-氰乙基）苯胺等。

③ O-烷基化反应。对苯二酚、氢氧化钠水溶液和氯甲烷制备对苯二甲醚；硫酸二甲酯与苯酚制备苯甲醚；高级脂肪醇或烷基酚与环氧乙烷加成生成聚醚类产物等。

（4）重点监控工艺参数　烷基化反应釜内温度和压力；烷基化反应釜内搅拌速度；反应物料的流量及配比等。

（5）安全控制的基本要求　反应物料的紧急切断系统；紧急冷却系统；安全泄放系统；可燃和有毒气体检测报警装置等。

（6）宜采用的控制方式　将烷基化反应釜内温度和压力与釜内搅拌、烷基化物料流量、烷基化反应釜夹套冷却水进水阀形成联锁关系，当烷基化反应釜内温度超标或搅拌系统发生故障时自动停止加料并紧急停车。

安全设施包括安全阀、爆破片、紧急放空阀、单向阀及紧急切断装置等。

小　结

本章介绍了化工生产过程的特点、存在的危险性，重点介绍了生产过程涉及的危险化学品，其分类及危险特性；火灾爆炸事故是化工企业易发生且负面影响较大的事故类型，通过介绍燃烧爆炸的基础知识，重点从工艺角度介绍了防火防爆的对策措施；职业危害会导致职业病，介绍了职业病有关的知识，重点介绍职业危害的预防措施；化工生产过程由于物理过程和化学反应过程组成，介绍了典型化工过程的危险性及相关措施。

复习思考题

1. 化工生产过程的危险性有哪些？
2. 易燃液体有哪些危险性？
3. 简述闪点、燃点、爆炸极限的概念。
4. 点火源有哪几类？控制点火源技术措施有哪些？
5. 常用的防爆泄压装置有哪些？
6. 危险化学品泄漏如何处置？
7. 职业性危害因素有哪些？
8. 什么是工业毒物？毒物进入人体的途径有哪些？
9. 简述加热过程危险性分析？
10. 蒸发过程的危险性是什么？
11. 简述化工反应的危险性分类？
12. 列入国家重点监管的危险工艺有哪些？氯化反应的安全技术要点是什么？

第六章 安全生产管理与事故应急管理

【学习指南】
　　了解化工安全生产管理的基本知识，掌握安全检查的要求；了解特种设备的相关管理要求，掌握气瓶的安全使用要点；掌握检修、安全作业的要求；了解重大危险源的辨识及相关管理知识；掌握事故应急预案的编制要点。

第一节　安全生产管理

一、基本概念

1. 安全生产

　　安全生产是为了使生产过程在符合物质条件和工作秩序下进行，防止发生人身伤亡和财产损失等生产事故，消除或控制危险、有害因素，保障人身安全与健康、设备和设施免受损坏、环境免遭破坏的总称。

2. 安全生产管理

　　所谓安全生产管理，就是针对人们在生产过程中的安全问题，运用有效的资源，发挥人们的智慧，通过人们的努力，进行有关决策、计划、组织的控制等活动，实现生产过程中人与机器设备、物料、环境的和谐，达到安全生产目标。

　　安全生产管理的目标是减少和控制危害及事故，尽量避免生产过程中由于事故造成的人身伤害、财产损失、环境污染以及其它损失。

3. 事故、危险、危险源与重大危险源

　　(1) 事故　事故是人在为实现某种意图而进行的活动过程中，突然发生的、违反人的意志的、迫使活动暂时或永久停止的事件。在生产过程中，事故是指造成人员死亡、伤害、职业病、财产损失的意外事件。从这个解释可以看出，事故是意外事件，该事件是人们不希望发生的，同时该事件产生了违背人们意愿的后果。

　　事故的分类方法有很多，我国在工伤事故统计中，按照《企业职工伤亡事故分类标准》(GB 6441—86)将企业工伤事故分为20类，分别为物体打击、车辆伤害、机械伤害、起重伤害、触电、淹溺、灼烫、火灾、高处坠落、坍塌、冒顶片帮、透水、放炮、瓦斯爆炸、火药爆炸、锅炉爆炸、容器爆炸、其它爆炸、中毒和窒息及其它伤害。

　　(2) 事故隐患　隐患是潜藏着的祸患，即藏不露、潜伏的危险性大的事情或灾害。事故隐患泛指生产系统中可导致事故发生的人的不安全行为、物的不安全状态和管理上的缺陷。在生产过程中，凭着对事故发生与预防规律的认识，为了预防事故的发生，制定生产过程中物的状态、人的行为和环境条件的标准、规章、规定、规程等，如果生产过程中物的状态、人的行为和环境条件不能满足这些标准、规章、规定、规程等，就可能发生事故。

　　(3) 危险　根据系统安全工程的观点，危险是指系统中存在导致发生不期望后果的可能性超过了人们的承受程度。从危险的概念可以看出，危险是人们对事物的具体认识，必须指明具体对象,如危险环境、危险条件、危险状态、危险物质、危险场所、危险人员、危险因素等。

一般用危险度来表示危险的程度。在安全生产管理中,危险度用生产系统中事故发生的可能性与严重性给出,即:

$$R = f(F, C)$$

式中　R——危险度;
　　　F——发生事故的可能性;
　　　C——发生事故的严重性。

(4) 危险源　从安全生产角度解释,危险源是指可能造成人员伤害、疾病、财产损失、作业环境破坏或其它损失的根源或状态。从这个意义上讲,危险源可以是一次事故、一种环境、一种状态的载体,也可以是可能产生不期望后果的人或物。

(5) 重大危险源　《重大危险源辨识》(GB 18218) 和《安全生产法》对重大危险源做出了明确的规定。《安全生产法》第九十六条的解释是:重大危险源,是指长期或者临时地生产、搬运、使用或者贮存危险物品,且危险物品的数量等于或者超过临界量的单元(包括场所和设施)。

4. 安全、本质安全

安全与危险是相对的概念,它是人们对生产、生活中是否可能遭受健康损害和人身伤亡的综合认识,按照系统安全工程的认识论,无论是安全还是危险都是相对的。

(1) 安全　安全,泛指没有危险、不出事故的状态。按照系统安全工程的观点,安全是指生产系统中人员免遭不可承受的危险的伤害。安全是一个相对的概念,安全工作在生产过程中贯穿始终。

(2) 本质安全　本质安全是指设备、设施或技术工艺含有内在的能够从根本上防止发生事故的功能。具体包括两方面内容。

① 失误-安全功能。指操作者即使操作失误,也不会发生事故或伤害,或者说设备、设施、技术工艺本身具有自动防止人的不安全行为的功能。

② 故障-安全功能。指设备、设施或技术工艺发生故障或损坏时,还能暂时维持正常工作或自动转变为安全状态。

上述两种功能应该是设备、设施或技术工艺本身固有的,即它们的规划设计阶段就被纳入其中,而不是事后补偿的。

本质安全是安全管理预防为主的根本体现,也是安全生产管理的最高境界。实际上由于技术、资金和人们对事故的认识等原因,到目前还很难做到本质安全,只能作为我们为之奋斗的目标。

二、企业安全管理

(一) 安全生产责任制

1. 建立安全生产责任制的重要性

安全生产责任制是根据我国的安全生产方针"安全第一,预防为主,综合治理"和安全生产法规建立的各级领导、职能部门、工程技术人员、岗位操作人员在劳动生产过程中对安全生产层层负责的制度。安全生产责任制是企业岗位责任制的一个组成部分,是企业中最基本的一项安全制度,也是企业安全生产、劳动保护管理制度的核心。实践证明,凡是建立、健全了安全生产责任制的企业,各级领导重视安全生产、劳动保护工作,在认真负责地组织生产的同时,积极采取措施,改善劳动条件,工伤事故和职业性疾病就会减少。反之,就会职责不清,相互推诿,而使安全生产、劳动保护工作无人负责,无法进行,工伤事故与职业病就会不断发生。

2. 企业主要负责人是安全生产第一责任人

企业的主要负责人是本单位安全生产的第一责任人，应全面负责安全生产工作，落实安全生产基础和基层工作。企业的主要负责人是指直接参与企业经营管理的最高管理者，是指对企业生产经营和安全生产负全面责任、有生产经营决策权的人员。具体指有限责任公司或股份制公司的董事长、总经理，公司所属单位和其它独立生产经营单位的经理、厂长等。

企业安全生产基层工作是指安全生产工作的基础层面，即车间以下生产班组；安全生产基础工作是机构建设、法制建设、安全投入、教育培训、安全生产责任制等基本保障要素。"双基"工作是系统工程，要作为建立安全生产长效机制的基本因素来强化，着眼当前，考虑长远。

3. 安全职责

企业应明确各职能部门、所有管理人员以及从业人员的安全职责与权限。

（1）企业应明确各职能部门的安全职责，衔接好不同职能间和不同层次间的职责，形成文件。

（2）企业应明确所有管理人员和从业人员的安全职责和权限，形成文件。

4. 安全生产责任书

安全生产责任制是企业各项安全生产规章制度的核心，是企业行政岗位责任制度和经济责任制度的重要组成部分。安全生产责任制是按照安全生产方针和"管生产必须管安全"的原则，将各级管理人员、各职能部门、各基层单位、班组和广大从业人员在安全生产方面应该做的工作和应负的责任加以明确规定的一种制度。企业安全生产责任制包括两个方面：一是纵向，从主要负责人到一般从业人员的安全生产责任制；二是横向，各职能部门的安全生产责任制。

企业主要负责人应该每年与各职能部门、基层单位签订安全目标责任书，根据职责分工，将每年安全工作目标进行量化、分解，并进行考核，以确定安全目标责任书的履行情况。考核结果要与经济利益挂钩。

各职能部门、各基层单位的安全目标责任书的内容不应该千篇一律，应根据其职责的不同而有所区别。

（二）生产经营单位安全生产管理组织保障

生产经营单位的安全生产管理必须有组织上的保障，否则安全生产管理工作就无从谈起。所谓组织保障主要包括两个方面：一是安全生产管理机构的保障；二是安全生产管理人员的保障。

安全生产管理机构是指生产经营单位中专门负责安全生产监督管理的内设机构。安全生产管理人员是指生产经营单位中从事安全生产管理工作的专职或兼职人员。在生产经营单位中专门从事安全生产管理工作的人员则是专职安全生产管理人员。在生产经营单位中既承担安全生产管理职责同时又承担其它工作职责的人员则为兼职安全生产管理人员。

除从事矿山开采、建筑施工和危险物品生产、经营、贮存活动的生产经营单位外，其它生产经营单位是否设立安全生产管理机构以及是否配备专职安全生产管理人员，则要根据其从业人员的规模来确定。从业人员超过300人的生产经营单位，必须设置安全生产管理机构或者配备专职安全生产管理人员；是设置安全生产管理机构，还是配备专职安全生产管理人员，要根据生产经营单位的实际情况来确定，没有统一规定。从业人员在300人以下的生产经营单位，可以不设置安全生产管理机构，但必须配备专职或者兼职的安全生产管理人员，或者委托具有国家规定的相关专业技术资格的工程技术人员提供安全生产管理服务。

当生产经营单位依据法律规定和本单位实际情况，委托工程技术人员提供安全生产管理服务时，保证安全生产的责任由本单位负责。

（三）安全生产投入

生产经营单位必须安排适当的资金，用于改善安全设施，更新安全技术装备、器材、仪器、仪表以及其它安全生产投入，以保证生产经营单位达到法律、法规、标准规定的安全生产条件，并对由于安全生产所必需的资金投入不足导致的后果承担责任。

安全生产投入主要用于以下方面：

（1）完善、改造和维护安全防护设备、设施（指车间、库房等作业场所的监控、监测、通风、防晒、调温、防火、灭火、防爆、泄压、防毒、消毒、中和、防潮、防雷、防静电、防腐、防渗透漏、防护围堤或者隔离操作等设施设备）支出。

（2）配备必要的应急救援器材、设备和现场作业人员安全防护物品支出。

（3）安全生产检查与评价支出。

（4）重大危险源、重大事故隐患的评估、整改、监控支出。

（5）安全技能培训及进行应急救援演练支出。

（6）其它与安全生产直接相关的支出。

（四）建设项目"三同时"

建设项目"三同时"是指生产性基本建设项目中的劳动安全卫生设施必须符合国家规定的标准，必须与主体工程同时设计、同时施工、同时投入生产和使用，以确保建设项目竣工投产后，符合国家规定的劳动安全卫生标准，保障劳动者在生产过程中的安全与健康。

建设项目"三同时"的要求是针对我国境内的新建、改建、扩建的基本建设项目、技术改造项目和引进的建设项目，包括在我国境内建设的中外合资、中外合作和外商独资的建设项目。

（五）安全生产教育培训

1. 管理人员的培训

对管理人员进行培训教育，目的是确保每个管理人员具备应有的安全生产知识和管理能力，保证企业安全生产工作的正常有序开展。

（1）企业的主要负责人和安全生产管理人员必须参加有关主管部门组织的安全资格培训，并经考核合格，取得安全资格证书。按照规定，应接受再培训。

（2）企业各级管理人员和专业工程技术人员要按照规定，接受企业组织的安全教育培训，并经考核合格。

2. 特殊工种的培训

特种作业是指容易发生人员伤亡事故，对操作者本人、他人及周围设施的安全可能造成重大危害的作业。直接从事特种作业的人员称为特种作业人员。特种作业范围包括：电工作业、金属焊接（气割）作业、起重机械（含电梯）作业、企业内机动车辆驾驶、登高架设作业、锅炉作业（含水质化验）、压力容器作业、制冷作业、爆破作业、矿山通风作业、矿山排水作业、矿山安全检查作业、矿山提升运输作业、采掘（剥）作业、矿山救护作业、危险物品作业。含危险化学品、民用爆炸品、放射性物品的操作工，运输押运工、贮存保管员以及经国家安全生产监督管理局批准的其它作业。

企业应组织从事特种作业的人员参加国家有关部门组织的资格培训，取得特种作业操作证，并按规定定期参加复审。任何未取得特种作业操作证或未按时参加复审或复审不合格的人员不得从事特种作业。

3. 从业人员的培训教育

企业应对从业人员进行安全培训教育，包括安全生产意识和安全生产规章制度、岗位技术技能、岗位风险管理、应急等方面的培训，并进行考核。考核合格后，才能安排到相应的工作岗位工作。未经培训或考核不合格者，不得上岗。从业人员每年应接受再培训，每年再培训时间不得少于国家或地方政府规定学时。

企业工艺、技术、设备等主管部门，在新工艺、新技术、新装置、新产品投产前，应对操作人员和管理人员进行专门培训，经考核合格后，方可上岗操作。未经培训教育或考核不合格的人员不得上岗作业。

4. 新从业人员培训教育

企业对新入厂的从业人员应进行厂、车间、班组三级安全培训教育，培训的内容应满足有关的规定要求，培训教育时间也应该满足国家不少于72学时，并经考核合格后方可上岗作业。通过安全培训教育，使新从业人员熟知国家的安全生产法律法规、企业的规章、规程、风险管理要求等，提高他们的安全意识和技术技能，保证企业的安全生产正常有序。

三级安全培训教育如下。

(1) 厂级岗前安全培训内容

① 本单位安全生产情况及安全生产基本知识；
② 本单位安全生产规章制度和劳动劳动纪律；
③ 从业人员安全生产权利和义务；
④ 有关事故案例等；
⑤ 厂级事故应急救援、事故应急预案演练及防范措施等。

(2) 车间级岗前安全培训内容

① 工作环境及危险因素；
② 所从事工种可能遭受的职业伤害和伤亡事故；
③ 所从事工种的安全职责、操作技能及强制性标准；
④ 自救互救、急救方法、疏散和现场紧急情况的处理；
⑤ 安全设备设施、个人防护用品的使用和维护；
⑥ 本车间安全生产状况及规章制度；
⑦ 预防事故和职业危害的措施及注意的安全事项；
⑧ 有关事故案例；
⑨ 其它需要培训的内容。

(3) 班组级岗前安全培训内容

① 岗位安全操作规程；
② 岗位之间工作衔接配合的安全与职业卫生事项；
③ 有关事故案例；
④ 其它需要培训的内容。

5. 其它人员培训教育

对转岗、脱离岗位一年以上的从业人员，企业要对其进行车间级、班组级安全培训教育，并经考核合格方可上岗作业。

对参观、学习等人员，由企业安全生产管理部门和接待单位对其进行培训教育，并有专人陪同。培训教育的内容主要有本单位的安全管理制度、现场的风险管理要求等。

对承包商、外来施工单位的作业人员，企业要对其进行入厂安全培训教育，对考核合格的作业人员发放入厂证，并做好记录。培训内容包括有关的法律法规、企业的安全生产管理制度、风险管理要求等。外来单位施工人员在进入作业现场前，作业现场场所在单位（如车间）要对其进行进入现场的安全培训教育，并做好记录。培训内容包括作业现场的有关规定、风险管理要求等、安全注意事项、事故应急处理措施等。

（六）安全检查

安全检查是企业安全管理工作的一个十分重要的环节，是消除隐患、防止事故的重要手段。企业的任何生产过程和作业活动都会伴随一定的危险因素。为减少安全事故的发生，降低事故造成的损失，就要识别可能发生事故的各种危险有害因素，针对这些危险有害因素，制订安全防范措施。

1. 安全检查类型

企业应根据安全检查计划开展各种形式的安全检查。安全检查形式主要有综合性检查、专项性检查、季节性检查、日常检查和节假日检查等，这些不同形式的检查可以是定期的也可以是不定期的。

（1）定期安全检查　定期安全检查一般是通过有计划、有组织、有目的的形式来实现的。检查周期根据各单位实际情况确定。定期检查面广、有深度，能及时发现并解决问题。

（2）经常性安全检查　经常性安全检查是采取个别的、日常的巡视方式来实现的。在施工（生产）过程中进行经常性的预防检查，能及时发现隐患，及时消除，保证施工（生产）正常进行。

（3）季节性及节假日前后安全检查　根据季节变化，突出重点进行季节检查。如冬季防冻保温、防火；夏季防暑降温、防汛、防雷电等。

由于节假日（特别是重大节日，如元旦、春节、国庆节）前后，职工注意力在过节上，容易发生事故，因而应在节假日前后进行有针对性的安全检查。

（4）专项检查　如对全厂内的起重设备进行检查、电气设备进行检查等属专项检查。专项检查具有较强的针对性和专业性要求，用于检查难度较大的项目。通过检查，发现潜在的问题，研究整改对策，及时消除隐患，进行技术改造。

（5）综合性检查　综合性检查一般由主管部门对下属各生产部门进行的全面综合性检查。

2. 安全检查的内容

安全检查的内容包括软件系统和硬件系统，软件系统主要是查思想、查意识、查制度、查管理、查事故处理、查隐患、查整改等。硬件系统主要是查生产设备、查辅助设施、查安全设施、查作业环境等。

安全检查对象的确定应本着突出重点的原则，对于危险性大、易发事故、事故危害大的生产系统、部位、装置、设备等应加强检查。一般应重点检查的内容有：易造成重大损失的易燃易爆危险物品、剧毒品、压力容器、起重机械、动力设备、电气设备、冲压设备、高处作业和本企业易发生工伤、火灾、爆炸等事故的设备、工种、场所及其作业人员；造成职业危害中毒或职业病的尘毒产生点及其作业人员；直接管理重要危险点和有害点的部门及其负责人。

3. 整改

企业应对各种安全检查所查出的隐患和问题，进行原因分析，针对原因制定并实施整改措施，组织对整改措施的实施效果进行验证。暂时不能整改的项目，除采取有效防范措施外，应纳入计划，落实整改。

（七）劳动防护用品管理

企业要根据工作环境和性质来确定作业类别，按照国家规定，选择符合国家标准或行业标准的劳动防护用品。根据接触危险有害因素的种类和强度及对人体伤害的途径等特点，为从业人员配备符合国家或行业标准的个体防护用品。

劳护用品是指在劳动过程中能够对劳动者的人身起保护作用，使劳动者免遭或减轻各种人身伤害或职业危害的各种用品，使用劳护用品，是保障从业人员人身安全与健康的重要措施，也是保障生产经营单位安全生产的基础。

（八）作业现场安全生产管理制度

1. 化学品生产单位作业安全规范

（1）《化学品生产单位吊装作业安全规范》（AQ 3021—2008）

（2）《化学品生产单位动火作业安全规范》（AQ 3022—2008）

（3）《化学品生产单位动土作业安全规程》（AQ 3023—2008）

（4）《化学品生产单位断路作业安全规范》（AQ 3024—2008）

（5）《化学品生产单位高处作业安全规范》（AQ 3025—2008）

（6）《化学品生产单位设备检修作业安全规范》（AQ 3026—2008）

（7）《化学品生产单位盲板抽堵作业安全规范》（AQ 3027—2008）

（8）《化学品生产单位受限空间内作业安全规范》（AQ 3028—2008）

2. 生产厂区十四个不准

（1）加强明火管理，厂区内不准吸烟。

（2）生产区内不准未成年人进入。

（3）上班时间不准睡觉、干私活、离岗和干与生产无关的事。

（4）在班前、班上不准喝酒。

（5）不准使用汽油等易燃液体擦洗设备、用具和衣物。

（6）不按规定穿戴劳动保护用品，不准进入生产岗位。

（7）安全装置不齐全的设备不准使用。

（8）不是自己分管的设备、工具不准动用。

（9）检修设备时安全措施不落实，不准开始检修。

（10）停机检修后的设备，未经彻底检查，不准启用。

（11）未办高处作业证，不系安全带，脚手架、跳板不牢，不准登高作业。

（12）石棉瓦上不固定好跳板，不准作业。

（13）未安装触电保安器的移动式电动工具，不准使用。

（14）未取得安全作业证的职工，不准独立作业；特殊工种职工，未经取证，不准作业。

3. 操作工的六严格

（1）严格执行交接班制。

（2）严格进行巡回检查。

（3）严格控制工艺指标。

（4）严格执行操作法（票）。

（5）严格遵守劳动纪律。

（6）严格执行安全规定。

4. 动火作业六大禁令

（1）动火证未经批准，禁止动火。

（2）不与生产系统可靠隔绝，禁止动火。

（3）不清洗，置换不合格，禁止动火。

（4）不消除周围易燃物，禁止动火。

（5）不按时作动火分析，禁止动火。

(6) 没有消防措施，禁止动火。

5. 进入容器、设备的八个必须

(1) 必须申请、办证，并得到批准。
(2) 必须进行安全隔绝。
(3) 必须切断动力电，并使用安全灯具。
(4) 必须进行置换、通风。
(5) 必须按时间要求进行安全分析。
(6) 必须佩戴规定的防护用具。
(7) 必须有人在器外监护，并坚守岗位。
(8) 必须有抢救后备措施。

6. 机动车辆七大禁令

(1) 严禁无证、无令开车。
(2) 严禁酒后开车。
(3) 严禁超速行车和空挡溜车。
(4) 严禁带病行车。
(5) 严禁人货混载行车。
(6) 严禁超标装载行车。
(7) 严禁无阻火器车辆进入禁火区。

7. 起重作业"十不吊"

(1) 指挥信号不明或违章指挥不吊。
(2) 载荷不明不吊。
(3) 工件捆绑不良不吊。
(4) 吊物上面有人不吊。
(5) 安全装置不灵不吊。
(6) 光线阴暗视线不清不吊。
(7) 工件埋在地下不吊。
(8) 棱角物件无防护措施不吊。
(9) 斜拉工件不吊。
(10) 六级以上强风不吊。

8. 员工防火"三懂"、"三会"

三懂：懂本岗位生产过程中的火灾危险性；懂预防火灾的措施；懂扑救火灾的措施，扑救初级火灾的方法。

三会：会使用消防器材；会扑救初级火灾；会报警。

(九) 警示标志

(1) 企业应在易燃易爆、有毒有害场所的醒目位置设备警示标志和告知牌，警示标志的设置应符合《安全标志及其使用导则》(GB 2894—2008) 和其它有关要求，告知牌应载明危险物品的名称、危险、有害因素后果、预防措施、应急措施等。

(2) 企业应按照国家关于重大危险源管理的有关标准和规定，在现场设置符合规定的安全警示标志。

(3) 企业应按有关规定，在厂内道路设置限速、限高、禁行等标志，禁止车辆超速、超高行驶，未经允许的车辆禁止在禁止区域和道路行驶。

(4) 企业应在检修、施工、吊装等作业现场设置警戒区域和警示标志，无关人员未经许可，不得进入警戒区域。警戒区域的设置，应有明显的标志。

（5）产生职业危害的企业，应在醒目位置设置公告栏，公布有关职业危害因素防治的规章制度、操作规程、职业危害因素事故应急救援措施和作业场所职业危害因素检测结果。设置的公告栏应内容清楚、醒目，应达到对内对外都能起到宣传与公告的目的。

企业应在可能产生严重职业危害因素作业岗位的醒目位置设置警示标志和警示说明，告知产生职业危害因素的种类、后果、预防及应急救治措施等内容，以使从业人员能够了解其岗位职业危害因素，减少和控制职业危害因素的严重后果。

（6）企业应按有关规定在生产区域设置风向标，以便明确指示风向。

第二节 特种设备安全管理与安全作业

一、特种设备的安全管理

（一）特种设备的定义

2003年国务院令第373号公布了《特种设备安全监察条例》，2009年国务院令第549号对其作了修订，条例规定：特种设备是指涉及生命安全、危险性较大的锅炉、压力容器（含气瓶，下同）、压力管道、电梯、起重机械、客运索道、大型游乐设施和场（厂）内专用机动车辆。

《特种设备安全监察条例》第九十九条规定下列用语的含义。

（1）锅炉 是指利用各种燃料、电或者其它能源，将所盛装的液体加热到一定的参数，并对外输出热能的设备，其范围规定为容积大于或者等于30L的承压蒸汽锅炉；出口水压大于或者等于0.1MPa（表压），且额定功率大于或者等于0.1MW的承压热水锅炉；有机热载体锅炉。

（2）压力容器 是指盛装气体或者液体，承载一定压力的密闭设备，其范围规定为最高工作压力大于或者等于0.1MPa（表压），且压力与容积的乘积大于或者等于2.5MPa·L的气体、液化气体和最高工作温度高于或者等于标准沸点的液体的固定式容器和移动式容器；盛装公称工作压力大于或者等于0.2MPa（表压），且压力与容积的乘积大于或者等于1.0MPa·L的气体、液化气体和标准沸点等于或者低于60℃液体的气瓶、氧舱等。

（3）压力管道 是指利用一定的压力，用于输送气体或者液体的管状设备，其范围规定为最高工作压力大于或者等于0.1MPa（表压）的气体、液化气体、蒸汽介质或者可燃、易爆、有毒、有腐蚀性、最高工作温度高于或者等于标准沸点的液体介质，且公称直径大于25mm的管道。

（4）电梯 是指动力驱动，利用沿刚性导轨运行的箱体或者沿固定线路运行的梯级（踏步），进行升降或者平行运送人、货物的机电设备，包括载人（货）电梯、自动扶梯、自动人行道等。

（5）起重机械 是指用于垂直升降或者垂直升降并水平移动重物的机电设备，其范围规定为额定起重量大于或者等于0.5t的升降机；额定起重量大于或者等于1t，且提升高度大于或者等于2m的起重机和承重形式固定的电动葫芦等。

（6）客运索道 是指动力驱动，利用柔性绳索牵引箱体等运载工具运送人员的机电设备，包括客运架空索道、客运缆车、客运拖牵索道等。

（7）大型游乐设施 是指用于经营目的，承载乘客游乐的设施，其范围规定为设计最大运行线速度大于或者等于2m/s，或者运行高度距地面高于或者等于2m的载人大型游乐设施。

(8) 场（厂）内专用机动车辆 是指除道路交通、农用车辆以外仅在工厂厂区、旅游景区、游乐场所等特定区域使用的专用机动车辆。

特种设备包括其所用的材料、附属的安全附件、安全保护装置和与安全保护装置相关的设施。

（二）特种设备的管理

1．特种设备的档案管理

(1) 特种设备出厂时，应当附有安全技术规范要求的设计文件、产品质量合格证明、安装及使用维修说明、监督检验证明等文件。

(2) 锅炉、压力容器、电梯、起重机械设施的安装、改造、维修的施工单位应当在验收后30天内将有关技术资料移交使用单位，使用单位应当将其存入该特种设备的安全技术档案。

(3) 特种设备使用单位应当建立特种设备安全技术档案。安全技术档案应当包括以下内容：

① 特种设备的设计文件、制造单位、产品质量合格证明、使用维护说明等文件以及安装技术文件和资料。

② 特种设备的定期检验和定期自行检查的记录。

③ 特种设备的日常使用状况记录。

④ 特种设备及其安全附件、安全保护装置、测量调控装置及有关附属仪器仪表的日常维护保养记录。

⑤ 特种设备运行故障和事故记录。

2．特种设备安装、维护和维修

(1) 维修单位，应当有与特种设备维修相适应的专业技术人员和技术工人以及必要的检测手段，并经省、自治区、直辖市特种设备安全监督管理部门许可，方可从事相应的维修活动。

(2) 锅炉、压力容器、起重机械设施的安装、改造、维修，必须由依照条例规定取得许可的单位

(3) 单位特种设备安装、改造、维修的施工单位，应当在施工前将拟进行的特种设备安装、改造、维修书面告知直辖市或者设区的市的特种设备安全监督管理部门，告知后即可施工。

(4) 特种设备使用单位应当对在用特种设备进行经常性日常维护保养，并定期自行检查。

① 特种设备使用单位对在用特种设备应当至少每月进行一次自行检查，并作出记录。

② 特种设备使用单位在对在用特种设备进行自行检查和日常维护保养时发现异常情况的，应当及时处理。

③ 特种设备使用单位应当对在用特种设备的安全附件、安全保护装置、测量调控装置及有关附属仪器仪表进行定期校验，取得合格证书。要由有资质的单位进行定期检修，确保安全。同时要保存检验和检修记录，存入档案。

3．特种设备的使用

(1) 特种设备使用单位，应当严格执行《特种设备安全监察条例》和有关安全生产法律、行政法规的规定，保证特种设备的安全使用。

(2) 特种设备使用单位，应当使用符合安全技术规范要求的特种设备。特种设备投入使

用前，使用单位应当核对其是否附有规定的相关文件。

（3）特种设备在投入使用前或者投入使用后 30 日内，特种设备使用单位应当向直辖市或者设区的市的特种设备安全监督管理部门登记注册。登记标志应当置于或者附着于该特种设备的显著位置。

（4）企业特种设备存在严重事故隐患，无改造、维修价值，或者超过安全技术规范规定使用年限，应及时予以报废，并向原登记的特种设备监督管理部门办理注销。

4. 特种设备监督检验

（1）特种设备使用单位应当按照安全技术规范的定期检验要求，在安全检验合格有效期届满前 1 个月向特种设备检验检测机构提出定期检验要求。检验检测机构接到定期检验要求后，应当按照安全技术规范的要求及时进行检验。未经定期或者检验不合格的特种设备，不得继续使用。

（2）锅炉、压力容器、压力管道元件、起重机构的制造过程和安装、改造、重大维修过程，必须经国务院特种设备安全监督管理部门核准的检验检测机构按照安全技术规范的要求进行监督检验；未经监督检验合格的不得出厂或者交付使用。

二、检维修

加强设备设施维修管理，确保检维修过程符合安全生产要求，避免发生安全事故、环境污染和对作业人员的伤害。

（一）制定检维修安全管理制度

（1）企业应制定安全检维修管理制度，建立日常维修、小修与定期大修、中修体制，确保设备、设施满足安全生产的需要。

（2）负责编制检修计划的职能部门，在制定检修项目计划的同时，落实"安全检修方案、安全检修项目负责人和安全检修措施"，并确保检修进度服从"检修质量、安全"的原则。

（3）企业在检修资金的安排中，必须确保安全检修费用的落实；确保按国家规定提取的安全费用专款专用，做先用于重大事故隐患项目的整改。

（二）检维修程序

企业在进行检维修作业时，应执行下列程序。

（1）检维修前

① 进行危险有害因素识别；

② 编制检维修方案；

③ 办理工艺、设备设施交付检修手续；

④ 对检维修人员进行安全培训培育；

⑤ 检维修前对安全控制措施进行确认；

⑥ 为检维修作业人员配备适当的劳动保护用品；

⑦ 办理各种作业许可证。

（2）对检维修现场进行安全检查。

（3）检维修后办理检维修交付生产手续。

（三）检维修作业安全通则

1. 一般安全要求

（1）设备检修要贯彻"预防为主、计划检修与预知维修相结合"的原则，关键生产设备的检修应以计划检修为主，其它生产设备的检修应按照计划检修与预知维修相结合的原则。

（2）检维修分为设备的大、中、小修，以及局部计划停车检修、系统停车检修。

（3）生产系统局部停车检修和系统停车检修，预先编制检修作业计划书，制订详细的工艺处理方案和检修安全措施。

（4）关键装置、设备的检修，应针对其生产工艺及设备结构特点，组织安全、设备、工艺、生产等职能部门管理人员，作业人员采用危险作业评估方法，对维修活动进行风险分析，制定针对性的安全措施，确保维修工作的顺利完成。

（5）检修过程中，凡涉及动火、高空作业、进入设备、临时用电、动土、抽堵盲板等危险性较大的作业项目时，还应办理相应的作业许可票证，遵守相关的安全管理规定。

（6）生产系统停车检修前，应对作业人员进行专项教育、考核，合格后方可参加检修作业，确保检修作业的人员组织、作业内容、安全措施三落实。

2. 检修前的安全检查和措施

（1）检修前应对可能出现泄漏、灼烫等伤害事故场所的防毒面具、冲洗设备（冲洗水源、洗眼器）以及消防器材、照明装置等进行专项检查，确保其完好可靠，并合理配置。

（2）对检修现场的吊装孔、洞、沟、井、坑等应填平或铺设盖板，也可设置围栏和警示标志，并设置夜间警示红灯。

（3）需要夜间检修的作业场所，应设置足够亮度的照明装置。

（4）对检修作业中作用的各种设备、工具（如移动式电气设备、脚手架、手持式电工工具、起重机械）等进行安全专项检查，确保其符合相关安全规定。

（5）按照规定，检修前办理好动火、登高、进入设备等以及作业许可票证，并确认作业票证中各项安全措施的落实情况。

（6）清理检修现场、设备动行期间可能泄漏的油类、油脂以及木屑、棉纱等可燃物。

3. 检修过程安全要求

（1）切割、焊接贮罐、管道前，应充分置换、清洗，确保贮罐、管线内不存在可燃物和有毒介质（气态、液态）。

（2）处理人员和检修人员必须按相应规定穿戴好防护用品。

（3）系统置换、清洗必须按相应规程进行，在设备温度压力、有害物质浓度降到允许范围后方可作业。

（4）对检修项目应进行风险评估，制定安全对策措施，办理作业许可证；未落实安全对策措施，检修人员有权拒绝作业。

（5）检修部位与动行装置之间必须进行有效隔离、隔开或分开，严禁用水封、阀门替代盲板。

（6）检修过程中，禁止将切割油、油脂、有机溶剂等有机物遗留在贮罐及管道中；应彻底清除管道、设备焊缝处焊渣及其它污物。

（7）检修过程中一旦发生泄漏、灼烫等事故，应立即启动相应事故应急救援预案。

（8）检修作业完成后，贮罐、管道必须进行试压、试漏、干燥等处理，验收合格后方可移交生产使用。

三、作业安全

化工生产的危险性决定了化工检修的危险性。化工设备和管道中大多残存有易燃易爆有毒的物质而化工检修又离不开动火作业、高处作业、动土作业、进入设备内作业、焊接作业、起重吊装作业、电工作业等，故客观上具备了发生火灾、爆炸、中毒、摔伤、物体打击、起重伤害、触电、灼伤等事故，因此加强作业安全管理，实现化工作业安全。

企业应对动火作业、进入受限空间作业、破土作业、临时用电作业、高处作业等危险性作业实施作业许可证管理，由安全生产管理部门对作业许可证进行审批，并按 AQ3021～

3028 进行规范管理。作业许可证应有针对作业活动的安全措施和有效期、责任人、监护人等，未办理作业许可证的，不得进行危险性作业。

（一）动火作业

1. 动火作业的定义

动火作业指能直接或间接产生明火的工艺设置以外的非常规作业，如使用电焊、气焊（割）、喷灯、电钻、砂轮等进行可能产生火焰、火花和炽热表面的非常规作业。易燃易爆场所是指生产和贮存物品的场所符合 GB 50016 中火灾危险分类为甲、乙类的区域。

动火作业必须按《化学品生产单位动火作业安全规范》（AQ 3022—2008）的要求，采取措施，办理审批手续。

2. 动火作业分类

动火作业分为特殊危险动火作业、一级动火作业、二级动火作业和三级动火作业。

（1）特殊危险动火作业

① 在带有可燃或有毒介质的容器、设备、管线作业；

② 节假日期间应进行的检修作业（二级、三级动火区域除外）；

③ 在 20 点至次日 8 点期间生产运行的关键装置要害部位检修作业（二级、三级动火区域除外）；

④ 在运行的液化气球罐区防火堤内检维修；

⑤ 在未拆除易燃填料的凉水塔内施工等动火作业。

（2）一级动火作业

① 正在运行的工艺生产装置区；

② 可燃气体、液化烃、可燃液体及有毒介质的泵房和机房；

③ 各类可燃气体、液化烃、可燃液体充装站及可燃液体罐区防火堤内、液态烃罐区封闭管理区内；

④ 可燃气体、液化烃、可燃液体、有毒介质的装卸作业区、洗槽站；

⑤ 工业污水处理场、易燃易爆的循环水场、凉水塔和工业含水系统的隔油池、油沟、管道（包括距上述地点 15m 以内的区域）；

⑥ 切出运行，经吹扫、分析合格（不包括重油）的系统工艺设备管线；

⑦ 危险化学品库和空分的纯氧系统等。

（3）二级动火作业

① 停工检修经吹扫、处理、化验分析合格的工艺生产装置；

② 工艺系统管网；

③ 经吹扫、处理、化验分格合格，并与系统采取有效隔离、不再释放有毒有害、可燃气体的大修油罐的罐内大修和喷砂防腐作业；

④ 从易燃易爆、有毒有害装置或系统拆除的，经吹扫、处理、分析合格，且运到安全地点的设备和管线；

⑤ 生产装置区、罐区的非防爆场所及防火间距以外的区域（包括操作室、变配电室、办公室等）；

⑥ 厂区主干道两侧绿化施工等动火作业。

⑦ 除特殊动火作业和一级动火作业以外的禁火区的动火作业。

遇节日、假日或其它特殊情况时，动火作业应升级管理。

（4）三级动火作业

① 在以厂区主干道两侧距基为界的非明火作业。

② 在厂区禁火区内，除特级、一级、二级动火范围以外的其它各类临时动火。

(5) 固定动火区　固定动火区是在厂区内，没有火灾危险性的区域划出的固定动火作业区域。在二级以上动火区域内，不应设固定动火区。

3. 动火分析及合格标准

(1) 动火分析应由动火分析人进行。凡是在易燃易爆装置、管道、贮罐、阴井等部位及其它认为应进行分析的部位动火时，动火作业前必须进行动火分析。

(2) 动火分析的取样点均应由动火所在单位的专（兼）职安全员或当班班长负责提出。

(3) 动火分析的取样点要有代表性，特殊动火的分析样品应保留到动火结束。

(4) 取样与动火间隔不得超过 30min，如超过此间隔或动火作业中断时间超过 30min，应重新取样分析。如现场分析手段无法实现上述要求时，应由主管厂长或总工程师签字同意，另做具体规定。

(5) 使用测爆仪或其它类似手段进行分析时，检测设备必须用被测对象的标准气体样品标定合格。

(6) 动火分析合格判定　如使用测爆仪或其它类似手段时，被测的气体或蒸气浓度应小于或等于爆炸下限的 20%。

当被测气体或蒸气的爆炸下限大于等于 4% 时，其被测浓度应小于等于 0.5%；当被测气体或蒸气的爆炸下限小于 4% 时，其被测浓度应小于等于 0.2%。

4. 《动火安全作业证》的办理程序和使用要求

(1) 《动火安全作业证》由申请动火单位指定的动火项目负责人办理。办证人须按《动火安全作业证》的项目逐项填写，不得空项，然后根据动火等级，按规定的审批权限办理审批手续，最后将办好的《动火安全作业证》交动火项目负责人。

(2) 动火负责人持办理好《动火安全作业证》到现场，检查动火作业安全措施落实情况，确认安全措施可靠并向动火人和监火人交代安全注意事项后，将《动火安全作业证》交给动火人，方可批准开始作业。

(3) 一份《动火安全作业证》只准在一个动火点使用。由动火人在《动火安全作业证》上签字。如果在同一动火点多人同时动火作业，可使用一份《动火安全作业证》，但参加动火作业的所有动火人应分别在《动火安全作业证》上签字。

(4) 《动火安全作业证》不得随意涂改和转让，不得异地使用或扩大使用范围。

(5) 《动火安全作业证》的有效期限

① 特殊危险动火作业和一级动火作业的《动火安全作业证》在一个工作日有效。

② 二级动火作业的《动火安全作业证》在本周工作日内有效。

③ 动火作业超过有效期限，应重新办理《动火安全作业证》，化工生产区域夜间、节假日动火升级管理。

(二) 受限空间作业

1. 受限空间作业定义

凡进入化学品生产单位的各类塔、釜、槽、罐、炉膛、锅筒、管道、容器以及地下室、窨井、坑（池）、下水道或其它封闭、半封闭场所内进行的作业称为设备内作业。

2. 受限空间作业安全要求。

(1) 受限空间作业必须办理"受限空间安全作业证"，并要严格履行审批手续。

(2) 设备上与外界连接的电源应有效切断，电源有效切断可采用取下电源保险熔丝或将电源开关拉下后上锁等措施，并加挂警示牌。

(3) 管道安全隔绝可采用插入盲板或拆除一段管道隔绝，不能用水封或阀门等代替盲板或拆除管道。

(4) 要采取措施，保持设备内空气良好流通，打开所有人孔、手孔、料孔、风门、烟门进行自行通风。必要时，可采取机械通风。

(5) 采用管道空气送风时，通风前必须对管道内介质和风源进行分析确认。禁止向设备内充装氧气或富氧空气。

（三）高处作业

1. 高处作业定义

凡距坠落高度基准面 2m 及其以上，有可能坠落的高处进行的作业，称为高处作业。坠落基准面是指从作业位置到最低坠落着落点的水平面。

高处作业分为一级、二级、三级和特级高处作业，符合 GB/T 3608 的规定。作业高度在 $2m \leqslant h < 5m$ 时，称为一级高处作业；作业高度在 $5m \leqslant h < 15m$ 时，称为二级高处作业；作业高度在 $15m \leqslant h < 30m$ 时，称为三级高处作业；作业高度在 $h \geqslant 30m$ 以上时，称为特级高处作业。

2. 高处作业安全要求

(1) 进行高处作业前，应针对作业内容，进行危险辨识，制定相应的作业程序及安全措施。将辨识出的危害因素写入《高处安全作业证》，并制定出对应的安全措施。

(2) 高处作业人员及搭设高处作业安全设施的人员，应经过专业技术培训及专业考试合格，持证上岗，并应定期进行体格检查。对患有职业禁忌证（如高血压、心脏病、贫血病、癫痫病、精神疾病等）、年老体弱、疲劳过度、视力不佳及其它不适于高处作业的人员，不得进行高处作业。

(3) 高处作业用的脚手架的搭设应符合国家有关标准。高处作业应根据实际要求配备符合安全要求的吊笼、梯子、防护围栏、挡脚板等。跳板应符合安全要求，两端应捆绑牢固。作业前，应检查所用的安全设施是否坚固、牢靠。夜间高处作业应有充足的照明。

(4) 作业中应正确使用防坠落用品与登高器具、设备。高处作业人员应系用与作业内容相适应的安全带，安全带应系挂在作业处上方的牢固构件上或专为挂安全带用的钢架或钢丝绳上，不得系挂在移动或不牢固的物件上；不得系挂在有尖锐棱角的部位。安全带不得低挂高用。系安全带后应检查扣环是否扣牢。

(5) 作业场所有坠落可能的物件，应一律先行撤除或加以固定。高处作业所使用的工具、材料、零件等应装入工具袋，上下时手中不得持物。工具在使用时应系安全绳，不用时放入工具袋中。不得投掷工具、材料及其它物品。易滑动、易滚动的工具、材料堆放在脚手架上时，应采取防止坠落措施。

(6) 不得在不坚固的结构（如彩钢板屋顶、石棉瓦、瓦楞板等轻型材料等）上作业，登不坚固的结构（如彩钢板屋顶、石棉瓦、瓦楞板等轻型材料）作业前，应保证其承重的立柱、梁、框架的受力能满足所承载的负荷，应铺设牢固的脚手板，并加以固定，脚手板上要有防滑措施。

(7) 高处作业应设监护人对高处作业人员进行监护，监护人应坚守岗位。

(8) 作业人员在作业中如果发现情况异常，应发出信号，并迅速撤离现场。

四、承包商管理

承包商是由企业雇佣来完成某些工作或提供服务的个人或单位，承包商的安全管理是企业生产管理的重要环节，其安全表现好坏，直接影响到企业的声誉和业绩。

企业应建立承包商管理制度，明确对承包商资格预审、选择、开工前准备、作业过程监督、表现评价、续用等的方法、标准和内容、要求等，明确各环节的责任部门和参与部门。

1. 资格预审

主要包括对承包商的资质证书、安全生产管理机构、安全生产规章制度、安全操作规程、以往的业绩表现、经营范围和能力、负责人和安全生产管理人员的持证、特种作业人员的持证情况等。

2. 选择

企业应根据项目的具体情况（包括风险），发布招标通知书，提出安全生产管理要求。承包商根据招标要求，编制含有安全生产保证措施的投标书。企业安全生产管理部门对其安全生产保证措施进行审查，作为承包商的重要依据。

3. 开工前准备

中标后的承包商，应编制项目安全生产计划，对所有人员进行安全培训教育，为员工配备劳动保护用品，检查与作业有关的安全设施配备，接受企业的安全生产培训教育，办理入厂证。

4. 作业过程监督

（1）承包商应在危险性作业活动作业前进行危险有害因素识别，制定控制措施。在作业现场配备相应的安全防护用品及消防设施与器材，规范现场人员作业行为。

（2）作业人员应遵守相应的管理制度，严禁出现"三违"现象，避免发生生产安全事故。

（3）现场作业人员应持有相应的作业许可证。

（4）同一作业区域内有两个以上承包商进行生产经营活动，可能危及对方生产安全时，承包商之间应签订安全生产协议，明确各自的安全生产管理职责和应当采取的安全措施。

5. 表现评价与续用

项目完工后，企业工程项目管理部门和安全生产管理部门应对承包商安全生产表现做出评价，并汇入承包商档案，作为是否续用的依据。同时，可以促使承包商提高其安全生产管理水平。

企业将确定为合格的承包商进行造册，形成合格承包商名录。建立承包商档案，包括承包商的资质证书复印件，过去3年的安全生产业绩，安全生产管理机构、安全管理制度目录，特种作业人员证书复印件，安全生产评价报告及其它有关资料。

企业除与选用的承包商签订项目协议外，还应签订安全协议书，明确安全职责和要求。

五、风险分析

企业应建立风险评价管理制度，明确评价组织、负责人及评价目的、范围、准则、方法、时机和频次等，适时进行风险评价，控制风险，预防事故的发生。公司应每年对常规活动评价一次，对非常规活动开始之前进行风险评价。所有生产现场使用的设备设施和作业环境的危险、有害因素，通过工程控制、行政管理和个人防护等措施，遏制事故，避免人身伤害、死亡、职业病、财产损失和工作环境破坏。

1. 危险有害因素

可能造成人员伤残、疾病、财产损失、工作环境破坏的根源或状态。这种"根源或状态"来自作业环境中物的不安全状态、人的不安全行为、有害的作业环境和管理上的缺陷。

（1）物的不安全状态

① 装置、设备、工具、厂房等。包括：设计不良，指设计强度不够，稳定性不好，密封不良，外形缺陷，外露运动件，缺乏必要的连接装置，构成的材料不合适；防护不良，指无安全防护装置或不完善，无接地、绝缘或接地绝缘不充分，缺个人防护用具或个人防护用

具不良；维护不良，指设备废旧、疲劳、过期而不更新，出了故障未处理，平时维护不善。

② 物料。包括：物理性物料，指高温物（固液气）、低温物、粉尘与气溶胶、运动物；化学性物料，指易燃易爆物质、自燃物质、有毒物质、腐蚀性物质、其它化学危险、有害因素物质；生物性物料，指致病微生物、传染性媒介物、致害动物、致害植物、其它生物性危险、有害因素。

③ 有害噪声的产生。包括：机械性、液体流动性、电磁性等各种噪声。

④ 振动等。

(2) 人的不安全行为

① 不按规定方法操作，不按规定使用，使用有毛病的，选用有误，离开运转的机械，机械超速，送料或加料过快，机动车超速，违章驾驶。

② 不采取安全措施。如不防意外风险，不防装置突然开动，无信号开车，无信号移动物体。

③ 对运转设备清洗、加油、修理、调节，对运转装置、带电设备、加压容器、加热物、装有危险物容器违规操作。

④ 使安全防护装置失效。如拆掉安全装置，或使之不起作用，或安全装置调整错误。

⑤ 制造风险状态。如货物过载。

⑥ 使用保护用具的缺陷。如不用护具，不穿安全鞋，使用护具方法错误。

⑦ 不安全放置。指在不安全状态下放置。

⑧ 接近危险场所。

⑨ 某些不安全行为。如用手代替工具。

⑩ 误动作等。

(3) 作业环境缺陷

① 作业场所：无安全通道，间隔不足，配置缺陷，信号缺陷，标志缺陷。

② 环境因素：采光，通风，温度，压力，湿度，给水排水等。

(4) 管理缺陷

① 对物理性能控制的缺陷，设计检测不符合处置方面的缺陷。

② 对人失误控制的缺陷：教育、培训、检测缺陷。

③ 工艺过程作业过程程序的缺陷。

④ 作业组织的缺陷：人事安排不合理，负荷超限，禁忌作业，色盲。

⑤ 来自相关方的风险管理的缺陷：合同采购无安全要求。

⑥ 违反工效学原理：如所用机器不合人的生理、心理特点。

2. 风险评价范围

企业主管安全生产的负责人应直接负责风险评价工作，组织制定风险评价程序或指导书，明确风险评价的目的、范围，选择科学合理的评价方法，制定评价准则，成立评价组织，进行风险评价，确定风险等级。企业的各级管理人员应负责组织、参与风险评价工作，鼓励从业人员积极参与风险评价和风险控制。

危险、有害因素识别的范围应包括：

① 规划、设计和建设、投产、运行等阶段；

② 常规和非常规活动；

③ 事故及潜在的紧急情况；

④ 所有进入作业场所人员的活动；

⑤ 原材料、产品的运输和使用过程；

⑥ 作业场所的设施、设备、车辆、安全防护用品；
⑦ 丢弃、废弃、拆除与处置；
⑧ 企业周围环境；
⑨ 气候、地震及其它自然灾害等。

3. 有害因素辨识方法
① 工作危害分析（JHA）；
② 安全检查表分析（SCL）；
③ 预危险性分析（PHA）；
④ 失效模式与影响分析（FMEA）；
⑤ 危险与可操作性分析（HAZOP）；
⑥ 故障树分析（FTA）；
⑦ 事件树分析（ETA）；
⑧ 作业条件危险性分析（LEC）等方法。

4. 风险控制

企业应根据风险评价的结果、自身经营情况、财务状况和可选技术等因素，确定优先顺序，制定措施消减风险，将风险控制在可以接受的程度，防止事故的发生。

① 消除危险、有害因素，实现本质安全。可以考虑选择其它工艺过程，从根本上消除现有工艺过程中存在的危险、有害因素；改造现有的工艺过程，消除工艺过程中的危险、有害因素；可以考虑用危险性小的物质、原材料代替危险性大的物质、原材料。还可以通过改善环境，改进或更换装备或工具，提高装备、工具的安全性能来保证安全。

② 抑制（遏制）危险、有害因素。可以考虑将系统封闭起来，使有毒有害物质无法散发出来。机器的旋转部分加装挡板，在噪声大、粉尘重的场所使用隔离间等措施来抑制危险、有害因素。

③ 修订或制定操作规程。操作人员操作不当引发事故的可能性很大，因而通过危险、有害因素识别，尤其是工作危险、有害因素分析，规定适当的作业步骤，使作业人员按步骤、按顺序操作，对于保证安全非常重要。通过危险、有害因素识别，可以尽可能避开认为危险性较大的操作步骤，提出更为合理、安全的操作步骤，并以标准操作规程的形式固定下来，使作业人员有章可循，按程序操作。操作规程中应写明各步骤的主要危险、有害因素及其对应的控制方法，最好指出操作不当可能带来的后果。

④ 减少暴露，降低严重性。控制措施的最后一道防线是个体防护用品。可以通过使用个体防护用品等措施来减少暴露，降低严重性。

5. 宣传和培训教育

企业应将风险评价的结果、制定的控制措施，包括修订和新制定的操作规程，及时向从业人员进行宣传和培训教育，以使从业人员熟悉其岗位和工作环境中的风险以及应该采取的控制措施，从而保护从业人员的生命安全，保证安全生产。

第三节 重大危险源与安全生产事故应急管理

一、重大危险源管理

（一）重大危险源管理的定义

《安全生产法》第九十六条规定，重大危险源是指长期地或者临时地生产、搬运、使用或者贮存危险物品,且危险物品的数量等于或者超过临界量的单元(包括场所和设施)。《危险化学品重大危险源辨识》(GB 18218—2009) 中规定单元是指一个 (套) 生产装置、设施或场所,或同属一个生产经营单位的且边缘距离小于 500m 的几个 (套) 生产装置、设施或场所。临界量是指对于某种或某类危险化学品规定的数量,若单元中的危险化学品数量等于或超过该数量,则该单元定为重大危险源。

(二)重大危险源辨识与分级

《危险化学品重大危险源辨识》(GB 18218—2009) 2009 年 3 月 31 日已经发布,2009 年 12 月 1 日起开始实施。

1. 危险化学品重大危险源辨识依据

危险化学品重大危险源的辨识依据是危险化学品的危险特性及其数量,具体见表 6-1 和表 6-2。

2. 危险化学品临界量的确定方法

(1) 在表 6-2 范围内的危险化学品,其临界量按表 6-2 确定;

(2) 未在表 6-2 范围内的危险化学品,依据其危险性,按表 6-2 确定临界量;若一种危险化学品具有多种危险性,按其中最低的临界量确定。

3. 重大危险源的辨识指标

单元内存在危险化学品的数量等于或超过表 6-2 规定的临界量,即被定为重大危险源。单元内存在的危险化学品的数量根据处理危险化学品种类的多少区分为以下两种情况:

(1) 单元内存在的危险化学品为单一品种,则该危险化学品的数量即为单元内危险化学品的总量,若等于或超过相应的临界量,则定为重大危险源。

(2) 单元内存在的危险化学品为多品种时,则按式(6-1) 计算,若满足式(6-1),则定为重大危险源:

$$q_1/Q_1 + q_2/Q_2 + \cdots + q_n/Q_n \geqslant 1 \tag{6-1}$$

式中 $q_1, q_2, \cdots, q_n$——每种危险化学品实际存在量,t;

$Q_1, Q_2, \cdots, Q_n$——与各危险化学品相对应的临界量,t。

对同属一个工厂的且边缘距离小于 500m 的几个 (套) 生产装置、设施或场所的重大危险源确认按多品种计算。

二、应急救援预案与演练

《安全生产法》、《危险化学品管理条例》中规定危险化学品从业单位应制定本单位事故应急预案,配备应急救援人员和必要的应急救援器材、设备,并定期组织演练,危险化学品事故应急救援预案应当报当地安监部门备案。《危险化学品从业单位安全标准化通用规范》规定危险化学品从业单位应制定重大危险源应急救援预案;应制定关键装置、重点部位应急预案,至少每半年进行一次演练;宜按照《生产经营单位安全生产事故应急预案编制导则》(AQ/T 9002—2006),根据风险评价的结果,针对潜在事件和突发事件,制定相应的事故应急救援预案。

(一)编制要点

(1) 编制的原则

① 应根据企业危险源的特点编制,要有较强的针对性;

② 救援措施、避险要领应简洁明了,有较强的可操作性;

③ 应遵循企业自救与社会救援相结合的原则。

(2) 编制准备,编制应急预案应做好以下准备工作:

表 6-1 危险化学品名称及其临界量

序号	类别	危险化学品名称和说明	临界量/t
1	爆炸品	叠氮化钡	0.5
2		叠氮化铅	0.5
3		雷酸汞	0.5
4		三硝基苯甲醚	5
5		三硝基甲苯	5
6		硝酸甘油	1
7		硝化纤维素	10
8		硝酸铵(含可燃物>0.2%)	5
9	易燃气体	丁二烯	5
10		二甲醚	50
11		甲烷,天然气	50
12		氯乙烯	50
13		氢	5
14		液化石油气(含丙烷、丁烷及其混合物)	50
15		一甲胺	5
16		乙炔	1
17		乙烯	50
18	毒性气体	氨	10
19		二氟化氧	1
20		二氧化氮	1
21		二氧化硫	20
22		氟	1
23		光气	0.3
24		环氧乙烷	10
25		甲醛(含量>90%)	5
26		磷化氢	1
27		硫化氢	5
28		氯化氢	20
29		氯	5
30		煤气(CO,CO 和 H_2、CH_4 的混合物等)	20
31		砷化三氢(胂)	12
32		锑化氢	1
33		硒化氢	1
34		溴甲烷	10
35	易燃液体	苯	50
36		苯乙烯	500
37		丙酮	500
38		丙烯腈	50

续表

序号	类别	危险化学品名称和说明	临界量/t
39	易燃液体	二硫化碳	50
40		环己烷	500
41		环氧丙烷	10
42		甲苯	500
43		甲醇	500
44		汽油	200
45		乙醇	500
45		乙醚	10
47		乙酸乙酯	500
48		正己烷	500
49	易于自燃的物质	黄磷	50
50		烷基铝	1
51		戊硼烷	1
52	遇水放出易燃气体的物质	电石	100
53		钾	1
54		钠	10
55	氧化性物质	发烟硫酸	100
56		过氧化钾	20
57		过氧化钠	20
58		氯酸钾	100
59		氯酸钠	100
60		硝酸(发红烟的)	20
61		硝酸(发红烟的除外,含硝酸>70%)	100
62		硝酸铵(含可燃物≤0.2%)	300
63		硝酸铵基化肥	1000
64	有机过氧化物	过氧乙酸(含量≥60%)	10
65		过氧化甲乙酮(含量≥60%)	10
66	毒性物质	丙酮合氰化氢	20
67		丙烯醛	20
68		氟化氢	1
69		环氧氯丙烷(3-氯-1,2-环氧丙烷)	20
70		环氧溴丙烷(表溴醇)	20
71		甲苯二异氰酸酯	100
72		氯化硫	1
73		氰化氢	1
74		三氧化硫	75
75		烯丙胺	20
76		溴	20
77		二甲亚胺	20
78		异氰酸甲酯	0.75

表 6-2　未在表 6-1 中列举的危险化学品类别及其临界量

类　　别	危险性分类及说明	临界量/t
爆炸品	1.1A 项爆炸品	1
	除 1.1A 项外的其它 1.1 项爆炸品	10
	除 1.1 项外的其它爆炸品	50
气体	易燃气体：危险性属于 2.1 项的气体	10
	氧化性气体：危险性属于 2.2 项非易燃无毒气体且次要危险性为 5 类的气体	200
	剧毒气体：危险性属于 2.3 项且急性毒性为类别 1 的毒性气体	5
	有毒气体：危险性属于 2.3 项的其它毒性气体	50
易燃液体	极易燃液体：沸点≤35℃且闪点<0℃的液体；或保存温度一直在其沸点以上的易燃液体	10
	高度易燃液体：闪点<23℃的液体（不包括极易燃液体）；液态退敏爆炸品	1000
	易燃液体：23℃≤闪点<61℃的液体	5000
易燃固体	危险性属于 4.1 项且包装为 Ⅰ 类的物质	200
易于自燃的物质	危险性属于 4.2 项且包装为 Ⅰ 或 Ⅱ 类的物质	200
遇水放出易燃气体的物质	危险性属于 4.3 项且包装为 Ⅰ 或 Ⅱ 类的物质	200
氧化性物质	危险性属于 5.1 项且包装为 Ⅰ 类的物质	50
	危险性属于 5.2 项且包装为 Ⅱ 或 Ⅲ 类的物质	200
有机过氧化物	危险性属于 5.2 项的物质	50
毒性物质	危险性属于 6.1 项且急性毒性为类别 1 的物质	50
	危险性属于 6.1 项且急性毒性为类别 2 的物质	500

注：以上危险化学品危险性类别及包装类别依据 GB 12268 确定，急性毒性类别依据 GB 20592 确定。

① 全面分析本单位危险因素、可能发生的事故类型及事故的危害程度；

② 排查事故隐患的种类、数量和分布情况，并在隐患治理的基础上，预测可能发生的事故类型及其危害程度；

③ 确定事故危险源，进行风险评估；

④ 针对事故危险源和存在的问题，确定相应的防范措施；

⑤ 客观评价本单位应急能力；

⑥ 充分借鉴国内外同行业事故教训及应急工作经验。

(3) 应急预案编制工作组，结合本单位部门职能分工，成立以单位主要负责人为领导的应急预案编制工作组，明确编制任务、职责分工，制订工作计划。

(4) 资料收集，收集应急预案编制所需的各种资料（相关法律法规、应急预案、技术标准、国内外同行业事故案例分析、本单位技术资料等）。

(5) 危险源与风险分析，在危险因素分析及事故隐患排查、治理的基础上，确定本单位的危险源、可能发生事故的类型和后果，进行事故风险分析，并指出事故可能产生的次生、衍生事故，形成分析报告，分析结果作为应急预案的编制依据。

(6) 应急能力评估，对本单位应急装备、应急队伍等应急能力进行评估，并结合本单位实际，加强应急能力建设。

(7) 应急预案编制，针对可能发生的事故，按照有关规定和要求编制应急预案。应急预案编制过程中，应注重全体人员的参与和培训，使所有与事故有关人员均掌握危险源的危险性、应急处置方案和技能。应急预案应充分利用社会应急资源,与地方政府预案、上级主管单位以及相关部门的预案相衔接。

(二) 应急救援预案的主要内容

根据《生产经营单位安全生产事故应急预案编制导则》(AQ/T 9002—2006)提供应急救援预案框架,企业应根据自身特点,制定适合应急救援预案。预案框架如下。

1. 总则

(1) 编制目的 简述应急预案编制的目的、作用等。

(2) 编制依据 简述应急预案编制所依据的法律法规、规章,以及有关行业管理规定、技术规范和标准等。

(3) 适用范围 说明应急预案适用的区域范围,以及事故的类型、级别。

(4) 应急预案体系 说明本单位应急预案体系的构成情况。

(5) 应急工作的原则 说明本单位应急工作的原则,内容应简明扼要、明确具体。

2. 生产单位的危险性分析

(1) 生产经营单位概况 主要包括单位地址、从业人数、隶属关系、主要原材料、主要产品、产量等内容,以及周边重大危险源、重要设施、目标、场地和周边布局情况。必要时,可附平面图进行说明。

(2) 危险源与风险分析 主要阐述本单位存在的危险源及风险分析结果。

3. 组织机构及职责

(1) 应急组织体系 明确应急组织形式,构成单位或人员,并尽可能以结构图的形式表示出来。

(2) 指挥机构及职责 明确应急救援总指挥、副总指挥、各成员单位及其相应职责。应急救援指挥机构根据事故类型和应急工作需要,可以设置相应的应急救援工作小组,并明确各小组的工作任务及职责。

4. 预防与预警

(1) 危险源监控 明确本单位对危险源监测监控的方式、方法,以及采取的预防措施。

(2) 预警行动 明确事故预警的条件、方式、方法和信息的发布程序。

(3) 信息报告与处置 按照有关规定,明确事故及未遂伤亡事故信息报告与处置办法。

① 信息报告与通知。明确24h应急值守电话、事故信息接受和通报程序。

② 信息上报。明确事故发生后向上级主管部门和地方任命政府报告事故信息的流程、内容和时限。

③ 信息传递。明确事故发生后向有关部门或单位通报事故信息的方法和程序。

5. 应急响应

(1) 响应分级 针对事故危害程度、影响范围和单位控制事态的能力,将事故分为不同的等级,按照分级负责的原则,明确应急响应级别。

(2) 响应程序 根据事故的大小和发展态势,明确应急指挥、应急行动、资源调配、应急避险、扩大应急等相应程序。

(3) 应急结束 明确应急终止的条件,事故现场得以控制,环境符合有关标准,导致次生、衍生事故隐患消除后,经事故现场应急指挥机构批准后,现场应急结束,应急结束后,应明确:①事故情况上报事项;②需向事故调查处理小组移交的相关事项;③事故应急救援总结报告。

6. 信息发布

明确事故信息发布的部门,发布原则。事故信息应由事故现场指挥部及时准确向新闻媒体通报事故信息。

7. 后期处置

主要包括污染物处理、事故后果影响消除、生产次序恢复、善后补偿、抢险过程和应急救援能力评估及应急救援预案的修订等内容。

8. 保障措施

(1) 通信与信息保障　明确与应急工作相关联的单位或人员通信联系方式和方法，并提供备用方案。建立信息通信系统及维护方案，确保应急期间信息通畅。

(2) 应急队伍保障　明确各类应急响应的人力资源，包括专业应急队伍、兼职应急队伍的组织与保障方案。

(3) 应急物质装备保障　明确应急救援需要使用的应急物资和装备的类型、数量、性能、存放位置、管理责任人及其联系方式等内容。

(4) 经费保障　明确应急专项经费的来源、使用范围、数量和监督管理措施，保障应急状态时生产经营单位经费的及时到位。

(5) 其它保障　根据本单位的应急工作需求而确定的其它相关保障措施（如交通运输保障、安全保障、技术保障、医疗保障、后勤保障等）。

9. 培训与演练

(1) 培训　明确本单位人员开展的应急培训计划、方式和要求。如果涉及社区和居民，要做好宣传教育和告知等工作。

(2) 演练　明确应急演练的规模、方式、频次、范围、内容、组织、评估、总结等内容。

10. 奖惩

明确事故应急救援工作中奖励和处罚的条件和内容。

11. 附则

(1) 术语和定义　对应急预案涉及的一些术语进行定义。

(2) 应急预案备案　明确本应急预案的报备部门。

(3) 维护和更新　明确应急预案维护和更新的基本要求，定期进行评审，实现可持续改进。

(4) 制定和解释　明确应急预案负责制订与解释的部门。

(5) 应急预案实施　明确应急预案实施的具体时间。

(三) 应急救援预案培训与演练

应急预案编制完成后，应进行评审，并根据评审意见修改。内部评审由本单位主要负责人组织有关部门和人员进行。外部评审由上级主管部门或地方政府负责安全管理的部门组织相关专家进行审查。

评审修改后，经生产经营单位主要负责人签署发布，并按规定报有关部门备案。

应急救援预案只是一个行动计划，是在紧急、突发状况下的行动计划，要求所有相关人员清楚岗位职责与任务，清楚信息沟通与联系，掌握救援知识，掌握救援资源与紧急处置原则与方法、培训与演练，是应急救援不可缺少的环节，没有认真的培训与演练，就不可能有成功的应急救援行动，再好的预案也只是一纸空文。

通过培训和演练，锻炼和提高应急救援队伍在突发事故状况下的快速反应与救援能力，使之能在最短时间内查清事故源，控制事故发展，尽快消除事故后果，提高救援现场应急救援的综合素质，以最大限度降低事故危害，减少事故损失。

1. 预案培训

应急救援培训就是使所有相关人员了解并掌握应急救援预案的全部内容及相关知识，达到熟练掌握预案内容及要求，明确职责和履行职责的具体程序。

（1）培训的对象　主要是本企业的员工、应急人员、相关社区的居民以及政府部门的人员。

（2）培训的目标要求　使全体人员清楚实施应急救援的总体目标，岗位的工作内容及责任，实现任务的方法和资源，以及在应急救援方案实施中相互间信息的沟通与传递。培训的方式可以采用讲座、自学、模拟以及练习等。

（3）培训的内容　针对不同的人员和不同的预案培训的内容和要求各不相同，以下仅以事故应急救援的主要相关人员为对象介绍必需的基本培训内容和特殊条件下的应急救援培训。

① 基本培训。在预案制订单位培训或邀请专家培训。基本培训是指对参与应急行动的所有相关人员进行的最低程度的培训。要求应急救援人员了解和掌握识别基本的应急救援基本程序、各项措施，应急报警行动，应急人员职责、信息发布与沟通、组织、救援与现场恢复等。

a. 处于发现险情报警的岗位人员，一般是生产操作现场工作人员或险情突发附近的人员。培训并使之了解、掌握危险显现特征及潜在后果；自身的责任及作用；可以利用的必需资源；事故初期的操作和程序；事故的报警与人员撤离。

b. 事故预防和紧急抢险人员，主要是岗位技术管理人员和主要的岗位操作人员。危险的识别与分级；风险评价技术；自救设备选择与使用；危险控制技术及消除操作；危险物质的消除技术与程序。

c. 专业应急救援人员。主要培训此类人员识别、确认危险状况；应急救援预案岗位功能与作用；特种防护器材选择与使用；危险评估和风险评价技术；各类危险专业控制技术；事故救援；事故消除与系统恢复程序及技术；常用的危险化学、生物、放射的术语和表达形式。

d. 应急救援指挥人员。主要培训此类人员应急救援预案的启动；协调与指导应急行动的指令与反馈；合理调用应急资源；信息的发布时机与报告事宜；后勤支援的管理；外部系统的支持；应急救援总结与事故善后处理。

② 应急救援人员的特殊培训。基本应急救援培训提供了一般情况应急救援培训，但在实际救援过程中，救援人员可能处于化学伤害、物理伤害等特殊危险之中，掌握一般的应急救援技术是远远不能保护这些人员安全的，特殊培训主要是针对这种特殊状态下的事故应急救援培训，主要有接触危险化学品火灾、爆炸等事故等专业培训。了解所接触危险化学品的危险特性，发生事故的类型、产生原因及防范措施以及事故最佳的救援方案。

2. 预案演练

单位应定期对所制定的应急预案进行演练。综合应急预案，由公司负责人组织演练；专项，由厂（分厂、车间）负责人组织演练；现场处置方案，由工序（班组）负责人组织演练。重大的演练，企业应报当地安全生产监督管理部门和有关部门，并通报应急协作单位及社区。

除关键装置、重点部位应急预案外，其它各预案演练的频次为1次/每年。预案变更、修订后必须重新组织演练，此前的演练仅作为记录，但无效。

（1）演练的目的　企业应定期对应急预案进行演练，演练的目的：

① 通过演练可以检查专业队应付可能发生的各种紧急情况的适应性及他们之间相互支援及协调程度。

② 检验应急救援指挥部的应急能力。包括组织指挥、专业队救援能力和人民群众应急响应能力。

③ 通过演练可以证实应急救援预案的可行性，从而增强承担应急救援任务的信心，对每个成员来说，是一次全面的应急救援演练，通过演练提高技术及业务能力。

④ 通过演练可以证实应急救援预案中存在的问题，为修正预案提供实际资料。

(2) 演练内容　事故应急救援预案是一项复杂的系统工程，为了使演练得到预期效果，演练的计划必须细致周密，要把各级应急救援力量和应该配备的器材组成统一的整体。

演练的基本要求主要根据演练的任务要求和规模而定。一般应考虑如下几个方面的内容：各演练课目时间顺序要合乎逻辑性；各演练单位相互支援、配合及协调程度；工厂生产系统运行情况；厂内应急抢险；急救与医疗；厂内洗消，染毒空气监测与化验；事故区清点人数及人员控制；防护指导，包括专业人员的个人防护及居民对毒气的防护；通信及报警讯号联络；各种标志布设及由于危险有害因素区域的变化布设点的变更；交通控制及交通道口的管制；治安工作；政治宣传工作；居民及无关人员的撤离以及有关撤离工作的演练内容；防护区的洗消污水处理及上、下水源受污染情况调查；事故后的善后工作，包括防护区房屋内空气器具的消毒；向上级报告情况及向友邻单位通报情况等。

(3) 演练的方法

① 人员组成。不论演练规模的大小，一般都要有两部分人员组成：一是事故应急救援的演练者，占演练人员的绝大多数，从指挥员至参加应急救援的每一个专业队成员都应该是现职人员，即将来可能与事故和事故应急救援直接有关者。另一方面的人员是考核评价者，他们应当是事故应急救援方面的专家，演练后与演练者共同进行讲评和总结。

不同的演练课目，担任主要任务的人员最好分别承担多个角色，从而能使更多的人得到实际的锻炼。

② 情况设置

a. 情况设置的内容。情况设置是根据演练的目的而定的，即把欲达到的目的分列成演练的课目转换成演练方式，通过演练逐步进行检查、考核来完成的。因此，如何将这些欲待检查的项目有机地溶入模拟事故中去是情况设置的第一步。

b. 事故描述。事故的发生有其自身潜在的不安全因素，在某种条件下由某一事件触发而形成，或者更严重的是由此而形成连锁影响而造成更大、更严重的事故，对此要进行简要的描述。描述的详细程度使演练参加者可以根据此描述执行化学事故应急救援任务和相应的防护行动；考核组人员可以根据描述，对演练进行评价。如果考核人员需要对个别情节对演练者进行进一步考核，而这个情节对整个演练又无影响的情况，则这个情节可以不必写入总体描述之中，可由考核者提供单独的事故细节描述发给有关演练者。

c. 时间安排。演练时间安排基本应按真实事故条件下进行，但在特殊情况下，也不排除对时间尺度的压缩和延伸，可根据演练的需要安排合适的时间。演练日程安排后一般要率先通知有关单位和参加演练的个人，以利于做好充分准备，单项课目的训练，为能更好地反映真实情况，也可以事先不通知。

d. 演练条件选择。演练条件最好选择比较不利的条件，如在夜间进行课目训练，选择能够说明问题的气象条件进行演练，选择高温、低温等较严峻的自然环境下进行演练等。但在准备不充分或演练人员素质较低的情况下，为了检验预案的可行性，为了提高演练人员的技术水平，也可以选择较好的环境进行演练。

e. 演练时的安全保证。演练要在绝对安全的条件下进行，如燃烧、爆炸的设定，模拟剂的施放，冲洗与消防用水的排放，交通控制的安全，防护措施的安全、消防、抢险演练的安全保障都必须认真、细致地考虑，演练时要在其影响范围内告知该地区的居民，以免引起不必要的惊慌，要求居民做到的事项要各家各户地通知到个人。

（4）评审与总结　应急救援预案演练后应及时进行总结，是每个演练者再次学习和全面提高的好机会，要求每个演练者都要参加演练后的讲评，对组织指挥者来说，通过讲评可以发现应急演练过程中存在的问题，对预案提出改进的要求，进一步提高员工的应急救援能力。同时，演练后，还要对应急预案进行评审，确保应急预案的充分性和有效性。

3. 应急预案的修订与评审

根据应急预案演练后的评审和总结意见，对事故应急救援预案进行验证，认为确实需要修订的预案内容要在最短的时间内修订完毕，对从业人员培训。

企业应定期评审应急救援预案，尤其在潜在事件和突发事故发生后要及时评审，根据评审的结果，对应急预案进行修订。

企业应将应急救援预案报当地安监部门和有关部门备案，并通报当地应急协作单位，以使有关部门和单位了解应急措施和方法，及时作出应急反应。

小　　结

本章介绍了化工安全生产管理基本知识，重点介绍了安全生产责任制、安全投入、安全教育培训、安全检查、劳护用品等方面的要求；介绍了特种设备的类型及使用管理要求，重点介绍了检维修、安全作业方面的知识和要求；介绍了重大危险源如何辨识、如何管理，介绍了事故与救援的相关知识，重点介绍了企业应急救援预案如何编制。

复习思考题

1. 根据安全生产法，企业负责人安全职责内必须包括哪几点？
2. 安全投入是指用于哪些方面的资金投入？工伤保险、医疗保险是否属于安全投入？
3. 危险有害因素包括哪些方面？如何进行风险控制？
4. 新员工培训车间应进行哪些培训？
5. 特种设备有哪些类型？从事特种设备操作的员工是否有相应的资质？
6. 动火作业有哪些要求？
7. 装置停车应进行怎样的安全处理？
8. 重大危险源管理要求。
9. 化工类火灾发生原因的调查应从哪几方面着手？
10. 化工企业事故应急救援预案编制要点。

参 考 文 献

[1] 丁春生，李达钱. 化工废水处理技术与发展 [J]. 浙江工业大学学报. 2005, 33 (6): 647-651.
[2] 王晓燕，尚伟. 水体有毒有机污染物的危害及优先控制污染物 [J]. 首都师范大学学报（自然科学版）. 2002, 23 (3): 73-78.
[3] 2006 年环境统计年报 [R].
[4] 2008 年中国环境质量公报 [R].
[5] 张希衡. 水污染控制工程 [M]. 北京：冶金工业出版社，1993.
[6] 王金梅，薛叙明. 水污染控制技术 [M]. 北京：化学工业出版社，2004.
[7] 刘静玲. 环境污染与控制 [M]. 北京：化学工业出版社，2003.
[8] 王燕飞. 水污染控制技术 [M]. 北京：化学工业出版社，2001.
[9] 沈耀良，汪家权. 环境工程概论 [M]. 北京：中国建筑工业出版社，2000.
[10] 史惠祥. 实用环境工程手册——污水处理设备 [M]. 北京：化学工业出版社，2005.
[11] 魏振枢，杨永杰. 环境保护概论 [M]. 北京：化学工业出版社，2007.
[12] 唐受印，戴友芝. 水处理工程师手册 [M]. 北京：化学工业出版社，2000.
[13] 王爱民. 环境设备及应用 [M]. 北京：化学工业出版社，2004.
[14] 李兴旺. 水处理工程技术 [M]. 北京：中国水利水电出版社，2007.
[15] 吕宏德. 水处理工程技术 [M]. 北京：中国建筑工业出版社，2008.
[16] 符九龙. 水处理工程 [M]. 北京：中国建筑工业出版社，2000.
[17] 李军，杨秀山，彭永臻. 微生物与水处理工程 [M]. 北京：化学工业出版社，2002.
[18] 熊振湖等编. 三废处理技术及工程应用丛书——大气污染防治技术及工程应用 [M]. 北京：机械工业出版社，2003.
[19] 彭定一，林少宁. 大气污染及其控制 [M]. 北京：北京环境科学出版社，1991.
[20] 《三废治理与利用》编委会. 三废治理与利用 [M]. 北京：冶金工业出版社，1995.
[21] 蒋文举，宁平主编. 大气污染控制工程 [M]. 成都：四川大学出版社，2001.
[22] 李连山主编. 大气污染控制工程 [M]. 武汉：武汉理工大学出版社，2003.
[23] 王丽萍主编. 大气污染控制工程 [M]. 北京：煤炭工业出版社，2002.
[24] 郝吉明主编. 大气污染控制工程例题与习题集 [M]. 北京：高等教育出版社，2003.
[25] 中华人民共和国国家标准. 《大气污染物综合排放标准》（GB 16297—1996）[S].
[26] 蒲恩奇主编. 大气污染治理工程 [M]. 北京：高等教育出版社，1999.
[27] 台炳华. 工业烟气净化. 第 2 版 [M]. 北京：北京冶金工业出版社，1999.
[28] 刘景良主编. 大气污染控制工程 [M]. 北京：中国轻工业出版社，2002.
[29] 李广超，傅梅绮主编. 大气污染控制技术 [M]. 北京：化学工业出版社，2004.
[30] 国家环境保护总局科技标准司. 工业污染源达标排放技术 [M]. 北京：中国环境科学出版社，1999.
[31] 郭东明. 硫氮污染防治工程技术及其应用 [M]. 北京：化学工业出版社，2001.
[32] 中华人民共和国国家标准. 《环境空气质量标准》（GB 3095—1996）[S].
[33] 魏复盛. 空气污染对呼吸健康影响研究 [M]. 北京：中国环境科学出版社，2001.
[34] 何志桥，王家德，陈建孟. 生物法处理 NO_x 废气的研究进展 [J]. 环境污染治理技术与设备，2002.3 (9): 59-62.
[35] 梁开玉，周应林，秦大超. 硝酸尾气中氮氧化物净化技术研究 [J]. 渝州大学学报（自然科学版），2003, 19 (3): 27-31.
[36] 毕列锋，李旭东. 微生物法净化含 NO_x 废气 [J]. 环境工程，1998, 16 (3): 37-39.
[37] 楼紫阳，宋立言，赵由才等. 中国化工废渣污染现状及资源化途径 [J]. 化工进展，2006, 25 (9): 988-994.
[38] Su Nan, Fang Hungyuan, Chen Zonghuei, et al. Reduse of waste catalysts from petrochemical industries for cement substitution [J]. Cement and Concrete Research, 2000 (30): 1773-1783.
[39] 汪大翚等编. 化工环境工程概论 [M]. 北京：化学工业出版社，2002.
[40] 黄海林，晋卫编. 化工三废处理工 [M]. 北京：化学工业出版社，2007.
[41] 朱能武. 固体废物处理与利用 [M]. 北京：北京大学出版社，2006.
[42] 张一刚. 固体废物处理处置技术问答 [M]. 北京：化学工业出版社，2006.
[43] 徐惠忠. 固体废物资源化技术 [M]. 北京：化学工业出版社，2003.
[44] 曾婷婷. 浅析废催化剂的回收利用 [J]. 江西化工. 2008, (12): 183-185.
[45] 王德义，于江龙，谭业花. 工业废催化剂的回收利用与环境保护 [J]. 再生资源研究. 2006, (4): 27-30.
[46] 刘景良. 化工安全技术 [M]. 北京：化学工业出版社，2008.
[47] 王德堂，孙玉叶. 化工安全生产技术 [M]. 天津：天津大学出版社，2009.
[48] 葛晓军，周厚云，梁缙. 化工生产安全技术 [M]. 北京：化学工业出版社，2008.
[49] 刘强，张海峰，张世昌. 危险化学品从业单位安全标准化工作指南 [M]. 北京：中国石化出版社，2009.
[50] 魏振枢. 化工安全技术概论 [M]. 北京：化学工业出版社，2008.
[51] 蒋军成. 化工安全 [M]. 北京：机械工业出版社，2008.
[52] 中国安全生产协会注册安全工程师工作委员会. 全国注册安全工程师执业资格考试辅导教材（2008 版）[M]. 北京：中国大百科全书出版社.